科学出版社"十三五"普通高等教育本科规划教材

# 高 等 数 学

## （下册）

## （第二版）

主 编　何满喜　丁春梅

副主编　丁　胜　杨　艳　张书陶

科 学 出 版 社

北 京

# 内 容 简 介

本书是根据普通高等理工科院校高等数学课程的基本要求,结合研究生入学考试的需求,汲取国内外优秀教材的优点编写而成.全书分上、下两册.下册内容包括空间解析几何与向量代数,多元函数微分法及其应用,重积分,曲线积分与曲面积分,无穷级数.本书力求结构严谨、逻辑清晰、叙述简练,并从较典型的实际问题着手,引入概念和突出应用.内容与中学数学相衔接,由浅入深,循序渐进,便于教学与自学.书中各章节的主要内容都配有适量的例题和习题,着重训练读者对定义与概念的理解和对定理与方法的应用能力,培养读者解决问题的逻辑思维方法和创新能力.而每章都配有适量的总习题,便于读者掌握重要的基本概念与数学思想,有利于巩固重点内容.

本书可用作普通高等学校非数学专业的本科生高等数学课程的教材,若不讲部带带星号的内容,也可作为少学时高等数学课程的教材.还可供从事高等数学课程教学的教师和科研工作者参考.

**图书在版编目(CIP)数据**

高等数学(下册)/何满喜,丁春梅主编. —2版. —北京:科学出版社,2016.7

科学出版社"十三五"普通高等教育本科规划教材
ISBN 978-7-03-049308-8

Ⅰ.①高…　Ⅱ.①何…②丁…　Ⅲ.①高等数学-高等学校-教材
Ⅳ.①O13

中国版本图书馆 CIP 数据核字(2016)第 150027 号

责任编辑:张中兴　陈日德 / 责任校对:张凤琴
责任印制:张　伟 / 封面设计:迷底书装

科 学 出 版 社 出版
北京东黄城根北街 16 号
邮政编码:100717
http://www.sciencep.com

**北京虎彩文化传播有限公司**　印刷
科学出版社发行　各地新华书店经销
*
2012 年 7 月第 一 版　开本:720×1000　1/16
2016 年 7 月第 二 版　印张:13
2022 年 8 月第十次印刷　字数:260 000
**定价:39.00 元**
(如有印装质量问题,我社负责调换)

# 目　录

# 第6章

# 空间解析几何与向量代数

平面解析几何的知识对学习一元函数的微积分是必不可少的,而空间解析几何的知识对多元函数微积分的学习也是非常必要的.在平面解析几何中,用坐标法能把平面上的点与一对有次序的数对应起来,把平面上的图形与方程对应起来,从而能够用代数方法来研究几何问题.为研究多元函数的性质及其曲面的特征,本章介绍向量的概念及其运算,并依据向量的线性运算,建立空间坐标系,用坐标来研究和解决一些几何问题,为以下各章利用向量代数方法研究多元函数在微积分中的相关性质及空间曲面图形的特征打下基础.

## 6.1　向量及其线性运算

### 6.1.1　向量概念

我们把只有大小的量称为**数量**.现实生活中经常遇到这样的量,如时间、温度、长度等.把既有大小又有方向的量称为**向量**(或**矢量**).客观世界中有许多量都可以表示成向量,例如位移、速度、加速度、力等.

向量概念中包含两个要素——大小和方向.而几何中的有向线段正好具备这两个要素,所以很自然的我们用有向线段来表示向量.有向线段的长度表示向量的大小,有向线段的方向表示向量的方向.以 $A$ 为起点,$B$ 为终点的有向线段记作 $\overrightarrow{AB}$,如图 6-1 所示.为方便起见,除了用向量的始、终点字母标记向量外,有时也用黑体字母 $a,r,v,F$ 或者 $\vec{a},\vec{r},\vec{v},\vec{F}$ 等表示向量,用希腊字母 $\lambda,\mu,\nu$ 等表示数量.

由于一切向量的共性是它们都有大小和方向,因此一般都研究与起点无关的向量.把与起点无关的向量称为**自由向量**(以后都简称为向量).

例如向量 $\overrightarrow{AB}$ 的起点终点是明确的,因此不是自由向量,而向量 $a,r$ 是与起点无关,所以都是自由向量.

向量 $\overrightarrow{AB}$ 的大小,即有向线段的长度,称为**向量的模**,记作 $|\overrightarrow{AB}|$.模等于 1 的向量称为**单位向量**.

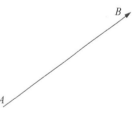

图 6-1　有向线段 $\overrightarrow{AB}$

模等于零的向量称为**零向量**.零向量的方向可以看作是任意的.

**两个向量方向相同**是指将它们平行移动到同一起点,它们在一条直线上,这时两个终点分布在起点的同一侧;反之,若两个终点分布在起点的两侧,则称**两个向量方向相反**.

若两个向量的大小相等,方向相同,则就称为**相等的向量**.因此向量的起点可以任意选取,或者说,向量可以自由的平行移动.

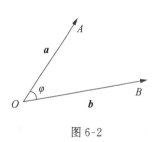

图 6-2

设 $a$ 与 $b$ 是两个非零向量,任取空间一点 $O$,作 $a=\overrightarrow{OA}$ 与 $b=\overrightarrow{OB}$,规定不超过 $\pi$ 的 $\angle AOB$ 称为向量 $a$ 与 $b$ 的夹角(图 6-2),设 $\varphi=\angle AOB(0\leqslant\varphi\leqslant\pi)$,并记作 $\overparen{(a,b)}$ 或 $\overparen{(b,a)}$,即 $\varphi=\overparen{(a,b)}$.如果向量 $a$ 与 $b$ 中有一个是零向量,规定它们的夹角可以在 0 与 $\pi$ 之间任意取值.

如果 $\varphi=\overparen{(a,b)}=0$ 或 $\varphi=\overparen{(a,b)}=\pi$,则称向量 $a$ 与 $b$ **平行**,记作 $a/\!/b$,如果 $\varphi=\overparen{(a,b)}=\dfrac{\pi}{2}$,则称向量 $a$ 与 $b$ **垂直**,记作 $a\perp b$.

零向量可以认为是与任何一个向量都是平行,也可以认为是与任何一个向量都是垂直.

当两个平行向量的起点放在同一点时,它们的终点和公共起点应在一条直线上,因此,两向量平行又称两向量共线.

### 6.1.2　向量的线性运算

#### 6.1.2.1　向量的加减法

**定义 1**　设有两个向量 $a=\overrightarrow{OA}$,$b=\overrightarrow{OB}$,以 $\overrightarrow{OA}$ 与 $\overrightarrow{OB}$ 为边作一平行四边形 $OACB$,取对角线向量 $\overrightarrow{OC}$(图 6-3),记 $c=\overrightarrow{OC}$,则称 $c$ 为向量 $a$ 与 $b$ 的**和**,并记作

$$c=a+b.$$

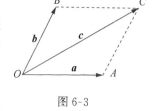

图 6-3

这种用平行四边形的对角线向量来规定两个向量之和的方法称为向量加法的**平行四边形法则**.

如果向量 $a=\overrightarrow{OA}$ 与向量 $b=\overrightarrow{O'B}$ 在同一直线上,那么,规定它们的和是这样一个向量:若 $\overrightarrow{OA}$ 与 $\overrightarrow{O'B}$ 的指向相同时,其和向量的方向与原来两向量方向相同,其模等于两向量的模之和(图 6-4).

图 6-4　　　　　　　　　　　　图 6-5

若向量 $\overrightarrow{OA}$ 与向量 $\overrightarrow{OB}$ 的方向相反时,其和向量的模等于两向量模之差的绝对值,方向与模值大的向量方向一致(图 6-5).

作 $\overrightarrow{OA}=a$,再以 $A$ 为新的起点,作 $\overrightarrow{AB}=b$,连接 $OB$,那么向量 $\overrightarrow{OB}=c$ 称为向量 $a,b$ 的**和**,即 $c=a+b$,见图 6-6.该方法称为向量加法的**三角形法则**.

　　向量加法的三角形法则的实质是:将两向量的首尾相连,则一向量的首与另一向量的尾的连线就是两向量的和向量.根据向量的加法定义,可以证明向量加法具有下列运算规律:

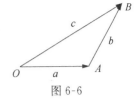

图 6-6

　　**定理 1**　向量的加法满足下面的运算律:

　　(1)交换律　$a+b=b+a$;

　　(2)结合律　$(a+b)+c=a+(b+c)=a+b+c$.

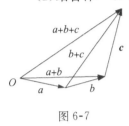

图 6-7

　　**证**　交换律的证明从向量的加法定义即可得证,结合律的证明从图 6-7 可得证.

　　设 $a$ 为一向量,与 $a$ 的模相同而方向相反的向量称为 $a$ 的**负向量**,记作 $-a$.有了负向量,就可以定义向量的减法.

　　**定义 2**　把两个向量 $b$ 与 $a$ 的差,即把向量 $-a$ 加到向量 $b$ 上得到的向量

$$b-a=b+(-a)$$

称为向量 $b$ 与 $a$ 的减法.特别地

$$a-a=a+(-a)=0.$$

　　由三角形法则可看出:向量 $a$ 减去向量 $b$,只要把与 $b$ 长度相同而方向相反的向量 $-b$ 加到向量 $a$ 上去即可.由平行四边形法则,易作出向量 $a-b$,如图 6-8 所示.

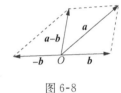

图 6-8

　　**例 1**　设 $a,b,c$ 是互不共线的三向量,证明顺次将它们的终点与始点相连而成一个三角形的充要条件是它们的和是零向量.

　　**证**　**必要性**　设三向量 $a,b,c$ 可以构成 $\triangle ABC$,见图 6-9,即有

$$\overrightarrow{AB}=a,\quad \overrightarrow{BC}=b,\quad \overrightarrow{CA}=c,$$

那么 $a+b=-c$,即 $a+b+c=0$.

　　**充分性**　设 $a+b+c=0$,作 $\overrightarrow{AB}=a,\overrightarrow{BC}=b$,那么 $\overrightarrow{AC}=a+b$,即 $\overrightarrow{AC}+c=0$,从而 $c=\overrightarrow{CA}$,所以 $a,b,c$ 可以构成 $\triangle ABC$.

　　**例 2**　用向量法证明:对角线互相平分的四边形是平行四边形.

　　**证**　设四边形 $ABCD$ 的对角线 $AC,BD$ 交于 $O$ 点且互相平分(图 6-10).因此从图可看出:

$$\overrightarrow{AB}=\overrightarrow{AO}+\overrightarrow{OB}=\overrightarrow{OC}+\overrightarrow{DO}=\overrightarrow{DO}+\overrightarrow{OC}=\overrightarrow{DC},$$

所以 $\overrightarrow{AB}/\!/\overrightarrow{DC}$,且 $|\overrightarrow{AB}|=|\overrightarrow{DC}|$,即四边形 $ABCD$ 为平行四边形.

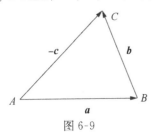

图 6-9

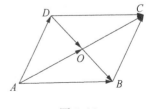

图 6-10

#### 6.1.2.2　数量与向量的乘法

**定义 3**　设 $\lambda$ 是一个数量,向量 $a$ 与 $\lambda$ 的乘积是一向量,记作 $\lambda a$,其模等于 $|a|$ 的 $|\lambda|$ 倍,即 $|\lambda a|=|\lambda||a|$;且方向规定如下:当 $\lambda>0$ 时,向量 $\lambda a$ 的方向与 $a$ 的方向相同;当 $\lambda=0$ 时,向量 $\lambda a$ 是零向量;当 $\lambda<0$ 时,向量 $\lambda a$ 的方向与 $a$ 的方向相反.

特别地,取 $\lambda=-1$,则向量 $(-1)a$ 的模与 $a$ 的模相等,而方向相反,由负向量的定义知:$(-1)a=-a$.

据向量与数量乘积的定义,可知数乘向量运算符合下列运算规律:

**定理 2**　数量与向量的乘法满足下面的运算律:

(1)结合律　$\lambda(\mu a)=\mu(\lambda a)=(\lambda\mu)a$;

(2)分配律　$(\lambda+\mu)a=\lambda a+\mu a$;

$$\lambda(a+b)=\lambda a+\lambda b.$$

前面已经讲过,模等于 1 的向量称为**单位向量**.设 $a$ 是非零向量,用 $e_a$ 表示与 $a$ 同方向的单位向量.

由于 $|a|e_a$ 与 $e_a$ 同方向,从而 $|a|e_a$ 与 $a$ 亦同方向,而且 $|a|e_a$ 的模是

$$||a|e_a|=|a||e_a|=|a|,$$

即 $|a|e_a$ 与 $a$ 的模也相同,所以

$$a=|a|e_a.$$

我们规定:当 $\lambda\neq0$ 时,$\dfrac{a}{\lambda}=\dfrac{1}{\lambda}a$.于是上面的式子可以写成

$$e_a=\frac{a}{|a|},$$

这表示一个非零向量除以它的模,就可以得到一个与原向量同方向的单位向量.

**定理 3**　若 $a\neq0$,那么向量 $b$ 平行于 $a$ 的充分必要条件是:存在唯一的实数 $\lambda$ 使 $b=\lambda a$.

简言之,$a//b\Leftrightarrow\exists$ 唯一数 $\lambda$,使 $b=\lambda a$.

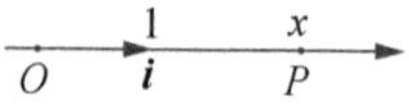

图 6-11

定理 3 是建立数轴的理论依据.我们知道,给定一个点、一个方向及单位长度,就可确定一个数轴.而单位向量既确定了方向、又确定了单位长度,因此,给定一个点及一个单位向量就确定了一条数轴.设点 $O$ 及单位向量 $i$ 确定了数轴 $Ox$,如图 6-11 所示,对于数轴 $Ox$ 上的任一点 $P$,对应一个向量 $\overrightarrow{OP}$,因 $\overrightarrow{OP}//i$,根据定理 3,必有唯一实数 $x$,使 $\overrightarrow{OP}=xi$,且 $\overrightarrow{OP}$ 与实数 $x$ 一一对应.所以有

点 $P\leftrightarrow$向量 $\overrightarrow{OP}=xi\leftrightarrow$实数 $x$.

**例 3**　设 $AM$ 是 $\triangle ABC$ 的中线,求证 $\overrightarrow{AM}=\dfrac{1}{2}(\overrightarrow{AB}+\overrightarrow{AC})$.

**证**　如图 6-12 所示,因为 $\overrightarrow{AM}=\overrightarrow{AB}+\overrightarrow{BM}$,$\overrightarrow{AM}=\overrightarrow{AC}+\overrightarrow{CM}$,所以

$$2\overrightarrow{AM}=(\overrightarrow{AB}+\overrightarrow{AC})+(\overrightarrow{BM}+\overrightarrow{CM}),$$

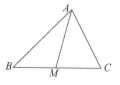

图 6-12

而 $AM$ 是 $\triangle ABC$ 的中线,所以

$$\overrightarrow{BM}+\overrightarrow{CM}=\overrightarrow{BM}+\overrightarrow{MB}=\mathbf{0},$$

因而 $2\overrightarrow{AM}=\overrightarrow{AB}+\overrightarrow{AC}$,即

$$\overrightarrow{AM}=\frac{1}{2}(\overrightarrow{AB}+\overrightarrow{AC}).$$

### 6.1.3　空间直角坐标系

过空间任意一个点 $O$,作三条以 $O$ 为原点、以相同长度作为度量单位、两两垂直的数轴,这三条数轴分别称为 **$x$ 轴**(**横轴**)、**$y$ 轴**(**纵轴**)、**$z$ 轴**(**竖轴**).并且这三条数轴的方向成右手系,即右手并拢的四指指向 $x$ 轴正向,沿逆时针方向弯曲 $90°$,四指指向 $y$ 轴正向,此时大拇指所指的方向即为 $z$ 轴的正向.这样我们就建立了一个**空间直角坐标系**,称为 $Oxyz$ **坐标系**,$O$ 称为**坐标原点**,如图 6-13 所示.

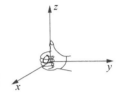

图 6-13

在空间直角坐标系 $Oxyz$ 中,任意两条数轴确定的平面称为**坐标面**,如由 $x$ 轴、$y$ 轴确定 $xOy$ 坐标面(简称 $xOy$ 平面),同样有 $yOz$ 坐标面(简称 $yOz$ 平面),$zOx$ 坐标面(简称 $zOx$ 平面).这三个坐标面将空间分为八个部分,每个部分称为**卦限**,这八个部分分别称为第 Ⅰ 卦限,第 Ⅱ 卦限,…,第 Ⅷ 卦限,如图 6-14 所示.

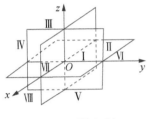

图 6-14

在空间直角坐标系 $Oxyz$ 中任取一点 $M$,过 $M$ 点分别作垂直于 $x$ 轴、$y$ 轴、$z$ 轴的平面,这三个平面与坐标轴的交点分别为 $P,Q,R$,如图 6-15 所示.设 $P$ 点在 $x$ 轴上的坐标为 $x$,$Q$ 点在 $y$ 轴上的坐标为 $y$,$R$ 点在 $z$ 轴上的坐标为 $z$,若不改变坐标的次序,就得到一个有序数组 $(x,y,z)$;反之,若给定一个有序数组 $(x,y,z)$,设在 $x$ 轴上以 $x$ 为坐标的点为 $P$,在 $y$ 轴上以 $y$ 为坐标的点为 $Q$,在 $z$ 轴上以 $z$ 为坐标的点为 $R$,过点 $P,Q,R$ 分别作垂直于 $x$ 轴、$y$ 轴、$z$ 轴的平面,则这三个平面有唯一的一个交点,设交点为 $M$,这样一个有序数组 $(x,y,z)$ 就唯一地确定了空间中的一个点 $M$.因此在空间直角坐标系 $Oxyz$ 中,若点 $M$ 与一组有序数组 $(x,y,z)$ 一一对应,则把有序数组 $(x,y,z)$ 就称为点 $M$ 的坐标,可记为 $M(x,y,z)$,且 $x$ 称为**横坐标**(或 $x$ 坐标),$y$ 称为**纵坐标**(或 $y$ 坐标),$z$ 称为**竖坐标**(或 $z$ 坐标).

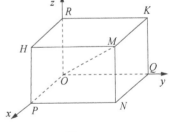

图 6-15

显然,空间直角坐标系 $Oxyz$ 的原点 $O$ 的坐标为 $(0,0,0)$,$xOy$ 坐标面上任一点的竖坐标为 $0$,$yOz$ 坐标面上任一点的横坐标为 $0$,$zOx$ 坐标面上任一点的纵坐标为 $0$.

若连接空间中的两点 $P_1,P_2$ 的线段 $P_1P_2$ 垂直于 $xOy$ 平面,且点 $P_1$ 与 $P_2$ 被 $xOy$ 平面平分,则称 $P_1$ 点与 $P_2$ 点关于 $xOy$ **平面对称**.因此与点 $P(x,y,z)$ 关于 $xOy$ 平面对称的点的坐标为 $(x,y,-z)$;与点 $P(x,y,z)$ 关于 $yOz$ 平面对称的点的坐标为 $(-x,$

$y,z)$；与点 $P(x,y,z)$ 关于 $zOx$ 平面对称的点的坐标为 $(x,-y,z)$.

若连接空间中的两点 $P_1,P_2$ 的线段 $P_1P_2$ 与 $z$ 轴垂直相交，且被 $z$ 轴平分，则称 $P_1$ 点与 $P_2$ 点**关于 $z$ 轴对称**. 可知，与点 $P(x,y,z)$ 关于 $x$ 轴对称的点的坐标为 $(x,-y,-z)$；与点 $P(x,y,z)$ 关于 $y$ 轴对称的点的坐标为 $(-x,y,-z)$；与点 $P(x,y,z)$ 关于 $z$ 轴对称的点的坐标为 $(-x,-y,z)$.

在空间直角坐标系 $Oxyz$ 中，与 $x$ 轴、$y$ 轴、$z$ 轴正向同向的单位向量称为**基本单位向量**，分别记为 $\boldsymbol{i},\boldsymbol{j},\boldsymbol{k}$. 设图 6-15 中 $M$ 的坐标为 $(x,y,z)$，由上述确定点的坐标的方法可知

$$\overrightarrow{OP}=x\boldsymbol{i},\quad \overrightarrow{OQ}=y\boldsymbol{j},\quad \overrightarrow{OR}=z\boldsymbol{k},$$

又由向量的加法可得

$$\overrightarrow{OM}=\overrightarrow{ON}+\overrightarrow{NM}=(\overrightarrow{OP}+\overrightarrow{OQ})+\overrightarrow{OR}=x\boldsymbol{i}+y\boldsymbol{j}+z\boldsymbol{k},$$

这个式子称为向量 $\overrightarrow{OM}$ 的**坐标分解式**，$x\boldsymbol{i},y\boldsymbol{j},z\boldsymbol{k}$ 称为向量 $\overrightarrow{OM}$ 的三个坐标方向的**分向量**，向量 $\overrightarrow{OM}$ 也称为**向径**，$x,y,z$ 称为向径 $\overrightarrow{OM}$ 的坐标，向径 $\overrightarrow{OM}$ 的坐标表达式为 $\overrightarrow{OM}=(x,y,z)$，记号 $(x,y,z)$ 既表示点 $M$，又表示向量 $\overrightarrow{OM}$.

**例 4**　在图 6-15 中，自点 $M(x,y,z)$ 分别作各坐标面和各坐标轴的垂线，写出各垂足的坐标.

**解**　自 $M(x,y,z)$ 分别作 $xOy,yOz,zOx$ 面的垂线，则垂足分别为 $N,K,H$，则其坐标为 $N(x,y,0),K(0,y,z),H(x,0,z)$. 自 $M(x,y,z)$ 分别作 $x$ 轴、$y$ 轴、$z$ 轴的垂线，垂足分别为 $P,Q,R$，则 $P(x,0,0),Q(0,y,0),R(0,0,z)$.

## 6.1.4　利用坐标作向量的线性运算

### 6.1.4.1　向量的坐标

设空间点 $P_1(x_1,y_1,z_1),P_2(x_2,y_2,z_2)$，则

$$\overrightarrow{P_1P_2}=\overrightarrow{OP_2}-\overrightarrow{OP_1}=(x_2\boldsymbol{i}+y_2\boldsymbol{j}+z_2\boldsymbol{k})-(x_1\boldsymbol{i}+y_1\boldsymbol{j}+z_1\boldsymbol{k})$$
$$=(x_2-x_1)\boldsymbol{i}+(y_2-y_1)\boldsymbol{j}+(z_2-z_1)\boldsymbol{k},$$

于是向量 $\overrightarrow{P_1P_2}$ 关于基本单位向量的分解式为

$$\overrightarrow{P_1P_2}=(x_2-x_1)\boldsymbol{i}+(y_2-y_1)\boldsymbol{j}+(z_2-z_1)\boldsymbol{k},$$

$(x_2-x_1,y_2-y_1,z_2-z_1)$ 称为向量 $\overrightarrow{P_1P_2}$ 的坐标.

向量 $\overrightarrow{P_1P_2}$ 的坐标表达式为 $\overrightarrow{P_1P_2}=(x_2-x_1,y_2-y_1,z_2-z_1)$，即向量的坐标等于终点坐标减去相应的起点坐标.

### 6.1.4.2　坐标表示下的向量运算

**定理 4**　设 $\boldsymbol{a}=x_1\boldsymbol{i}+y_1\boldsymbol{j}+z_1\boldsymbol{k}=(x_1,y_1,z_1),\boldsymbol{b}=x_2\boldsymbol{i}+y_2\boldsymbol{j}+z_2\boldsymbol{k}=(x_2,y_2,z_2),\lambda$ 为实数，则有

(1) $\boldsymbol{a}\pm\boldsymbol{b}=(x_1\pm x_2)\boldsymbol{i}+(y_1\pm y_2)\boldsymbol{j}+(z_1\pm z_2)\boldsymbol{k}=(x_1\pm x_2,y_1\pm y_2,z_1\pm z_2)$；

(2) $\lambda\boldsymbol{a}=\lambda x_1\boldsymbol{i}+\lambda y_1\boldsymbol{j}+\lambda z_1\boldsymbol{k}=(\lambda x_1,\lambda y_1,\lambda z_1)$；

(3) $\boldsymbol{a}=\boldsymbol{b}\Leftrightarrow x_1=x_2,y_1=y_2,z_1=z_2$；

$(4)\boldsymbol{a}/\!/\boldsymbol{b}\Leftrightarrow\dfrac{x_1}{x_2}=\dfrac{y_1}{y_2}=\dfrac{z_1}{z_2}.$

下面只给出(4)的证明.

**证** 当 $\boldsymbol{b}=\boldsymbol{0}$ 时显然成立.

当 $\boldsymbol{b}\neq\boldsymbol{0}$ 时, $\boldsymbol{a}/\!/\boldsymbol{b}\Leftrightarrow\boldsymbol{a}=\lambda\boldsymbol{b}\Leftrightarrow x_1\boldsymbol{i}+y_1\boldsymbol{j}+z_1\boldsymbol{k}=\lambda x_2\boldsymbol{i}+\lambda y_2\boldsymbol{j}+\lambda z_2\boldsymbol{k}$

$$\Leftrightarrow x_1=\lambda x_2, y_1=\lambda y_2, z_1=\lambda z_2\Leftrightarrow\frac{x_1}{x_2}=\frac{y_1}{y_2}=\frac{z_1}{z_2}.$$

**【注】** 在最后一个等式中,当 $x_2,y_2,z_2$ 中有一个为零时,如当 $x_2=0,y_2\neq0,z_2\neq0$ 时等式应理解为 $\begin{cases}x_1=0,\\ \dfrac{y_1}{y_2}=\dfrac{z_1}{z_2};\end{cases}$ 当 $x_2,y_2,z_2$ 中有两个为零时,如当 $x_2=y_2=0,z_2\neq0$ 时,等式应理解为 $\begin{cases}x_1=0,\\ y_1=0.\end{cases}$

**例5** 设两力 $F_1=2\boldsymbol{i}+3\boldsymbol{j}+6\boldsymbol{k}$, $F_2=2\boldsymbol{i}+4\boldsymbol{j}+2\boldsymbol{k}$ 都作用于点 $M(1,-2,3)$ 处,且点 $N(s,t,19)$ 在合力的作用线上,试求 $s,t$ 的值.

**解** 合力为

$$F_1+F_2=(2\boldsymbol{i}+3\boldsymbol{j}+6\boldsymbol{k})+(2\boldsymbol{i}+4\boldsymbol{j}+2\boldsymbol{k})=(4,7,8),$$
$$\overrightarrow{MN}=(s-1,t+2,19-3)=(s-1,t+2,16),$$

点 $M,N$ 都在合力的作用线上,即 $\overrightarrow{MN}$ 与 $F_1+F_2$ 平行,由两非零向量平行的充要条件可得

$$\frac{s-1}{4}=\frac{t+2}{7}=\frac{16}{8},$$

计算得 $s=9,t=12$.

### 6.1.5 向量的模、方向角、投影

#### 6.1.5.1 向量的模与两点间的距离公式

设向量 $\boldsymbol{a}=(x,y,z)$,现将其起点平移到原点,终点为 $M$,如图 6-15 所示,则

$$\boldsymbol{a}=\overrightarrow{OM}=(x,y,z),$$

因此

$$|\boldsymbol{a}|^2=|\overrightarrow{OM}|^2=|\overrightarrow{ON}|^2+|\overrightarrow{NM}|^2=|\overrightarrow{OP}|^2+|\overrightarrow{OQ}|^2+|\overrightarrow{OR}|^2=x^2+y^2+z^2,$$

则 $|\boldsymbol{a}|=\sqrt{x^2+y^2+z^2}$,即向量的模完全由其坐标决定.

由此可得空间中两点 $P_1(x_1,y_1,z_1)$ 与 $P_2(x_2,y_2,z_2)$ 之间的距离 $|P_1P_2|$ 的公式为

$$|P_1P_2|=|\overrightarrow{P_1P_2}|=\sqrt{(x_2-x_1)^2+(y_2-y_1)^2+(z_2-z_1)^2}.$$

**例6** 设向量 $\boldsymbol{a}=(1,2,-1)$, $\boldsymbol{b}=(2,5,-3)$,试求

(1) $2\boldsymbol{a}-\boldsymbol{b}$;

(2)与 $2\boldsymbol{a}-\boldsymbol{b}$ 平行的单位向量.

**解** (1) $2\boldsymbol{a}-\boldsymbol{b}=(2\times1-2,2\times2-5,2\times(-1)-(-3))=(0,-1,1)$;

(2)$|2a-b|=\sqrt{0^2+(-1)^2+1^2}=\sqrt{2}$，与 $2a-b$ 平行的单位向量为

$$\pm\frac{2a-b}{|2a-b|}=\pm\frac{1}{\sqrt{2}}(0,-1,1)=\left(0,\mp\frac{1}{\sqrt{2}},\pm\frac{1}{\sqrt{2}}\right),$$

即为 $\left(0,\frac{1}{\sqrt{2}},-\frac{1}{\sqrt{2}}\right)$ 与 $\left(0,\frac{-1}{\sqrt{2}},\frac{1}{\sqrt{2}}\right)$.

**例 7**　求证以 $M_1(4,3,1),M_2(7,1,2),M_3(5,2,3)$ 三点为顶点的三角形是一个等腰三角形.

**证**　因为

$$|M_1M_2|^2=(7-4)^2+(1-3)^2+(2-1)^2=14,$$
$$|M_2M_3|^2=(5-7)^2+(2-1)^2+(3-2)^2=6,$$
$$|M_3M_1|^2=(4-5)^2+(3-2)^2+(1-3)^2=6,$$

所以 $|M_2M_3|=|M_3M_1|$，即 $\triangle M_1M_2M_3$ 为等腰三角形.

**例 8**　设点 $P$ 在 $x$ 轴上，它到 $P_1\left(0,\sqrt{2},3\right)$ 的距离为到点 $P_2(0,1,-1)$ 的距离的两倍，求点 $P$ 的坐标.

**解**　设 $P$ 点坐标为 $(x,0,0)$，根据题意有

$$|PP_1|=\sqrt{x^2+\left(\sqrt{2}\right)^2+3^2}=\sqrt{x^2+11},$$
$$|PP_2|=\sqrt{x^2+(-1)^2+1^2}=\sqrt{x^2+2},$$
$$|PP_1|=2|PP_2|,$$

即

$$\sqrt{x^2+11}=2\sqrt{x^2+2},$$

解得 $x=\pm1$，所以所求点 $P$ 的坐标为 $(1,0,0)$ 或 $(-1,0,0)$.

#### 6.1.5.2　方向余弦

设 $a$ 与 $b$ 是两个非零向量，向量 $a$ 与 $b$ 夹角的定义见图 6-2.类似地，可以定义向量 $a$ 与数轴正向之间的夹角.

非零向量 $a=\overrightarrow{OM}=(x,y,z)$ 分别与 $x$ 轴、$y$ 轴、$z$ 轴正向的夹角 $\alpha,\beta,\gamma$ 称为向量 $a$ 的**方向角**（图 6-16）.

从图 6-16 可知，对于给定的一个非零向量 $a$，它的方向可由其方向角来确定.设 $a=\left(x,y,z\right)$，由于 $x$ 是有向线段 $\overrightarrow{OP}$ 的值，$MP\perp OP$，故

$$\cos\alpha=\frac{x}{|a|}=\frac{x}{\sqrt{x^2+y^2+z^2}}$$

$$\cos\beta=\frac{y}{|a|}=\frac{y}{\sqrt{x^2+y^2+z^2}},$$

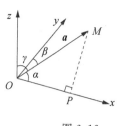

图 6-16

$$\cos\gamma=\frac{z}{|\boldsymbol{a}|}=\frac{z}{\sqrt{x^2+y^2+z^2}},$$

因此有

$$(\cos\alpha,\cos\beta,\cos\gamma)=\left(\frac{x}{|\boldsymbol{a}|},\frac{y}{|\boldsymbol{a}|},\frac{z}{|\boldsymbol{a}|}\right)$$

$$=\frac{1}{|\boldsymbol{a}|}(x,y,z)=\frac{1}{|\boldsymbol{a}|}\boldsymbol{a}=\boldsymbol{e}_a.$$

把 $\cos\alpha,\cos\beta,\cos\gamma$ 称为向量 $\boldsymbol{a}$ 的**方向余弦**. 上式表明以 $\boldsymbol{a}$ 的方向余弦为坐标的向量就是与 $\boldsymbol{a}$ 同向的单位向量 $\boldsymbol{e}_a$. 由此可得

$$\cos^2\alpha+\cos^2\beta+\cos^2\gamma=1.$$

**例 9**　已知两点 $P(2,\sqrt{2},2),Q(1,0,3)$,计算向量 $\overrightarrow{PQ}$ 的模、方向余弦及方向角.

**解**　$\overrightarrow{PQ}=\left(1-2,0-\sqrt{2},3-2\right)=\left(-1,-\sqrt{2},1\right),|\overrightarrow{PQ}|=\sqrt{(-1)^2+(-\sqrt{2})^2+1^2}=2,$

$$\cos\alpha=\frac{-1}{2},\cos\beta=\frac{-\sqrt{2}}{2},\cos\gamma=\frac{1}{2},$$

$$\alpha=\frac{2\pi}{3},\beta=\frac{3\pi}{4},\gamma=\frac{\pi}{3}.$$

**例 10**　设向量的方向余弦分别满足

(1) $\cos\alpha=0$;

(2) $\cos\beta=1$;

(3) $\cos\alpha=0,\cos\beta=0$. 问这些向量与坐标轴或坐标面的关系如何?

**解**　(1) $\cos\alpha=0$,该向量与 $x$ 轴的夹角为 $\frac{\pi}{2}$,即与 $x$ 轴垂直,平行于 $yOz$ 平面;

(2) $\cos\beta=1$,该向量与 $y$ 轴的夹角为 0,即与 $y$ 轴平行,且方向与 $y$ 轴正向一致,垂直于 $xOz$ 平面;

(3) $\cos\alpha=\cos\beta=0$,该向量与 $x$ 轴的夹角为 $\frac{\pi}{2}$,与 $y$ 轴的夹角为 $\frac{\pi}{2}$,即平行于 $z$ 轴,垂直于 $xOy$ 平面.

#### 6.1.5.3　向量在轴上的投影

设有一轴 $u$,$\overrightarrow{OP}$ 是轴 $u$ 上的有向线段,如果数 $\lambda$ 满足 $|\lambda|=|\overrightarrow{OP}|$,且当 $\overrightarrow{OP}$ 与轴 $u$ 同向时,$\lambda$ 取正值;当 $\overrightarrow{OP}$ 与轴 $u$ 反向时,$\lambda$ 取负值;那么数 $\lambda$ 称为轴 $u$ 上有向线段 $\overrightarrow{OP}$ 的值. 设 $\boldsymbol{e}$ 是与 $u$ 轴同方向的单位向量,则 $\overrightarrow{OP}=\lambda\boldsymbol{e}$.

通过空间点 $A$ 作轴 $u$ 的垂直平面,如图 6-17 所示,该平面与轴 $u$ 的交点 $A'$ 称为点 $A$ 在轴 $u$ 上的**投影**.

如果有一已知向量 $\overrightarrow{AB}$,如图 6-17 所示,其起点 $A$ 和终点 $B$ 在轴 $u$ 上的投影分别为点 $A'$ 和 $B'$,那么轴 $u$ 上的有向线段的值 $A'B'$ 称为向量 $\overrightarrow{AB}$ 在轴 $u$ 上的**投影**,记做 $\mathrm{Prj}_u\overrightarrow{AB}$.

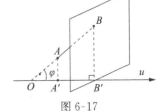

图 6-17

向量的投影具有以下性质:

**性质 1** 向量在轴 $u$ 上的投影等于向量的模乘以轴与向量的夹角 $\varphi$ 的余弦
$$\text{Prj}_u\overrightarrow{AB}=|\overrightarrow{AB}|\cos\varphi.$$

**性质 2** 两个向量的和在轴上的投影等于两个向量在该轴上的投影的和,即
$$\text{Prj}_u(\boldsymbol{a}_1+\boldsymbol{a}_2)=\text{Prj}_u\boldsymbol{a}_1+\text{Prj}_u\boldsymbol{a}_2.$$

**性质 3** 向量与数的乘法在轴上的投影等于向量在轴上的投影与数的乘法,即
$$\text{Prj}_u(\lambda\boldsymbol{a})=\lambda\text{Prj}_u\boldsymbol{a}.$$

### 习 题 6-1

1. 在空间直角坐标系 $Oxyz$ 下,求点 $P(2,-3,1)$ 关于

(1)坐标平面;(2)坐标轴;(3)坐标原点的各对称点的坐标.

2. 在平行六面体 $ABCD\text{-}EFGH$ 中,令 $\overrightarrow{AB}=\boldsymbol{a}$,$\overrightarrow{AD}=\boldsymbol{b}$,$\overrightarrow{AE}=\boldsymbol{c}$,试用 $\boldsymbol{a},\boldsymbol{b},\boldsymbol{c}$ 表示向量 $\overrightarrow{AG},\overrightarrow{BH},\overrightarrow{CE},\overrightarrow{DF}$.

3. 要使下列各式成立,向量 $\boldsymbol{a},\boldsymbol{b}$ 应满足什么条件?

(1) $|\boldsymbol{a}+\boldsymbol{b}|=|\boldsymbol{a}|+|\boldsymbol{b}|$; 　　　(2) $|\boldsymbol{a}+\boldsymbol{b}|=|\boldsymbol{a}|-|\boldsymbol{b}|$;

(3) $|\boldsymbol{a}-\boldsymbol{b}|=|\boldsymbol{b}|-|\boldsymbol{a}|$; 　　　(4) $|\boldsymbol{a}-\boldsymbol{b}|=|\boldsymbol{a}|+|\boldsymbol{b}|$;

(5) $|\boldsymbol{a}-\boldsymbol{b}|=|\boldsymbol{a}+\boldsymbol{b}|$.

4. 已知平行四边形 $ABCD$ 的边 $BC$ 和 $CD$ 的中点分别为 $K$ 和 $L$. 设 $\overrightarrow{AK}=\boldsymbol{k}$,$\overrightarrow{AL}=\boldsymbol{l}$,求 $\overrightarrow{BC}$ 和 $\overrightarrow{CD}$.

5. 设向量 $e_1,e_2$ 不共线,$\overrightarrow{AB}=e_1+e_2$,$\overrightarrow{BC}=3e_1+7e_2$,$\overrightarrow{CD}=2e_1-2e_2$. 证明 $A,B,D$ 三点共线.

6. 设向量 $\boldsymbol{a},\boldsymbol{b}$ 不共线,$\overrightarrow{AB}=\boldsymbol{a}+2\boldsymbol{b}$,$\overrightarrow{BC}=-4\boldsymbol{a}-\boldsymbol{b}$,$\overrightarrow{CD}=-5\boldsymbol{a}-3\boldsymbol{b}$. 证明四边形 $ABCD$ 为梯形.

7. 设 $L,M,N$ 分别是 $\triangle ABC$ 的三边 $AB,BC,CA$ 的中点,证明:三中线向量 $\overrightarrow{AL}$,$\overrightarrow{BM},\overrightarrow{CN}$ 可以构成一个三角形.

8. 设 $L,M,N$ 分别是 $\triangle ABC$ 的三边的中点,$O$ 是任意一点,证明 $\overrightarrow{OA}+\overrightarrow{OB}+\overrightarrow{OC}=\overrightarrow{OL}+\overrightarrow{OM}+\overrightarrow{ON}$.

9. 用向量法证明:平行四边形的对角线互相平分.

10. 设点 $M$ 是平行四边形 $ABCD$ 的中心,$O$ 是任意一点,证明 $\overrightarrow{OA}+\overrightarrow{OB}+\overrightarrow{OC}+\overrightarrow{OD}=4\overrightarrow{OM}$.

## 6.2 数量积 向量积 *混合积

在 6.1 节中明确了向量的概念以后,在解决实际问题时还需要定义向量间的运算规则,如向量间的加减法和数量与向量的乘法一样,这一节中要继续介绍向量间的运算规则.

## 6.2.1　两向量的数量积

设一物体受到一常力 $F$ 作用沿直线由 $A$ 点运动到 $B$ 点,由物理学知识知道,力 $F$ 在这一段时间内所作的功为

$$W=|F||\overrightarrow{AB}|\cos\theta,$$

其中 $\theta$ 为 $F$ 与 $\overrightarrow{AB}$ 所夹的角,见图 6-18.

这种由两个向量运算以后得到一个数的式子在解决实际问题中经常遇到.

**定义 1**　两个向量 $a$ 与 $b$ 的**数量积**(也称**内积、点积**)等于这两个向量的模与它们的夹角余弦的乘积,记为 $a\cdot b$,即

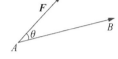

图 6-18

$$a\cdot b=|a||b|\cos(\widehat{a,b})=|a||b|\cos\theta,$$

其中 $\theta(0\leqslant\theta\leqslant\pi)$ 为向量 $a$ 与 $b$ 的夹角.

【**注**】　两向量数量积运算的结果为一个数,数量积运算符号不能省略.

根据这个定义,上述力 $F$ 所做的功为:$W=F\cdot\overrightarrow{AB}$

由数量积的定义可以推得:

(1)$a\cdot a=|a|^2$,这个等式表明,由向量数量积可计算一个向量的模;

(2)当 $a$ 与 $b$ 均为非零向量时,$\cos(\widehat{a,b})=\dfrac{a\cdot b}{|a||b|}$,这个等式表明,由向量数量积可计算两个向量的夹角.若规定零向量与任何向量都垂直,则有两个向量垂直的充分必要条件是 $a\cdot b=0$.

数量积符合如下运算规律:

(1)交换律　$a\cdot b=b\cdot a$;

(2)分配律　$a\cdot(b+c)=a\cdot b+a\cdot c$;

(3)结合律　$(\lambda a)\cdot b=\lambda(a\cdot b)=a\cdot(\lambda b)$(其中 $\lambda$ 为常数).

**例 1**　已知 $i,j,k$ 为三个相互垂直的基本单位向量,试证

$$i\cdot i=1,\quad j\cdot j=1,\quad k\cdot k=1;$$
$$i\cdot j=0,\quad i\cdot k=0,\quad j\cdot k=0.$$

**证**　因为 $|i|=1,|j|=1,|k|=1$,所以

$$i\cdot i=|i||i|\cos 0=1,\quad j\cdot j=|j||j|\cos 0=1,\quad k\cdot k=|k||k|\cos 0=1;$$

$$i\cdot j=|i||k|\cos\frac{\pi}{2}=0,\quad i\cdot k=|i||k|\cos\frac{\pi}{2}=0,\quad j\cdot k=|j||k|\cos\frac{\pi}{2}=0.$$

**例 2**　已知 $a=2i-3j+5k,b=i+3j-2k$,计算 $a\cdot b$.

**解**　$a\cdot b=(2i-3j+5k)\cdot(i+3j-2k)$

$\qquad=2i\cdot i+6i\cdot j-4i\cdot k-3j\cdot i-9j\cdot j+6j\cdot k+5k\cdot i+15k\cdot j-10k\cdot k$

$\qquad=2-9-10=-17.$

下面来推导向量数量积的坐标表示式.

设 $a=a_xi+a_yj+a_zk,b=b_xi+b_yj+b_zk$,则

$$a \cdot b = (a_x i + a_y j + a_z k) \cdot (b_x i + b_y j + b_z k)$$
$$= a_x i \cdot (b_x i + b_y j + b_z k) + a_y j \cdot (b_x i + b_y j + b_z k) + a_z k \cdot (b_x i + b_y j + b_z k)$$
$$= a_x b_x i \cdot i + a_x b_y i \cdot j + a_x b_z i \cdot k + a_y b_x j \cdot i + a_y b_y j \cdot j +$$
$$a_y b_z j \cdot k + a_z b_x k \cdot i + a_z b_y k \cdot j + a_z b_z k \cdot k$$
$$= a_x b_x + a_y b_y + a_z b_z,$$

因此两个向量的数量积等于这两个向量对应坐标乘积之和.

由向量的模与向量的夹角和向量数量积的关系,有

(1)$|a| = \sqrt{a_x^2 + a_y^2 + a_z^2}$;

(2)$\cos(\widehat{a,b}) = \dfrac{a \cdot b}{|a||b|} = \dfrac{a_x b_x + a_y b_y + a_z b_z}{\sqrt{a_x^2 + a_y^2 + a_z^2}\sqrt{b_x^2 + b_y^2 + b_z^2}}$;

(3)$a$ 与 $b$ 垂直的充分必要条件是 $a_x b_x + a_y b_y + a_z b_z = 0$.

**例 3**  已知点 $M(1,1,1)$,$A(1,2,2)$,$B(2,1,2)$,求 $\angle AMB$.

**解**  $\angle AMB$ 是向量 $\overrightarrow{MA}$ 与 $\overrightarrow{MB}$ 的夹角,因为

$$\overrightarrow{MA} = (1-1,2-1,2-1) = (0,1,1), \quad |\overrightarrow{MA}| = \sqrt{0^2 + 1^2 + 1^2} = \sqrt{2},$$
$$\overrightarrow{MB} = (2-1,1-1,2-1) = (1,0,1), \quad |\overrightarrow{MB}| = \sqrt{1^2 + 0^2 + 1^2} = \sqrt{2},$$
$$\overrightarrow{MA} \cdot \overrightarrow{MB} = 0 \times 1 + 1 \times 0 + 1 \times 1 = 1.$$

所以 $\cos\angle AMB = \dfrac{\overrightarrow{MA} \cdot \overrightarrow{MB}}{|\overrightarrow{MA}||\overrightarrow{MB}|} = \dfrac{1}{\sqrt{2} \times \sqrt{2}} = \dfrac{1}{2}$,即可得 $\angle AMB = \dfrac{\pi}{3}$.

## 6.2.2　两向量的向量积

设 $O$ 为一杠杆 $L$ 的支点,力 $F$ 作用于这杠杆上 $P$ 点处,力 $F$ 与 $\overrightarrow{OP}$ 的夹角为 $\theta$,求力 $F$ 对支点 $O$ 的力矩,如图 6-19 所示.根据力学知识,力 $F$ 对支点 $O$ 的力矩是一向量 $M$,$|M| = |\overrightarrow{OP}||F|\sin\theta$,$M$ 的方向按以下方法确定:伸出右手,让右手四指指向 $\overrightarrow{OP}$ 的方向,当四指以不超过 $\pi$ 的角度转向 $F$ 握拳时,大拇指所指的方向就是 $M$ 的方向.(在四指转向 $F$ 握拳时,大拇指始终与四指垂直).在解决实际问题时,经常遇到与上述同样的情况,于是从中抽象出两个向量的向量积概念.

**定义 2**  已知向量 $a$ 和 $b$,若向量 $c$ 由以下方式确定:

(1)$|c| = |a||b|\sin(\widehat{a,b})$;

(2)$c$ 的方向同时垂直 $a$ 和 $b$,且 $a,b,c$ 符合右手螺旋法则.则向量 $c$ 称为向量 $a$ 和 $b$ 的**向量积**(也称外积、叉积),记为 $a \times b$ 即 $c = a \times b$.

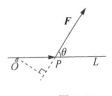

图 6-19

定义中所谓右手螺旋法则是伸出右手,让右手四指指向向量 $a$,当四指以不超过 $\pi$ 的角度转向 $b$ 时(在此过程中,大拇指始终与四指垂直),大拇指所指的方向即为 $c$ 的方向.因此,上例的力矩表示为 $M = \overrightarrow{OP} \times F$.

由向量积的定义可得以下结论:

(1)$a \times a = 0$.

因为 $a$ 与 $a$ 的夹角为 0，由定义知 $|a\times a|=0$.

（2）向量 $a/\!/b$ 的充要条件是 $a\times b=0$.

当 $a$ 和 $b$ 中至少有一个零向量时，由于零向量与任何向量平行，故显然成立.

当 $a$ 和 $b$ 都为非零向量时，若 $a/\!/b$，这两个向量的夹角为 0 或 $\pi$，则有 $\sin(\overset{\frown}{a,b})=0$，$|a\times b|=0$，故 $a\times b=0$；反之，若 $a\times b=0$，则有 $|a\times b|=0$. 由于 $|a|\neq 0$，$|b|\neq 0$，则 $\sin(\overset{\frown}{a,b})=0$，故这两个向量的夹角为 0 或 $\pi$，即 $a/\!/b$.

（3）$|a\times b|$ 的几何意义：表示以 $a$ 和 $b$ 为邻边的平行四边形的面积，即 $|a\times b|=|a||b|\sin(\overset{\frown}{a,b})=|a||b||\sin\theta|$，见图 6-20.

向量积满足如下运算规律：

反交换律　$a\times b=-b\times a$；

结合律　$(\lambda a)\times b=\lambda(a\times b)=a\times(\lambda b)$（$\lambda$ 为常数）；

分配律　$a\times(b+c)=a\times b+a\times c$.

图 6-20

向量积的运算不满足交换律，因此在运算时不能随意交换向量的位置.

下面来推导向量积的坐标表示式.

设 $a=a_x i+a_y j+a_z k$，$b=b_x i+b_y j+b_z k$，则

$$a\times b=(a_x i+a_y j+a_z k)\times(b_x i+b_y j+b_z k)$$
$$=a_x b_x i\times i+a_x b_y i\times j+a_x b_z i\times k+a_y b_x j\times i+a_y b_y j\times j$$
$$+a_y b_z j\times k+a_z b_x k\times i+a_z b_y k\times j+a_z b_z k\times k.$$

由于

$$i\times i=j\times j=k\times k=0,\quad i\times j=k,\ j\times k=i,$$
$$k\times i=j,\quad j\times i=-k,\quad k\times j=-i,\quad i\times k=-j,$$

所以

$$a\times b=(a_y b_z-a_z b_y)i+(a_z b_x-a_x b_z)j+(a_x b_y-a_y b_x)k.$$

上式若用一个三阶行列式来表示，更便于记忆，可记为

$$a\times b=\begin{vmatrix} i & j & k \\ a_x & a_y & a_z \\ b_x & b_y & b_z \end{vmatrix}.$$

由上述可知，两向量 $a$ 与 $b$ 平行的充要条件是 $\dfrac{a_x}{b_x}=\dfrac{a_y}{b_y}=\dfrac{a_z}{b_z}$.

**例 4**　求同时垂直于向量 $a=2i+j-k$ 与 $b=i+3j-2k$ 的单位向量.

**解**　因为向量 $a\times b$ 同时垂直于向量 $a$ 与 $b$，故所求向量与 $a\times b$ 平行.

$$a\times b=\begin{vmatrix} i & j & k \\ 2 & 1 & -1 \\ 1 & 3 & -2 \end{vmatrix}=i+3j+5k,$$

$$|a\times b|=\sqrt{1^2+3^2+5^2}=\sqrt{35},$$

即所求的单位向量为$\pm\dfrac{1}{\sqrt{35}}(\boldsymbol{i}+3\boldsymbol{j}+5\boldsymbol{k})$.

**例 5**　已知三点 $A(3,-1,2),B(-1,2,1),C(1,-1,0)$,求以这三点为顶点的 $\triangle ABC$ 的面积.

**解**　根据已知条件得
$$\overrightarrow{AB}=(-4,3,-1),\quad \overrightarrow{AC}=(-2,0,-2),$$
由叉积的几何意义可知,$|\overrightarrow{AB}\times\overrightarrow{AC}|$ 为以这两个向量为邻边的平行四边形的面积,而
$$\overrightarrow{AB}\times\overrightarrow{AC}=\begin{vmatrix} \boldsymbol{i} & \boldsymbol{j} & \boldsymbol{k} \\ -4 & 3 & -1 \\ -2 & 0 & -2 \end{vmatrix}=-6\boldsymbol{i}-6\boldsymbol{j}+6\boldsymbol{k},$$
于是
$$S_{\triangle ABC}=\frac{1}{2}|\overrightarrow{AB}\times\overrightarrow{AC}|=\frac{1}{2}|-6\boldsymbol{i}-6\boldsymbol{j}+6\boldsymbol{k}|=\frac{1}{2}\sqrt{(-6)^2+(-6)^2+6^2}=3\sqrt{3}.$$

数量积、向量积(1)　　数量积、向量积(2)

### \*6.2.3　向量的混合积

**定义 3**　设有空间的三个向量 $\boldsymbol{a},\boldsymbol{b},\boldsymbol{c}$,如果先做两向量 $\boldsymbol{a}$ 和 $\boldsymbol{b}$ 的向量积 $\boldsymbol{a}\times\boldsymbol{b}$,把所得到的向量与第三个向量 $\boldsymbol{c}$ 再作数量积 $(\boldsymbol{a}\times\boldsymbol{b})\cdot\boldsymbol{c}$,这样得到的数量称为三向量 $\boldsymbol{a},\boldsymbol{b},\boldsymbol{c}$ 的**混合积**,记做 $[\boldsymbol{abc}]$ 或 $(\boldsymbol{abc})$.

下面来推出三向量混合积的坐标表示式.

设 $\boldsymbol{a}=(a_x,a_y,a_z),\boldsymbol{b}=(b_x,b_y,b_z),\boldsymbol{c}=(c_x,c_y,c_z)$,因为
$$\boldsymbol{a}\times\boldsymbol{b}=\begin{vmatrix} \boldsymbol{i} & \boldsymbol{j} & \boldsymbol{k} \\ a_x & a_y & a_z \\ b_x & b_y & b_z \end{vmatrix}=\begin{vmatrix} a_y & a_z \\ b_y & b_z \end{vmatrix}\boldsymbol{i}+\begin{vmatrix} a_z & a_x \\ b_z & b_x \end{vmatrix}\boldsymbol{j}+\begin{vmatrix} a_x & a_y \\ b_x & b_y \end{vmatrix}\boldsymbol{k},$$
再按照两向量的数量积的坐标表示式,可得
$$[\boldsymbol{abc}]=(\boldsymbol{a}\times\boldsymbol{b})\cdot\boldsymbol{c}=c_x\begin{vmatrix} a_y & a_z \\ b_y & b_z \end{vmatrix}-c_y\begin{vmatrix} a_x & a_z \\ b_x & b_z \end{vmatrix}+c_z\begin{vmatrix} a_x & a_y \\ b_x & b_y \end{vmatrix}$$
$$=\begin{vmatrix} a_x & a_y & a_z \\ b_x & b_y & b_z \\ c_x & c_y & c_z \end{vmatrix}.$$

向量的混合积有下述几何意义:

向量的混合积 $[\boldsymbol{abc}]=(\boldsymbol{a}\times\boldsymbol{b})\cdot\boldsymbol{c}$ 是这样的一个数,它的绝对值表示以向量 $\boldsymbol{a},\boldsymbol{b},\boldsymbol{c}$ 为棱的平行六面体的体积 $V$,并且当 $\boldsymbol{a},\boldsymbol{b},\boldsymbol{c}$ 构成右手系时混合积为正;当 $\boldsymbol{a},\boldsymbol{b},\boldsymbol{c}$ 构成左手系时混合积为负.

根据数量积的定义 $(a \times b) \cdot c = |a \times b||c| \cos\theta = S|c| \cos\theta$，其中 $S = |a \times b|$，$\theta$ 是 $a \times b$ 与 $c$ 的夹角. 当 $[abc]$ 构成右手系时，$0 \leqslant \theta \leqslant \frac{\pi}{2}$，$h = |c| \cos\theta$，因而可得

$$(a \times b) \cdot c = Sh = V,$$

当 $[abc]$ 构成左手系时，$\frac{\pi}{2} \leqslant \theta \leqslant \pi$，$h = |c| \cos(\pi - \theta) = -|c| \cos\theta$，因而可得

$$(a \times b) \cdot c = -Sh = -V.$$

事实上，由于向量 $a, b, c$ 不共面，所以把它们归结到共同的起始点 $O$ 可构成以 $a$，$b, c$ 为棱的平行六面体. 它的底面是以 $a, b$ 为边的平行四边形 $OADB$，面积为 $S = |a \times b|$，它的高为 $|\overrightarrow{OH}| = h$，所以体积 $V = Sh$，见图 6-21.

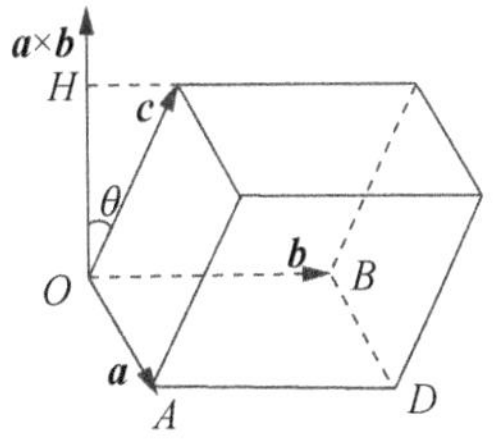

**定理 1** 三向量 $a, b, c$ 共面的充要条件是 $[abc] = 0$.

**证** 若三向量 $a, b, c$ 共面，由定理知 $(a \times b) \cdot c = Sh = V = 0$，所以 $|[abc]| = 0$，从而 $[abc] = 0$.

反过来，如果 $[abc] = 0$，即 $(a \times b) \cdot c = 0$，那么根据定理有 $(a \times b) \perp c$，另一方面，由向量积的定义知 $(a \times b) \perp a$，$(a \times b) \perp b$，所以 $a, b, c$ 共面.

**定理 2** 轮换混合积的三个因子，并不改变它的值；对调任何两因子会改变混合积符号，即

$$[abc] = [bca] = [cab] = -[acb] = -[bac] = -[cba].$$

**证** 当 $a, b, c$ 共面时，定理显然成立；当 $a, b, c$ 不共面时，混合积的绝对值等于以 $a, b, c$ 为棱的平行六面体的体积 $V$，又因轮换 $a, b, c$ 的顺序时，不改变左右手系，因而混合积不变，而对调任意两个之间的顺序时，将右手系变为左，而左变右，所以混合积变号.

**推论 1** $(a \times b) \cdot c = a \cdot (b \times c)$.

**推论 2** 三向量 $a = (a_x, a_y, a_z), b = (b_x, b_y, b_z), c = (c_x, c_y, c_z)$ 共面的充要条件是

$$\begin{vmatrix} a_x & a_y & a_z \\ b_x & b_y & b_z \\ c_x & c_y & c_z \end{vmatrix} = 0.$$

**例 6** 已知空间内不在同一平面上的四点 $A(x_1, y_1, z_1), B(x_2, y_2, z_2), C(x_3, y_3, z_3), D(x_4, y_4, z_4)$，求四面体 $ABCD$ 的体积.

**解** 由立体几何知，四面体的体积等于以向量 $\overrightarrow{AB}, \overrightarrow{AC}, \overrightarrow{AD}$ 为棱的平行六面体的体积的六分之一.

$$V = \frac{1}{6} |[\overrightarrow{AB}\,\overrightarrow{AC}\,\overrightarrow{AD}]|,$$

由于

$$\overrightarrow{AB} = (x_2 - x_1, y_2 - y_1, z_2 - z_1),$$
$$\overrightarrow{AC} = (x_3 - x_1, y_3 - y_1, z_3 - z_1),$$
$$\overrightarrow{AD} = (x_4 - x_1, y_4 - y_1, z_4 - z_1),$$

图 6-21

所以

$$V=\pm\frac{1}{6}\begin{vmatrix} x_2-x_1 & y_2-y_1 & z_2-z_1 \\ x_3-x_1 & y_3-y_1 & z_3-z_1 \\ x_4-x_1 & y_4-y_1 & z_4-z_1 \end{vmatrix},$$

式中符号的选择必须和行列式的符号一致.

### 习 题 6-2

1. 设 $a=3i+j+2k$, $b=2i-3j-k$, 计算:

(1) $a\cdot b$; (2) $a\times b$.

2. 已知 $\triangle ABC$, 向量 $\overrightarrow{AB}=(2,1,-2)$, $\overrightarrow{BC}=(3,2,6)$, 求 $\angle A$.

3. 已知 $\triangle ABC$ 的顶点坐标是 $A(-1,2,3)$, $B(1,1,1)$, $C(0,0,5)$, 求证 $\triangle ABC$ 是直角三角形.

4. $m$ 为何值时 $a=(2,3,-2)$ 与 $b=\left(1,\frac{3}{2},m\right)$ (1)平行; (2)垂直.

5. 已知 $a=(-2,3,4)$, $b=(1,-2,-2)$, 求

(1) $(a+b)\cdot(a-b)$;  (2) $(2a+b)\cdot(a-2b)$;

(3) $(a+b)\times(a-b)$;  (4) $(2a+b)\times(a-2b)$.

6. 已知 $|a\cdot b|=3$, $|a\times b|=4$, 求 $|a||b|$.

7. 已知 $a$, $b$ 的夹角为 $30°$, 且 $|a|=1$, $|b|=4$, 求 $|(a+b)\times(a-b)|$.

8. 设 $a$, $b$, $c$ 是单位向量, 且满足 $a+b+c=0$, 求 $a\cdot b+b\cdot c+c\cdot a$.

9. 已知三点 $M_1(1,-1,2)$, $M_2(3,3,1)$ 和 $M_3(3,1,3)$, 求与 $\overrightarrow{M_1M_2}$, $\overrightarrow{M_2M_3}$ 同时垂直的单位向量.

# 6.3 曲面及其方程

## 6.3.1 曲面及其方程的定义

在空间解析几何中, 建立了空间直角坐标系之后, 则点与一个三元有序数组 $(x,y,z)$ 之间一一对应. 当动点的坐标 $(x,y,z)$ 没有任何限制时, 动点的轨迹就形成了整个空间; 如果动点的运动满足一定的规律, 其轨迹形成一个曲面. 如何根据动点的运动规律描述这个曲面上的点的坐标特性, 如何根据点的坐标特性来描述曲面, 成为本节的重点.

**定义 1** 如果一个方程

$$F(x,y,z)=0 \tag{6.1}$$

与曲面 $\Sigma$ 满足以下两点:

(1) 曲面 $\Sigma$ 上的任何一点的坐标 $(x,y,z)$ 都满足方程(6.1);

(2) 满足方程(6.1)的 $x,y,z$ 所对应的点 $(x,y,z)$ 都在曲面 $\Sigma$ 上, 则称 $F(x,y,z)=0$ 是曲面 $\Sigma$ 的方程, 曲面 $\Sigma$ 称为方程 $F(x,y,z)=0$ 的图形.

如 $xOy$ 平面上的点的竖坐标 $z=0$，并且竖坐标 $z=0$ 的点全在 $xOy$ 平面上，因此 $z=0$ 为 $xOy$ 平面的方程.

由于曲面的方程完全确定了该曲面，通过对曲面方程的代数研究就可以得到曲面的一些几何性质，这是建立曲面方程的目的. 下面举例说明怎样从曲面上的点的特征性质来推导曲面的方程.

**例 1**　求与坐标平面 $xOy$ 平行的平面方程.

**解**　由于所求平面上任何一点到 $xOy$ 平面的距离都相等，设为 $h$，故所求平面上的点的坐标 $(x,y,z)$ 满足 $z=h$；同时，满足 $z=h$ 的点 $(x,y,z)$ 在所求平面上，因此，与坐标平面 $xOy$ 平行的平面方程为 $z=h$，见图 6-22.

同理可得：与坐标平面 $zOx$ 平行的平面方程为 $y=h$；与坐标平面 $yOz$ 平行的平面方程为 $x=h$.

**例 2**　求球心在点 $P_0(x_0,y_0,z_0)$，半径为 $R$ 的球面方程.

**解**　设球面上任一点 $P$ 的坐标为 $(x,y,z)$，根据球面上点的特征即球面上任一点 $P$ 到球心 $P_0$ 的距离等于半径 $R$.有

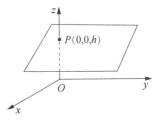

图 6-22

$$|P_0P|=R,$$

即

$$\sqrt{(x-x_0)^2+(y-y_0)^2+(z-z_0)^2}=R, \tag{6.2}$$

显然，球面上点的坐标满足方程 (6.2)，同时，满足方程 (6.2) 的点 $(x,y,z)$ 都在球面上，因此所求的球面方程为

$$(x-x_0)^2+(y-y_0)^2+(z-z_0)^2=R^2.$$

**例 3**　确定方程 $x^2+y^2+z^2-2x-3y-2z+1=0$ 所表示的曲面.

**解**　先将方程变形为

$$(x-1)^2+\left(y-\frac{3}{2}\right)^2+(z-1)^2=\frac{13}{4},$$

设 $(x,y,z)$ 为动点 $P$ 的坐标，$\left(1,\frac{3}{2},1\right)$ 为点 $P_0$ 的坐标，由上式可知动点 $P$ 与定点 $P_0$ 的距离恒为 $\frac{\sqrt{13}}{2}$. 因此动点 $P(x,y,z)$ 的运动轨迹是以 $P_0\left(1,\frac{3}{2},1\right)$ 为球心，以 $\frac{\sqrt{13}}{2}$ 为半径的球面，即方程 $x^2+y^2+z^2-2x-3y-2z+1=0$ 所表示的曲面是球面.

不仅要根据曲面上点的运动轨迹，研究曲面上的点的特征性质，建立曲面的方程；而且也要根据曲面的方程，研究这个曲面的几何形状.

## 6.3.2　柱面

**定义 2**　动直线 $l$ 沿定曲线 $C$ 平行移动所形成的曲面称为**柱面**，其中动直线 $l$ 称为柱面的**母线**，定曲线 $C$ 称为柱面的**准线**.

一个柱面由其一条准线与母线唯一确定，但一个柱面有无数条准线，有些甚至有多

种母线,如平面.

下面只讨论准线在坐标面上,母线垂直于该坐标面的柱面.

设一柱面的准线 $C$ 为 $xOy$ 平面上的定曲线 $f(x,y)=0$,母线为平行于 $z$ 轴的直线,现求这个柱面的方程.

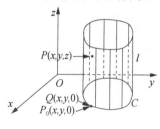

图 6-23

这个柱面的特点是过柱面上任一点作 $xOy$ 平面的垂线,与 $xOy$ 平面的交点一定在准线 $C$ 上. 因此,过柱面上任一点 $P(x,y,z)$ 作这样的垂线,与 $xOy$ 平面的交点为 $Q(x,y,0)$,$Q$ 在准线 $C$ 上,则 $Q$ 的坐标满足准线 $C$ 的方程 $f(x,y)=0$,也就是柱面上任一点的坐标都满足方程 $f(x,y)=0$,见图 6-23.同样,满足方程 $f(x,y)=0$ 的 $x,y$ 所形成的点 $P_0(x,y,0)$ 在准线 $C$ 上,而点 $P(x,y,z)$ 在过点 $P_0$ 且平行于 $z$ 轴的直线上,也就是在这个柱面上. 于是准线 $C$ 为 $xOy$ 平面上的定曲线 $f(x,y)=0$,母线为平行于 $z$ 轴的直线的柱面方程为

$$f(x,y)=0.$$

【注】 (1)母线平行于 $z$ 轴的柱面方程的特点是方程中缺 $z$;

(2)柱面方程与准线方程形式上都是 $f(x,y)=0$,但一个是曲面,一个是 $xOy$ 平面上的曲线.比如方程 $x^2+y^2=1$,在平面解析几何中表示 $xOy$ 平面上的以原点为圆心、以 1 为半径的圆.而在空间解析几何中表示以 $xOy$ 平面上的圆 $x^2+y^2=1$ 为准线,以平行于 $z$ 轴的直线为母线的柱面.

类似地,准线 $C$ 为 $zOx$ 平面上的定曲线 $f(x,z)=0$,母线为平行于 $y$ 轴的直线的柱面方程为 $f(x,z)=0$;准线 $C$ 为 $yOz$ 平面上的定曲线 $f(y,z)=0$,母线为平行于 $x$ 轴的直线的柱面方程为 $f(y,z)=0$. 总之,在空间直角坐标系 $Oxyz$ 下,只有两个坐标变量的方程一定是柱面方程,而且该柱面的母线就平行于另一个坐标轴.

**例 4** 指出下列方程在平面解析几何中和在空间解析几何中分别表示什么图形.

(1)$\dfrac{x^2}{9}+\dfrac{z^2}{4}=1$;

(2)$y^2-x=0$;

(3)$\dfrac{x^2}{4}-y^2=1$.

**解** 在平面解析几何中,(1)的方程表示 $zOx$ 平面上的一个椭圆;(2)的方程表示 $yOz$ 平面上的一条抛物线;(3)的方程表示为 $xOy$ 平面上的一条双曲线.

在空间解析几何中,(1)的方程表示的是以 $zOx$ 平面上的椭圆 $\dfrac{x^2}{9}+\dfrac{z^2}{4}=1$ 为准线,以平行于 $y$ 轴的直线为母线的柱面,称为**椭圆柱面**,见图 6-24;(2)的方程表示以 $xOy$ 平面上的抛物线 $y^2-x=0$ 为准线,以平行于 $z$ 轴的直线为母线的柱面,称为**抛物柱面**,见图 6-25;(3)的方程表示以 $xOy$ 平面上的双曲线 $\dfrac{x^2}{4}-y^2=1$ 为准线,以平行于 $z$ 轴的直线为母线的柱面,称为**双曲柱面**,见图 6-26.

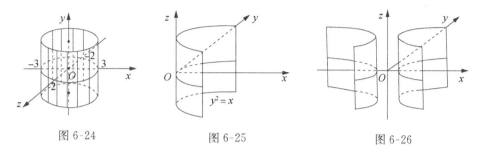

图 6-24 　　　　　图 6-25 　　　　　图 6-26

### 6.3.3 旋转曲面

**定义 3** 一条平面曲线 $C$ 绕一定直线 $l$ 旋转一周所形成的曲面称为**旋转曲面**. 曲线 $C$ 与定直线 $l$ 分别称为该旋转曲面的**母线**与**轴**.

这里只讨论母线在某个坐标面,它绕这个坐标面上的一条坐标轴旋转的旋转曲面的方程.

设在 $yOz$ 平面上有一已知曲线 $C$,它的方程为 $f(y,z)=0$,求此曲线绕 $z$ 轴旋转一周所得的旋转曲面的方程.

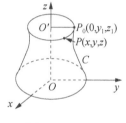

图 6-27

这个旋转曲面的特点是过这个曲面上的任一点作垂直于 $z$ 轴的平面,该平面与这个旋转曲面的交线为一个圆,与曲线 $C$ 交于一点,见图 6-27. 在旋转曲面上任取一点 $P(x, y,z)$,过 $P$ 作垂直于 $z$ 轴的平面,设这个平面与这个旋转曲面的交线为圆 $O'$,与曲线 $C$ 交于 $P_0$,可知 $P_0$ 的坐标为 $(0, y_1,z_1)$,由于 $P_0$ 在曲线 $C$ 上,所以有

$$f(y_1,z_1)=0, \tag{6.3}$$

由于点 $P$ 与 $P_0$ 都在圆 $O'$ 上,于是有 $|y_1|=\sqrt{x^2+y^2}$,即

$$y_1=\pm\sqrt{x^2+y^2}, \tag{6.4}$$

又点 $P$ 与 $P_0$ 都在垂直于 $z$ 轴的平面上,有

$$z=z_1, \tag{6.5}$$

将(6.4)、(6.5)式代入(6.3)式,得 $f\left(\pm\sqrt{x^2+y^2},z\right)=0$,也就是这个旋转曲面上任一点的坐标满足方程

$$f\left(\pm\sqrt{x^2+y^2},z\right)=0. \tag{6.6}$$

显然,满足方程 $f\left(\pm\sqrt{x^2+y^2},z\right)=0$ 的 $x,y,z$ 所形成点在这个旋转曲面上. 所以,$yOz$ 平面上的曲线 $f(y,z)=0$ 绕 $z$ 轴旋转一周所成的旋转曲面的方程为 $f\left(\pm\sqrt{x^2+y^2},z\right)=0$.

可见,在这个曲线 $C$ 的方程 $f(y,z)=0$ 中旋转轴的坐标变量 $z$ 不变,而将非旋转轴的坐标变量 $y$ 改为 $\pm\sqrt{x^2+y^2}$,便得到曲线 $C$ 绕 $z$ 轴旋转所成的旋转曲面的方程.

同理,$yOz$ 平面上的曲线 $f(y,z)=0$ 绕 $y$ 轴旋转一周所成的旋转曲面的方程为 $f\left(y,\pm\sqrt{x^2+z^2}\right)=0$.

对于其他坐标面上的曲线,绕这个坐标面上的一条坐标轴旋转的旋转曲面的方程可类似得到.

【注】　方程 $f\left(y,\pm\sqrt{x^2+z^2}\right)=0$ 中,$x^2$ 与 $z^2$ 成对出现,这是这种旋转曲面方程的显著特点.

一般地,若一个方程中至少有两个坐标变量的平方项系数相同,且这两个坐标变量没有其他项,则这个方程就表示用以上旋转方法所得的旋转曲面.如方程 $4x^2+4y^2-z=0$,先对方程变形,用 $x$(用 $y$ 也可)替换方程中的 $\pm\sqrt{x^2+y^2}$,得 $4x^2-z=0$,则方程 $4x^2+4y^2-z=0$ 表示 $zOx$ 平面上抛物线 $4x^2-z=0$ 绕 $z$ 轴旋转一周所成的旋转曲面.但 $x^2+y^2-2y=0$ 表示绕直线 $\begin{cases}x=0,\\y=1\end{cases}$ 的旋转面,而不是绕坐标轴的旋转面.

**例 5**　求 $yOz$ 平面上的双曲线 $y^2-z^2=0$ 分别绕 $y$ 轴与 $z$ 轴旋转所成的旋转曲面的方程.

**解**　绕 $y$ 轴旋转所成的旋转曲面的方程为
$$y^2-\left(\pm\sqrt{x^2+z^2}\right)^2=0,$$
即 $x^2-y^2+z^2=0$.

绕 $z$ 轴旋转所成的旋转曲面的方程为
$$\left(\pm\sqrt{x^2+y^2}\right)^2-z^2=0,$$
即 $x^2+y^2-z^2=0$.

**例 6**　直线 $l$ 绕另一条与 $l$ 相交的直线旋转一周所成的旋转曲面称为**圆锥面**,两直线的交点称为圆锥面的顶点,两直线的夹角 $\alpha\left(0<\alpha<\dfrac{\pi}{2}\right)$ 称为圆锥面的**半顶角**.试求顶点在原点,以 $z$ 轴为旋转轴,半顶角为 $\dfrac{\pi}{3}$ 的圆锥面(图 6-28)的方程.

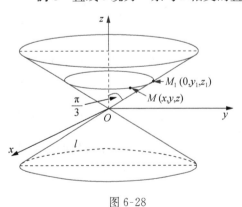

图 6-28

**解**　在 $yOz$ 面上圆锥面的母线为直线 $l$,且直线 $l$ 的方程为
$$z=y\cot\frac{\pi}{3}=\frac{\sqrt{3}}{3}y.$$

由于旋转轴为 $z$ 轴,所以依据公式(6.6),把

上述方程中的 $y$ 替换为 $\pm\sqrt{x^2+y^2}$ 可得所求的圆锥面的方程,即

$$z=\frac{\sqrt{3}}{3}\left(\pm\sqrt{x^2+y^2}\right),$$

所以有 $x^2+y^2-3z^2=0$.

### 6.3.4 二次曲面

在空间直角坐标系中,我们把三元二次方程所表示的曲面称为**二次曲面**.

对给定的一个三元二次方程,如何了解它的形状,画出它的草图?

**伸缩变形法** 设 $S$ 是一个曲面,其方程为 $F(x,y,z)=0$,$S'$ 是将曲面 $S$ 沿 $x$ 轴方向伸缩 $\lambda$ 倍所得的曲面.

显然,若 $(x,y,z)\in S$,则 $(\lambda x,y,z)\in S'$;若 $(x,y,z)\in S'$,则 $(\frac{1}{\lambda}x,y,z)\in S$;因此,对于任意的 $(x,y,z)\in S'$ 有 $F\left(\frac{1}{\lambda}x,y,z\right)=0$,即 $F\left(\frac{1}{\lambda}x,y,z\right)=0$ 是曲面 $S'$ 的方程.

例如,把圆锥面 $x^2+y^2=a^2z^2$ 沿 $y$ 轴方向伸缩 $\frac{b}{a}$ 倍,所得曲面的方程为

$$x^2+\left(\frac{a}{b}y\right)^2=a^2z^2,\quad \text{即}\frac{x^2}{a^2}+\frac{y^2}{b^2}=z^2.$$

**截痕法** 用一组平行于坐标面的平面去截这个二次曲面,得到一组交线,通过对这些交线的研究,从而了解这个二次曲面的形状.

下面用这两种方法来讨论几个常见的二次曲面.

(1)椭圆锥面 $\dfrac{x^2}{a^2}+\dfrac{y^2}{b^2}=z^2$.

以垂直于 $z$ 轴的平面 $z=t$ 截此曲面,当 $t=0$ 时得到一点 $(0,0,0)$;当 $t\neq 0$ 时,得平面 $z=t$ 上的椭圆

$$\frac{x^2}{(at)^2}+\frac{y^2}{(bt)^2}=1.$$

当 $t$ 变化时,上式表示一族长短轴比例不变的椭圆,当 $|t|$ 从大到小变为 0 时,这族椭圆也从大到小缩为一点,综上讨论,可得(1)的椭圆锥面的形状如图 6-29 所示.

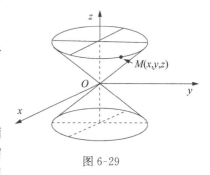

图 6-29

(2)椭球面 $\dfrac{x^2}{a^2}+\dfrac{y^2}{b^2}+\dfrac{z^2}{c^2}=1$ （$a>0,b>0,c>0$）.

由以上椭球面方程可以看出,$|x|\leqslant a,|y|\leqslant b,|z|\leqslant c$,说明椭球面完全包含在一个由 $x=\pm a,y=\pm b,z=\pm c$ 这六个平面所围成的长方体内,这里 $a,b,c$ 称为椭球面的**半轴**.

下面用截痕法来讨论这个曲面的形状.

先求出它与三个坐标面的交线.

$$
\begin{cases} \dfrac{x^2}{a^2}+\dfrac{y^2}{b^2}+\dfrac{z^2}{c^2}=1, \\ z=0, \end{cases}
\begin{cases} \dfrac{x^2}{a^2}+\dfrac{y^2}{b^2}+\dfrac{z^2}{c^2}=1, \\ y=0, \end{cases}
\begin{cases} \dfrac{x^2}{a^2}+\dfrac{y^2}{b^2}+\dfrac{z^2}{c^2}=1, \\ x=0, \end{cases}
$$

这些交线都是椭圆.

再用平行于坐标面的平面 $z=h(|h|<c)$ 去截它,得其交线为

$$
\begin{cases} \dfrac{x^2}{a^2}+\dfrac{y^2}{b^2}+\dfrac{z^2}{c^2}=1, \\ z=h, \end{cases}
$$

变形得

$$
\begin{cases} \dfrac{x^2}{a^2}+\dfrac{y^2}{b^2}=1-\dfrac{h^2}{c^2}, \\ z=h, \end{cases}
$$

交线为 $z=h$ 平面上的椭圆,椭圆的两个半轴分别等于 $\dfrac{a}{c}\sqrt{c^2-h^2}$ 与 $\dfrac{b}{c}\sqrt{c^2-h^2}$,当 $h$ 变动时,椭圆的中心始终在 $z$ 轴上,并且当 $|h|$ 由 0 增大到 $c$,这两个半轴随之减小到 0,也就是这个椭圆截面由大变小,最后缩成一点.

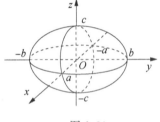

图 6-30

当用平面 $y=h(|h|<b)$ 或平面 $x=h(|h|<a)$ 去截椭球面,由截痕法可得到与上述类似的结果.

综上所述,椭球面的形状如图 6-30 所示.

当 $a,b,c$ 中有两个相等时,如 $a=b$,原方程化为 $\dfrac{x^2}{a^2}+\dfrac{y^2}{a^2}+\dfrac{z^2}{c^2}=1$,$x^2$ 与 $y^2$ 的系数相同,方程表示一个椭圆绕 $z$ 轴旋转而成的旋转椭球面.

当 $a=b=c$ 时,原方程化为 $x^2+y^2+z^2=a^2$,方程表示一个球心在原点,半径为 $a$ 的球面.

(3) 单叶双曲面 $\dfrac{x^2}{a^2}+\dfrac{y^2}{b^2}-\dfrac{z^2}{c^2}=1.$

把 $zOx$ 面上双曲线 $\dfrac{x^2}{a^2}-\dfrac{z^2}{c^2}=1$ 绕 $z$ 轴旋转,得旋转单叶双曲面 $\dfrac{x^2+y^2}{a^2}-\dfrac{z^2}{c^2}=1$,再把此旋转曲面沿着 $y$ 轴方向伸缩 $\dfrac{b}{a}$ 倍,即得(3)的单叶双曲面.如图 6-31 所示.

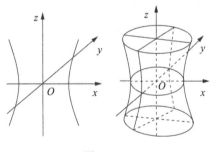

图 6-31

(4) 双叶双曲面 $\dfrac{x^2}{a^2}-\dfrac{y^2}{b^2}-\dfrac{z^2}{c^2}=1.$

把 $zOx$ 面上双曲线 $\dfrac{x^2}{a^2}-\dfrac{z^2}{c^2}=1$ 绕 $x$ 轴旋转,得旋转双叶双曲面 $\dfrac{x^2}{a^2}-\dfrac{y^2+z^2}{c^2}=1$,再

把此旋转曲面沿着 $y$ 轴方向伸缩 $\dfrac{b}{c}$ 倍,即得

(4)的双叶双曲面. 如图 6-32 所示.

(5) 椭圆抛物面　$\dfrac{x^2}{a^2}+\dfrac{y^2}{b^2}=z$.

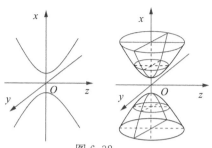

图 6-32

把 $zOx$ 面上抛物线 $\dfrac{x^2}{a^2}=z$ 绕 $z$ 轴旋转,所

得旋转面称为**旋转抛物面**,再把此旋转曲面沿

着 $y$ 轴方向伸缩 $\dfrac{b}{a}$ 倍,即得(5)的椭圆抛物面,如图 6-33 所示.

(6) 双曲抛物面　$\dfrac{x^2}{a^2}-\dfrac{y^2}{b^2}=z$.

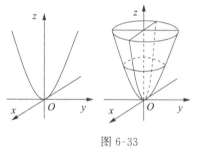

图 6-33

**双曲抛物面**又称为**马鞍面**,可用截痕法分析它的形状.

用平面 $x=t$ 截此曲面,所得截痕 $l$ 为平面 $x=t$ 上的抛物线

$$-\dfrac{y^2}{b^2}=z-\dfrac{t^2}{a^2},$$

此抛物线开口朝下,其顶点坐标为

$$x=t,\quad y=0,\quad z=\dfrac{t^2}{a^2}.$$

当 $t$ 变化时,$l$ 的形状不变,位置只作平移,而 $l$ 的顶点的轨迹 $L$ 为平面 $y=0$ 上的抛物线

$$z=\dfrac{t^2}{a^2}.$$

若用平行于 $zOx$ 面的平面 $y=t$ 去截以上的双曲抛物面,其截痕情况与上类似,由此可得双曲抛物面的几何特征如下:双曲抛物面是由一抛物线沿另一定抛物线移动而形成的轨迹,在移动过程中,动抛物线的顶点始终在定抛物线上,开口方向与定抛物线开口方向相反,且它们所在平面始终保持垂直,如图 6-34 所示.

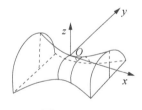

图 6-34

另外,分别以三种二次曲线为准线的柱面 $\dfrac{x^2}{a^2}+\dfrac{y^2}{b^2}=1,\dfrac{x^2}{a^2}-\dfrac{y^2}{b^2}=1,x^2=ay$ 也是二次曲面,依次称为**椭圆柱面**、**双曲柱面**和**抛物柱面**.

曲面及其方程(1)

曲面及其方程(2)

**习　题　6-3**

1.一动点移动时,与点 $A(4,0,0)$ 及平面 $xOy$ 等距离,求该动点的轨迹方程.

2. 求下列各球面的方程：

(1) 中心 $(2,-1,3)$，半径为 $R=6$；

(2) 中心在原点，且经过点 $(6,-2,3)$；

(3) 一条直径的两端点是 $(2,-3,5)$ 与 $(4,-1,3)$；

(4) 通过原点与 $(4,0,0)$，$(1,3,0)$，$(0,0,-4)$.

3. 写出下列曲线绕指定轴旋转所生成的旋转曲面的方程：

(1) $xOy$ 面上的双曲线 $4x^2-9y^2=36$ 绕 $y$ 轴旋转；

(2) $xOy$ 面上的圆 $(x-2)^2+y^2=1$ 绕 $y$ 轴旋转；

(3) $yOz$ 面上的直线 $2y-3z+1=0$ 绕 $z$ 轴旋转.

4. 指出下列方程在平面解析几何中和在空间解析几何中分别表示什么图形：

(1) $x=2$；　　　　　　　　　　　(2) $y-x+1$；

(3) $x^2+y^2=4$；　　　　　　　　 (4) $x^2-y^2=1$.

5. 说明下列曲面是怎样形成的：

(1) $x^2+4y^2+z^2=1$；　　　　　　(2) $x^2+y^2=2z$；

(3) $z=\sqrt{x^2+y^2}$；　　　　　　(4) $x^2-y^2-z^2=1$.

6. 给定方程 $\dfrac{x^2}{A-\lambda}+\dfrac{y^2}{B-\lambda}+\dfrac{z^2}{C-\lambda}=1(A>B>C>0)$，试问当 $\lambda$ 取异于 $A,B,C$ 的各种数值时，它表示怎样的曲面？

7. 画出下列方程所代表的图形：

(1) $\dfrac{x^2}{4}+\dfrac{y^2}{9}+z^2=1$；　　　　　(2) $z=xy$；

(3) $\begin{cases} x=y^2+z^2, \\ z=2; \end{cases}$　　　　　(4) $\begin{cases} x^2+y^2=1, \\ y^2+z^2=1. \end{cases}$

# 6.4 空间曲线及其方程

## 6.4.1 空间曲线的一般方程

空间曲线可以看成是两个曲面的交线. 设 $F(x,y,z)=0$ 和 $G(x,y,z)=0$ 分别是两个曲面 $\Sigma_1$ 和 $\Sigma_2$ 的方程，它们的交线是 $C$，如图 6-35 所示，则曲线 $C$ 上任一点 $P$ 既在曲面 $\Sigma_1$ 上，又在曲面 $\Sigma_2$ 上，于是点 $P$ 的坐标同时满足这两个曲面的方程，即

$$\begin{cases} F(x,y,z)=0 \\ G(x,y,z)=0 \end{cases}, \tag{6.7}$$

同时，若 $x,y,z$ 满足(6.7)式，则必满足方程 $F(x,y,z)=0$，即点 $P(x,y,z)$ 在曲面 $\Sigma_1$ 上，同理点 $P(x,y,z)$ 也在曲面 $\Sigma_2$ 上，也就是在这两个曲面的交线 $C$ 上. 所以 (6.7) 是曲线 $C$ 的方程.

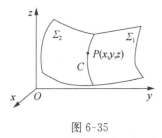

图 6-35

**定义 1**　设曲面 $\Sigma_1$ 的方程为 $F(x,y,z)=0$，曲面 $\Sigma_2$ 的方程为 $G(x,y,z)=0$，它们的交线是 $C$，则式(6.7)称为空

间曲线 $C$ 的**一般方程**.

**例 1**　方程组

$$\begin{cases} x^2+y^2=1, \\ z=0, \end{cases}$$

表示怎样的曲线?

**解**　方程组表示第一个方程柱面 $x^2+y^2=1$ 与 $xOy$ 坐标面的交线,是 $xOy$ 坐标面上的圆.

又如,方程组 $\begin{cases} x^2+y^2+z^2=1, \\ z=0 \end{cases}$ 表示球面 $x^2+y^2+z^2=1$ 与 $xOy$ 坐标面的交线,也是 $xOy$ 坐标面上的圆;方程组 $\begin{cases} x^2+y^2+z^2=1, \\ x^2+y^2=1 \end{cases}$ 表示球面 $x^2+y^2+z^2=1$ 与柱面 $x^2+y^2=1$ 的交线,也是 $xOy$ 坐标面上的圆.

可以看出,方程组 $\begin{cases} x^2+y^2=1, \\ z=0 \end{cases}$,$\begin{cases} x^2+y^2+z^2=1, \\ z=0 \end{cases}$ 与 $\begin{cases} x^2+y^2+z^2=1, \\ x^2+y^2=1 \end{cases}$ 都表示同一条空间曲线:$xOy$ 平面上的圆 $x^2+y^2=1$.

可见,一条空间曲线的一般方程不止一种表示式.

### 6.4.2　空间曲线的参数方程

设 $C$ 为一空间曲线,$r=r(t)$,$t\in A$ 为一元向量值函数;在空间坐标系下,若对 $\forall P \in C$,$\exists t\in A$ 使 $\overrightarrow{OP}=r(t)$,而且 $\forall t\in A$,必有 $P\in C$ 使 $r(t)=\overrightarrow{OP}$,则称 $r=r(t)$,$t\in A$ 为曲线 $C$ 的**向量式参数方程**,记作

$$C: r=r(t), \quad t\in A.$$

若点 $r(t)=(x(t),y(t),z(t))$,则称

$$\begin{cases} x=x(t), \\ y=y(t), \quad t\in A, \\ z=z(t), \end{cases} \tag{6.8}$$

为 $C$ 的**坐标式参数方程**.

**例 2**　一质点在半径为 $a$ 的圆柱面上,一方面绕圆柱面的轴作匀速转动,一方面沿圆柱面的母线方向作匀速直线运动,求质点的运动轨迹.

**解**　以圆柱面的轴作为 $z$ 轴,建立空间直角坐标系 $Oxyz$,如图 6-36,不妨设质点的起始点在 $x$ 轴的 $A$ 点上,质点的角速率与线速率分别为 $\omega,v$,质点的轨迹为 $L$,则对 $\forall M\in L$,$M$ 在 $xOy$ 面上的投影为 $M'$,故有

$$r=\overrightarrow{OM}=\overrightarrow{OM'}+\overrightarrow{M'M}=(a\cos\omega t,a\sin\omega t,vt),$$

若令 $\omega t=\theta,\dfrac{v}{\omega}=b$,则

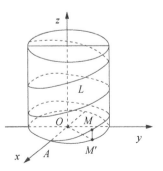

图 6-36

$$r=(a\cos\theta, a\sin\theta, b\theta), \quad 0\leqslant\theta<+\infty,$$

而 $\begin{cases} x=a\cos\theta, \\ y=a\sin\theta, 0\leqslant\theta<+\infty \text{是 } L \text{ 的坐标式参数方程,曲线 } L \text{ 称为圆柱螺线.} \\ z=b\theta, \end{cases}$

## 6.4.3 空间曲线在坐标面上的投影

**定义 2** 以已知空间曲线 $C$ 为准线,平行于 $z$ 轴的直线为母线的柱面 $\Sigma$ 称为曲线 $C$ 关于 $xOy$ 平面的**投影柱面**;这个投影柱面与 $xOy$ 平面的交线 $\Gamma$ 称为曲线 $C$ 在 $xOy$ 平面上的**投影曲线**,简称**投影**.

类似地,可以定义曲线 $C$ 关于 $yOz$(或 $zOx$)平面的投影柱面以及曲线 $C$ 在 $yOz$(或 $zOx$)平面上的投影.

设空间曲线 $C$ 的一般方程为

$$\begin{cases} F(x,y,z)=0, \\ G(x,y,z)=0, \end{cases} \tag{6.9}$$

消去方程中的 $z$ 得

$$H(x,y)=0, \tag{6.10}$$

当 $x,y,z$ 满足方程组(6.9)时,前两个坐标变量一定满足方程(6.10),而方程(6.10)表示一个母线平行 $z$ 轴的柱面,因而曲线 $C$ 上的点全在这个柱面上,即这个柱面包含曲线 $C$,所以 $H(x,y)=0$ 是曲线 $C$ 关于 $xOy$ 平面的投影柱面的方程,从而 $\begin{cases} H(x,y)=0, \\ z=0 \end{cases}$ 是曲线 $C$ 在 $xOy$ 平面上的投影曲线的方程.

同理,在方程组(6.9)中,消去 $x$,得 $R(y,z)=0$;消去 $y$,得 $Q(z,x)=0$,则曲线 $C$ 关于 $yOz$ 平面的投影柱面的方程为 $R(y,z)=0$;在 $yOz$ 平面上的投影曲线的方程为 $\begin{cases} R(y,z)=0, \\ x=0. \end{cases}$

曲线 $C$ 关于 $zOx$ 平面的投影柱面的方程为 $Q(z,x)=0$,在 $zOx$ 平面上的投影曲线的方程为 $\begin{cases} Q(z,x)=0, \\ y=0. \end{cases}$

**例 3** 指出方程组 $\begin{cases} \dfrac{x^2}{4}+\dfrac{y^2}{16}+\dfrac{z^2}{9}=1, \\ z=1 \end{cases}$ 表示什么曲线,并求这条曲线关于 $xOy$ 平面的投影柱面方程和它在 $xOy$ 平面上的投影曲线的方程.

**解** 将方程组变形为 $\begin{cases} \dfrac{x^2}{4}+\dfrac{y^2}{16}=\dfrac{8}{9}, \\ z=1, \end{cases}$ 这是 $z=1$ 平面上的一个椭圆,所以原方程组表示 $z=1$ 平面上的一个椭圆. 它关于 $xOy$ 平面上的投影柱面的方程为

$$\frac{x^2}{4}+\frac{y^2}{16}=\frac{8}{9},$$

在 $xOy$ 平面上的投影曲线的方程为

$$\begin{cases} \dfrac{x^2}{4} + \dfrac{y^2}{16} = \dfrac{8}{9}, \\ z = 0. \end{cases}$$

**例 4** 设一个立体由上半球面 $z = \sqrt{1-x^2-y^2}$ 和锥面 $z = \sqrt{x^2+y^2}$ 所围成,画出这个立体图形,并求它在 $xOy$ 面上的投影.

**解** 给定的半球面与锥面所围成的图形见图 6-37.

只要求得这两个曲面的交线在 $xOy$ 面上的投影曲线的方程,这条投影曲线所围部分即为这个立体在 $xOy$ 面上的投影.这两曲面的交线为

$$C: \begin{cases} z = \sqrt{1-x^2-y^2}, \\ z = \sqrt{x^2+y^2}, \end{cases}$$

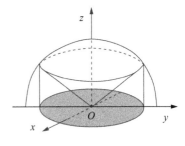

图 6-37

消去 $z$,得 $x^2+y^2 = \dfrac{1}{2}$,所以交线 $C$ 在 $xOy$ 面上的投影曲线的方程为

$$\begin{cases} x^2+y^2 = \dfrac{1}{2}, \\ z = 0, \end{cases}$$

这是 $xOy$ 平面上的一个圆,于是所求立体在 $xOy$ 平面上的投影就是该圆在 $xOy$ 平面上所围的部分: $x^2+y^2 \leqslant \dfrac{1}{2}$.

**例 5** 设一立体为上半球 $0 \leqslant z \leqslant \sqrt{a^2-x^2-y^2}$ 与圆柱体 $x^2+y^2 \leqslant ax (a>0)$ 的公共部分,画出这个立体的图形,并求这个立体在 $xOy$ 平面与 $zOx$ 平面上的投影.

**解** 先作上半球 $0 \leqslant z \leqslant \sqrt{a^2-x^2-y^2}$ 与圆柱体 $x^2+y^2 \leqslant ax$ 的图,见图 6-38(a).

从图中容易看出,这两个立体的公共部分就是其中的圆柱体部分,因此该立体在 $xOy$ 平面上的投影为这个圆柱体被 $xOy$ 平面所截的的部分 $D_{xOy}$,见图 6-38(a):

$$\begin{cases} \left(x - \dfrac{a}{2}\right)^2 + y^2 \leqslant \left(\dfrac{a}{2}\right)^2, \\ z = 0. \end{cases}$$

下面求在 $zOx$ 平面上的投影.由于上半球面与圆柱体的公共界面仍在上半球面 $0 \leqslant z \leqslant \sqrt{a^2-x^2-y^2}$ 上,因此所求投影域必在球面 $0 \leqslant z \leqslant \sqrt{a^2-x^2-y^2}$ 之内,且在 $zOx$ 平面上,即

$$\begin{cases} x^2+z^2 \leqslant a^2, x \geqslant 0, z \geqslant 0, \\ y = 0 \end{cases}$$

就是所求立体在 $zOx$ 平面上的投影域 $D_{zOx}$.,见图 6-38(b).

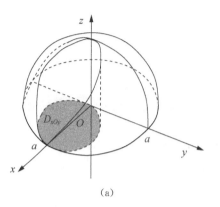

(a)

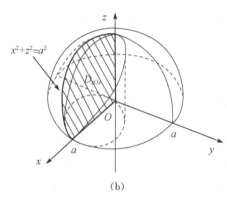

(b)

图 6-38

## 习　题　6-4

1. 指出下列各方程组所表示的曲线,并指出该曲线在哪个平面上?

(1) $\begin{cases} x^2+y^2+z^2=25, \\ x=3; \end{cases}$ 　　　　　(2) $\begin{cases} x^2+4y^2+9z^2=36, \\ y=2; \end{cases}$

(3) $\begin{cases} x^2-4y^2+z^2=25, \\ x=-3; \end{cases}$ 　　　　(4) $\begin{cases} y^2+z^2-4x+8=0, \\ y=4. \end{cases}$

2. 分别写出曲面 $\dfrac{x^2}{9}-\dfrac{y^2}{25}+\dfrac{z^2}{4}=1$ 在指定平面上截线的方程,并指出截线是什么曲线?

(1) $x=2$;　　　　　　　　(2) $y=0$;

(3) $y=5$;　　　　　　　　(4) $z=2$.

3. 将曲线 $\begin{cases} x^2+y^2+z^2=9, \\ x=y \end{cases}$ 化成参数方程.

4. 求曲线 $\begin{cases} x^2+y^2-z=0, \\ z=x+1 \end{cases}$ 在 $xOy$ 面上的投影曲线方程.

5. 求螺旋线 $\begin{cases} x=a\cos\theta, \\ y=a\sin\theta, \\ z=b\theta \end{cases}$ 在三个坐标面上的投影曲线的直角坐标方程.

6. 求旋转抛物面 $z=x^2+y^2(0\leqslant z\leqslant 4)$ 在三个坐标面上的投影.

7. 求旋转抛物面 $y^2+z^2-2x=0$ 和平面 $z=3$ 的交线 $C$ 在 $xOy$ 面上的投影曲线方程.

8. 试求单叶双曲面 $\dfrac{x^2}{16}+\dfrac{y^2}{4}-\dfrac{z^2}{5}=1$ 与平面 $x-2z+3=0$ 的交线对 $xOy$ 平面的投影柱面.

9. 求下列空间曲线对三个坐标面的投影柱面方程：

(1) $\begin{cases} x^2+y^2-z=0, \\ z=x+1; \end{cases}$
(2) $\begin{cases} x^2+z^2-3yz-2x+3z-3=0, \\ y-z+1=0; \end{cases}$

(3) $\begin{cases} x+2y+6z=5, \\ 3x-2y-10z=7; \end{cases}$
(4) $\begin{cases} x^2+y^2+z^2=1, \\ x^2+(y-1)^2+(z-1)^2=1. \end{cases}$

# 6.5　平面及其方程

## 6.5.1　平面的点法式方程

**定义 1**　与一平面垂直的非零向量称为这个平面的**法线向量**,简称**法向量**.

显然,平面的法向量有无穷多个,且平面的法向量与该平面上的任一向量都垂直. 因为过空间一点可作且只可作一个平面垂直于一已知直线,所以当已知平面 $\varPi$ 上一点 $P_0(x_0,y_0,z_0)$ 及这个平面的法向量 $\boldsymbol{n}=(A,B,C)$,就可确定这个平面的方程.

设 $P_0(x_0,y_0,z_0)$ 是平面 $\varPi$ 上的已知点,$P(x,y,z)$ 为平面 $\varPi$ 上的任一点,于是 $\overrightarrow{P_0P}$ 为平面 $\varPi$ 上的一个向量,由于平面 $\varPi$ 上的任一向量都垂直于平面的法向量 $\boldsymbol{n}=(A,B,C)$,即 $\overrightarrow{P_0P}\perp\boldsymbol{n}$(图 6-39),故有 $\overrightarrow{P_0P}\cdot\boldsymbol{n}=0$,而 $\overrightarrow{P_0P}=(x-x_0,y-y_0,z-z_0)$,$\boldsymbol{n}=(A,B,C)$,所以有

$$A(x-x_0)+B(y-y_0)+C(z-z_0)=0. \tag{6.11}$$

同时,满足方程(6.11)的 $x,y,z$ 对应的点 $P(x,y,z)$,根据式(6.11)知 $\overrightarrow{P_0P}\cdot\boldsymbol{n}=0$,即 $\overrightarrow{P_0P}\perp\boldsymbol{n}$,故点 $P(x,y,z)$ 在平面 $\varPi$ 上. 所以平面 $\varPi$ 的方程为式(6.11),由于这个方程是由平面的点及平面的一个法向量确定的,因而这个方程称为平面 $\varPi$ 的**点法式方程**.

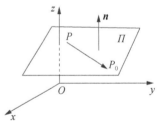

图 6-39

**【注】**　若给定方程(6.11),可知式(6.11)表示某一个平面的方程,并且从式(6.11)中还可知平面上一定点 $(x_0,y_0,z_0)$ 及平面的一个法向量.

**例 1**　求过点 $M_1(2,0,1)$,$M_2(1,1,0)$,$M_3(0,1,1)$ 的平面方程.

**解**　给定平面上的三个点的坐标,可知平面上的两个向量 $\overrightarrow{M_1M_2}=(-1,1,-1)$,$\overrightarrow{M_1M_3}=(-2,1,0)$,因为这两个向量不平行,故与这两个向量都垂直的向量一定垂直于所求的平面,由前面的向量积的定义知 $\overrightarrow{M_1M_2}\times\overrightarrow{M_1M_3}$ 为所求平面的一个法向量 $\boldsymbol{n}$,即有

$$\overrightarrow{M_1M_2}\times\overrightarrow{M_1M_3}=\begin{vmatrix} \boldsymbol{i} & \boldsymbol{j} & \boldsymbol{k} \\ -1 & 1 & -1 \\ -2 & 1 & 0 \end{vmatrix}=\boldsymbol{i}+2\boldsymbol{j}+\boldsymbol{k},$$

因此平面的法向量为 $\boldsymbol{n}=(1,2,1)$. 根据方程(6.11),所求平面的方程为

$$1\cdot(x-2)+2\cdot(y-0)+1\cdot(z-1)=0,$$

即
$$x+2y+z-3=0.$$

## 6.5.2　平面的一般方程

平面 $\Pi$ 过点 $P_0(x_0,y_0,z_0)$ 及以 $n=(A,B,C)$ 为法向量的点法式方程为
$$A(x-x_0)+B(y-y_0)+C(z-z_0)=0,$$
整理得
$$Ax+By+Cz+(-Ax_0-By_0-Cz_0)=0,$$
令 $D=-Ax_0-By_0-Cz_0$，则
$$Ax+By+Cz+D=0. \tag{6.12}$$

这表明平面 $\Pi$ 的方程可用形如(6.12)的三元一次方程来表示. 反之,任意一个三元一次方程 $Ax+By+Cz+D=0(A,B,C$ 不同时为零)是否一定为某一平面的方程呢? 任取满足该方程的一组数 $x_0,y_0,z_0$,有
$$Ax_0+By_0+Cz_0+D=0, \tag{6.13}$$
从方程(6.12)减去方程(6.13),得
$$A(x-x_0)+B(y-y_0)+C(z-z_0)=0. \tag{6.14}$$
若记 $P_0(x_0,y_0,z_0),P(x,y,z),n=(A,B,C)$,则 $\overrightarrow{P_0P}=(x-x_0,y-y_0,z-z_0)$,(6.14)可化为 $\overrightarrow{P_0P} \cdot n=0$,即方程(6.14)表示过点 $P_0(x_0,y_0,z_0)$ 且垂直于向量 $(A,B,C)$ 的平面的方程,而方程(6.12)与方程(6.14)同解,所以方程(6.12)为某一个平面的方程.

综上所述,平面方程为三元一次方程,任一系数不全为零的三元一次方程都表示某一平面. 称方程(6.12)为平面的**一般方程**.

【注】 (i)给定平面 $\Pi$ 的方程 $Ax+By+Cz+D=0$,可知 $(A,B,C)$ 为平面 $\Pi$ 的法向量,还可通过取定该方程中的任意两个自由变量的值,求出这个方程的一组解,这组解所对应的点即为平面 $\Pi$ 上的一个点;

(ii)方程(6.12)的一些特殊情形所对应的图形特点:

若 $D=0$,于是 $(0,0,0)$ 满足方程 $Ax+By+Cz=0$,该方程表示一个通过原点的平面.

若 $A=0,D\neq0$,方程(6.12)为 $By+Cz+D=0$,平面的法向量 $(0,B,C)$ 垂直于 $(1,0,0)$,方程表示一个平行于 $x$ 轴的平面.

若 $A=0,D=0$,方程(6.12)为 $By+Cz=0$,该方程表示一个通过 $x$ 轴的平面.

若 $A=B=0,D\neq0$,方程(6.12)为 $Cz+D=0$,该方程表示一个既平行于 $x$ 轴又平行于 $y$ 轴的平面,也就是一个平行于 $xOy$ 坐标面的平面.

类似地,可讨论其他特殊情形.

**例2** 求过点 $M_1(a,0,0),M_2(0,b,0),M_3(0,0,c)$ 的平面方程.

**解** 显然已知的三点不在一条直线上,设所求平面方程为
$$Ax+By+Cz+D=0,$$
将这三点坐标分别代入上式,有 $\begin{cases} aA+D=0, \\ bB+D=0, \text{解之得} \\ cC+D=0, \end{cases}$

$$A=-\frac{D}{a}, \quad B=-\frac{D}{b}, \quad C=-\frac{D}{c},$$

代入平面方程,有 $-\frac{D}{a}x-\frac{D}{b}y-\frac{D}{c}z+D=0$,整理得

$$\frac{x}{a}+\frac{y}{b}+\frac{z}{c}=1, \tag{6.15}$$

式(6.15)称为平面的**截距式方程**,其中 $a,b,c$ 分别为平面在 $x$ 轴、$y$ 轴、$z$ 轴上的截距.

**例 3** 求通过点 $(3,2,1)$ 与 $x$ 轴的平面方程.

**解法 1** 可在 $x$ 轴上任取两点,如 $(1,0,0)$ 与 $(0,0,0)$,用上例方法可求出所求平面方程.

**解法 2** 由于平面通过 $x$ 轴,因此过原点,即有 $D=0$,且法向量 $(A,B,C)$ 与 $(1,0,0)$ 垂直,即得 $A=0$,所以把平面方程设为

$$By+Cz=0,$$

因平面过点 $(3,2,1)$,得 $2B+C=0$,即 $C=-2B$. 将上式代入平面方程并除以 $B(B\neq 0)$,得所求平面方程为 $y-2z=0$.

### 6.5.3 两平面的夹角

**定义 2** 两平面法向量的夹角(通常指锐角)称为**两平面的夹角**.

我们知道,两法向量的夹角在 $0$ 到 $\pi$ 之间,而两平面的夹角在 $0$ 到 $\frac{\pi}{2}$ 之间,它们之间的关系如何?

设平面 $\Pi_1: A_1x+B_1y+C_1z+D_1=0$,平面 $\Pi_2: A_2x+B_2y+C_2z+D_2=0$,它们的法向量分别为 $\boldsymbol{n}_1=(A_1,B_1,C_1)$,$\boldsymbol{n}_2=(A_2, B_2,C_2)$,两平面的夹角 $\theta$ 应是 $\widehat{(\boldsymbol{n}_1,\boldsymbol{n}_2)}$ 与 $\pi-\widehat{(\boldsymbol{n}_2,\boldsymbol{n}_1)}$ 两者中的锐角,见图 6-40,因此有 $\cos\theta=|\cos\widehat{(\boldsymbol{n}_1,\boldsymbol{n}_2)}|$. 根据两个向量夹角的余弦公式,平面 $\Pi_1$ 与 $\Pi_2$ 的夹角 $\theta$ 由下式确定:

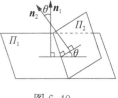

图 6-40

$$\cos\theta=\frac{|\boldsymbol{n}_1 \cdot \boldsymbol{n}_2|}{|\boldsymbol{n}_1||\boldsymbol{n}_2|}=\frac{|A_1A_2+B_1B_2+C_1C_2|}{\sqrt{A_1^2+B_1^2+C_1^2}\sqrt{A_2^2+B_2^2+C_2^2}}. \tag{6.16}$$

由两向量平行、垂直的充分必要条件可知:

当 $\frac{A_1}{A_2}=\frac{B_1}{B_2}=\frac{C_1}{C_2}$ 时,即 $\theta=0$,两平面平行或重合;

当 $A_1A_2+B_1B_2+C_1C_2=0$ 时,即 $\theta=\frac{\pi}{2}$,两平面垂直.

**例 4** 求平面 $x+2y-z-2=0$ 与平面 $2x-y+z+1=0$ 的夹角.

**解** $\boldsymbol{n}_1=(1,2,-1)$,$\boldsymbol{n}_2=(2,-1,1)$,根据公式(6.16)

$$\cos\theta=\frac{|1\cdot 2+2\cdot(-1)+(-1)\cdot 1|}{\sqrt{1^2+2^2+(-1)^2}\sqrt{2^2+(-1)^2+1^2}}=\frac{1}{6},$$

因此,所求夹角为 $\theta=\arccos\frac{1}{6}$.

## 6.5.4　点到平面的距离

设点 $P_0(x_0,y_0z_0)$ 是平面 $\Pi:Ax+By+Cz+D=0$ 外的一点,在平面 $\Pi$ 上任取一点 $P_1(x_1,y_1,z_1)$,过 $P_0$ 作平面 $\Pi$ 的法向量 $\boldsymbol{n}$,见图 6-41,由图可知点 $P_0$ 到平面 $\Pi$ 的距离 $d$ 为

$$d=|P_0N|=|\,|\overrightarrow{P_0P_1}|\cos\varphi|,$$

其中 $\varphi$ 为 $\overrightarrow{P_0P_1}$ 与 $\boldsymbol{n}$ 的夹角,即 $\cos\varphi=\dfrac{\overrightarrow{P_0P_1}\cdot\boldsymbol{n}}{|\overrightarrow{P_0P_1}||\boldsymbol{n}|}$,于是

$$d=|\,|\overrightarrow{P_0P_1}|\cos\varphi|=\left|\,|\overrightarrow{P_0P_1}|\frac{\overrightarrow{P_0P_1}\cdot\boldsymbol{n}}{|\overrightarrow{P_0P_1}||\boldsymbol{n}|}\right|=\left|\overrightarrow{P_0P_1}\cdot\frac{\boldsymbol{n}}{|\boldsymbol{n}|}\right|=|\overrightarrow{P_0P_1}\cdot\boldsymbol{e}_n|,$$

其中 $\overrightarrow{P_0P_1}=(x_1-x_0,y_1-y_0,z_1-z_0)$,而

$$\boldsymbol{e}_n=\frac{(A,B,C)}{\sqrt{A^2+B^2+C^2}},$$

$$Ax_1+By_1+Cz_1+D=0,$$

所以

$$|\overrightarrow{P_0P_1}\cdot\boldsymbol{e}_n|=\frac{|A(x_1-x_0)+B(y_1-y_0)+C(z_1-z_0)|}{\sqrt{A^2+B^2+C^2}}$$

图 6-41

$$=\frac{|Ax_0+By_0+Cz_0+D|}{\sqrt{A^2+B^2+C^2}},$$

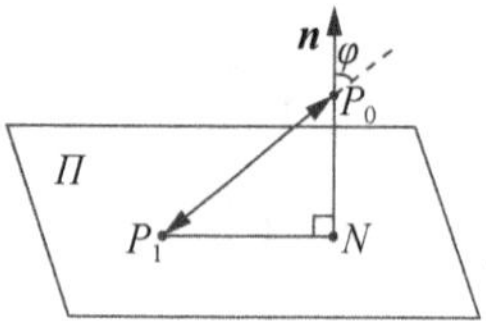

即点 $P_0(x_0,y_0z_0)$ 到平面 $\Pi:Ax+By+Cz+D=0$ 的距离为

$$d=\frac{|Ax_0+By_0+Cz_0+D|}{\sqrt{A^2+B^2+C^2}}.$$

例如,求点 $(1,0,1)$ 到平面 $2x-y+z-1=0$ 的距离为

$$d=\frac{|2\times1+(-1)\times0+1\times1-1|}{\sqrt{2^2+(-1)^2+1^2}}=\frac{1}{3}\sqrt{6}.$$

平面及其方程

## 习　题　6-5

1. 求下列各平面的方程:

(1)通过点 $M_1(3,1,-1)$ 和点 $M_2(1,-1,0)$ 且平行于向量 $(-1,0,2)$ 的平面;

(2)通过点 $M_1(1,-5,1)$ 和 $M_2(3,2,-2)$ 且垂直于 $xOy$ 坐标面的平面;

(3)通过直线 $AB$ 且平行于直线 $CD$ 的平面,以及通过直线 $AB$ 且与 $\triangle ABC$ 平面垂直的平面,其中 $A(5,1,3),B(1,6,2),C(5,0,4),D(4,0,6)$;

(4)过点$(-3,1,-2)$和$(3,0,5)$且平行于 $x$ 轴的平面方程.

2. 把下列一般方程化为截距式:
$$x+2y-z+4=0.$$

3. 判别下列各对平面的相关位置:

(1)$x+2y-4z+1=0$ 与 $\dfrac{x}{4}+\dfrac{y}{2}-z-3=0$;

(2)$2x-y-2z-5=0$ 与 $x+3y-z-1=0$;

(3)$6x+2y-4z-5=0$ 与 $9x+3y-6z-\dfrac{9}{2}=0$.

4. 求下列各组平面的夹角:

(1)$x+y-11=0$ 与 $3x+8=0$;

(2)$2x-3y+6z-12=0$ 与 $x+2y+2z-7=0$;

(3)$x-y+2z-6=0$ 与 $2x+y+z-5=0$

5. 设平面 $x+my-2z-9=0$ 满足下列条件,问 $m$ 应分别取何值?

(1)经过$(5,-4,-6)$一点;

(2)与平面 $2x+4y+3z=2$ 垂直;

(3)与平面 $x+3y-2z-5=0$ 平行.

6. 求点$(1,2,3)$到平面 $2x+y+z-5=0$ 的距离.

7. 已知两平面 $\Pi_1:x-2y+3z+D=0$,$\Pi_2:-2x+4y+Cz+5=0$,问:

(1)如果 $\Pi_1$ 与 $\Pi_2$ 平行,求 $C,D$ 的值,答案是否唯一?

(2)如果 $\Pi_1$ 与 $\Pi_2$ 重合,求 $C,D$ 的值.

# 6.6　空间直线及其方程

## 6.6.1　空间直线的点向式方程

**定义 1**　平行于已知直线的非零向量称为这条直线的**方向向量**.

显然,一条直线有无穷多个方向向量,直线上的向量都是它的方向向量. 由于过一点且平行于已知方向的直线有且只有一条,因此通过已知直线 $l$ 上一点 $P_0(x_0,y_0,z_0)$ 和它的一个方向向量 $s=(m,n,p)$,就可确定这条直线 $l$ 的方程.

这条直线上点的特征为:直线上任一点 $P(x,y,z)$ 和 $P_0(x_0,y_0,z_0)$ 形成的向量 $\overrightarrow{P_0P}$ 与方向向量 $s$ 平行,见图 6-42, 即 $\overrightarrow{P_0P}/\!/s$,而 $\overrightarrow{P_0P}=(x-x_0,y-y_0,z-z_0)$,根据向量平行的充要条件有

$$\frac{x-x_0}{m}=\frac{y-y_0}{n}=\frac{z-z_0}{p}. \qquad (6.17)$$

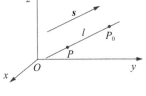

图 6-42

反之,满足方程组$(6.17)$的 $x,y,z$ 所对应的向量$(x-x_0,y-y_0,z-z_0)$与方向向量 $s=(m,n,p)$平行,又点 $P_0(x_0,y_0,z_0)$ 是直线 $l$ 上的点,故

点$(x,y,z)$在直线上.

所以过已知一点 $P_0(x_0,y_0,z_0)$ 且方向向量为 $s=(m,n,p)$ 的直线方程为

$$\frac{x-x_0}{m}=\frac{y-y_0}{n}=\frac{z-z_0}{p},$$

这个方程由直线上一点及一个方向向量确定,称为空间直线的**点向式方程**(也称为**对称式方程**).

**【注】** 方程组(6.17)中 $m,n,p$ 不能全部为零,但当其中一个为零,如果 $m=0$,那么方程组(6.17)应变为

$$\begin{cases} x-x_0=0, \\ \dfrac{y-y_0}{n}=\dfrac{z-z_0}{p}, \end{cases}$$

同理还可写出其他类似情况的**点向式方程**.

若令 $\dfrac{x-x_0}{m}=\dfrac{y-y_0}{n}=\dfrac{z-z_0}{p}=t$,则有

$$\begin{cases} x-x_0=mt, \\ y-y_0=nt, \\ z-z_0=pt, \end{cases}$$

即

$$\begin{cases} x=x_0+mt, \\ y=y_0+nt, \\ z=z_0+pt. \end{cases} \tag{6.18}$$

方程组(6.18)称为直线的**参数方程**,其中 $t$ 为参数.

**例1** 求过两点 $P_1(1,1,1)$ 与 $P_2(1,3,2)$ 的直线方程.

**解** 向量 $\overrightarrow{P_1P_2}$ 与 $\overrightarrow{P_2P_1}$ 都可视为所求直线的方向向量.因 $\overrightarrow{P_1P_2}=(0,2,1)$,根据(6.17)式,所求直线的方程为

$$\frac{x-1}{0}=\frac{y-1}{2}=\frac{z-1}{1}.$$

### 6.6.2 空间直线的一般式方程

设平面 $\Pi_1:A_1x+B_1y+C_1z+D_1=0$,与 $\Pi_2:A_2x+B_2y+C_2z+D_2=0$. 如果两个平面相交,则 $\boldsymbol{n}_1=(A_1,B_1,C_1)$ 与 $\boldsymbol{n}_2=(A_2,B_2,C_2)$ 不平行,即 $A_1,B_1,C_1$ 与 $A_2,B_2,C_2$ 对应不成比例,那么两个平面的交线 $l$ 上的任一点的坐标应同时满足两个平面方程,即直线 $l$ 的方程为

$$\begin{cases} A_1x+B_1y+C_1z+D_1=0, \\ A_2x+B_2y+C_2z+D_2=0, \end{cases} \tag{6.19}$$

这个式子称为空间直线的**一般式方程**.

**【注】** 空间直线的点向式方程与一般式方程可相互转化. 即给定直线 $l$ 的一般式

方程(6.19),那么平面 $\Pi_1$ 与平面 $\Pi_2$ 的法向量分别为 $\boldsymbol{n}_1=(A_1,B_1,C_1)$ 与 $\boldsymbol{n}_2=(A_2,B_2,C_2)$. 由于这两个向量都垂直于直线 $l$,所以 $\boldsymbol{n}_1\times\boldsymbol{n}_2$ 是这条直线的一个方向向量. 若 $\begin{vmatrix} A_1 & B_1 \\ A_2 & B_2 \end{vmatrix}\neq 0$,则任取自由变量 $z$ 的一个值(一般令 $z=0$),求解方程组(6.19),得到一组解 $(x_0,y_0,z_0)$,这个点 $(x_0,y_0,z_0)$ 就是直线上的一点,于是可求得直线 $l$ 的点向式方程;反之给定直线 $l$ 的点向式方程(6.17),可将它写成 $\begin{cases} \dfrac{x-x_0}{m}=\dfrac{y-y_0}{n}, \\ \dfrac{x-x_0}{m}=\dfrac{z-z_0}{p}, \end{cases}$ 变形后得

$$\begin{cases} nx-my+my_0-nx_0=0, \\ px-mz+mz_0-px_0=0, \end{cases}$$

这就是直线 $l$ 的一般式方程.

**例 2**　用点向式方程及参数方程表示直线 $\begin{cases} 2x+y+z+1=0, \\ x+y+z-1=0. \end{cases}$

**解**　因为 $\begin{vmatrix} 2 & 1 \\ 1 & 1 \end{vmatrix}=1\neq 0$,令 $z=0$,代入方程组,得 $\begin{cases} 2x+y+1=0, \\ x+y-1=0, \end{cases}$ 解得 $x=-2,y=3$,则点 $(-2,3,0)$ 是直线上的一点. 而 $\boldsymbol{n}_1=(2,1,1),\boldsymbol{n}_2=(1,1,1)$,直线的方向向量为

$$\boldsymbol{s}=\boldsymbol{n}_1\times\boldsymbol{n}_2=\begin{vmatrix} \boldsymbol{i} & \boldsymbol{j} & \boldsymbol{k} \\ 2 & 1 & 1 \\ 1 & 1 & 1 \end{vmatrix}=-\boldsymbol{j}+\boldsymbol{k},$$

故直线的点向式方程为

$$\frac{x+2}{0}=\frac{y-3}{-1}=\frac{z-0}{1},$$

直线的参数方程为

$$\begin{cases} x=-2, \\ y=3-t, \\ z=t. \end{cases}$$

### 6.6.3　两直线的夹角

**定义 2**　两直线的方向向量的夹角(通常指锐角)称为两直线的**夹角**.

设直线 $l_1$ 与直线 $l_2$ 的方向向量分别是 $\boldsymbol{s}_1=(m_1,n_1,p_1)$ 与 $\boldsymbol{s}_2=(m_2,n_2,p_2)$,两直线的夹角 $\varphi$ 应是 $(\widehat{\boldsymbol{s}_1,\boldsymbol{s}_2})$ 与 $\pi-(\widehat{\boldsymbol{s}_1,\boldsymbol{s}_2})$ 两者中的锐角,见图 6-43,于是有 $\cos\varphi=|\cos(\widehat{\boldsymbol{s}_1,\boldsymbol{s}_2})|$,根据两向量夹角的余弦公式,直线 $l_1$ 与直线 $l_2$ 的夹角 $\varphi$ 可由下式确定:

$$\cos\varphi=\frac{|m_1m_2+n_1n_2+p_1p_2|}{\sqrt{m_1^2+n_1^2+p_1^2}\sqrt{m_2^2+n_2^2+p_2^2}}. \tag{6.20}$$

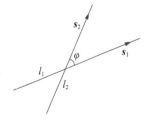

图 6-43

从两向量平行和垂直的充分必要条件可知：

当 $\dfrac{m_1}{m_2}=\dfrac{n_1}{n_2}=\dfrac{p_1}{p_2}$ 时，两直线平行或重合；

当 $m_1m_2+n_1n_2+p_1p_2=0$ 时，两直线垂直.

**例 3**　求直线 $l_1:\dfrac{x-1}{1}=\dfrac{y+2}{2}=\dfrac{z-1}{3}$ 与直线 $l_2:\dfrac{x-2}{-4}=\dfrac{y-1}{5}=\dfrac{z-4}{-2}$ 的夹角.

**解**　直线 $l_1$ 的方向向量为 $\boldsymbol{s}_1=(1,2,3)$，直线 $l_2$ 的方向向量为 $\boldsymbol{s}_2=(-4,5,-2)$，根据公式 (6.20) 得

$$\cos\varphi=\frac{|1\times(-4)+2\times5+3\times(-2)|}{\sqrt{1^2+2^2+3^2}\,\sqrt{(-4)^2+5^2+(-2)^2}}=0,$$

则 $\varphi=\dfrac{\pi}{2}$，两直线的夹角为 $\varphi=\dfrac{\pi}{2}$，即两直线垂直.

### 6.6.4　直线与平面的夹角

**定义 3**　当直线与平面不垂直时，直线和它在平面上的投影直线的夹角 $\varphi(0\leqslant\varphi<\dfrac{\pi}{2})$ 称为**直线与平面的夹角**. 当直线与平面垂直时，规定直线与平面的夹角为 $\varphi=\dfrac{\pi}{2}$.

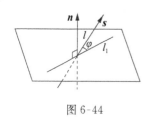

图 6-44

设直线 $l$ 的方向向量为 $\boldsymbol{s}=(m,n,p)$，平面的法向量为 $\boldsymbol{n}=(A,B,C)$，$l_1$ 是直线 $l$ 在平面上的投影直线，见图 6-44 所示. 当 $0<(\widehat{\boldsymbol{s},\boldsymbol{n}})\leqslant\dfrac{\pi}{2}$ 时，$\varphi=\dfrac{\pi}{2}-(\widehat{\boldsymbol{s},\boldsymbol{n}})$；当 $\dfrac{\pi}{2}\leqslant(\widehat{\boldsymbol{s},\boldsymbol{n}})<\pi$ 时，$\varphi=(\widehat{\boldsymbol{s},\boldsymbol{n}})-\dfrac{\pi}{2}$，所以直线与平面的夹角由下式确定：

$$\sin\varphi=|\cos(\widehat{\boldsymbol{s},\boldsymbol{n}})|=\frac{|\boldsymbol{s}\cdot\boldsymbol{n}|}{|\boldsymbol{s}||\boldsymbol{n}|},$$

根据两向量夹角余弦的坐标表示式，有

$$\sin\varphi=\frac{|mA+nB+pC|}{\sqrt{m^2+n^2+p^2}\,\sqrt{A^2+B^2+C^2}}. \tag{6.21}$$

因为 $\boldsymbol{s}$ 与 $\boldsymbol{n}$ 垂直表示直线与平面平行，$\boldsymbol{s}$ 与 $\boldsymbol{n}$ 平行表示直线与平面垂直，根据向量平行与垂直的充分必要条件可得：

当 $\dfrac{A}{m}=\dfrac{B}{n}=\dfrac{C}{p}$ 时，直线与平面垂直；

当 $mA+nB+pC=0$ 时，直线与平面平行或直线在平面上.

**例 4**　试确定直线 $l:\dfrac{x+3}{2}=\dfrac{y+4}{7}=\dfrac{z-3}{-3}$ 与平面 $\varPi:4x-2y-2z-3=0$ 的位置关系.

**解**　直线 $l$ 的方向向量为 $\boldsymbol{s}=(2,7,-3)$，平面 $\varPi$ 的法向量为 $\boldsymbol{n}=(4,-2,-2)$，设直线 $l$ 与平面 $\varPi$ 的夹角为 $\varphi$，根据公式 (6.21) 有

$$\sin\varphi=\frac{|2\times4+7\times(-2)+(-3)\times(-2)|}{\sqrt{2^2+7^2+(-3)^2}\sqrt{4^2+(-2)^2+(-2)^2}}=0,$$

则直线 $l$ 与平面 $\Pi$ 平行或重合. 又 $4\times(-3)-2\times(-4)-2\times3-3=-13\neq0$, 说明直线 $l$ 上的点 $(-3,-4,3)$ 不在平面 $\Pi$ 上, 所以直线 $l$ 与平面 $\Pi$ 平行.

**例 5**　求直线 $\dfrac{x-2}{1}=\dfrac{y-3}{1}=\dfrac{z-1}{2}$ 与平面 $x+2y+z-4=0$ 的交点坐标.

**解**　把直线的点向式方程化为参数方程

$$x=2+t,\quad y=3+t,\quad z=1+2t,$$

代入平面方程, 得

$$2+t+2(3+t)+1+2t-4=0,$$

解之得 $t=-1$, 代入直线的参数方程中, 从而得所求的交点坐标为 $(1,2,-1)$.

在本例中利用直线的参数方程简化了求解过程.

**例 6**　求通过点 $M_0(2,-1,3)$ 且与直线 $\dfrac{x-1}{1}=\dfrac{y+1}{-1}=\dfrac{z-1}{2}$ 垂直相交的直线方程.

**解法 1**　将已知直线的点向式方程化为参数方程

$$x=1+t,\quad y=-1-t,\quad z=1+2t,$$

设所求直线与已知直线的交点为 $M_1(1+t,-1-t,1+2t)$, 则 $\overrightarrow{M_0M_1}=(t-1,-t,2t-2)$ 为所求直线的方向向量. 因两直线垂直, 有 $1\times(t-1)+(-1)\times(-t)+2\times(2t-2)=0$, 解得 $t=\dfrac{5}{6}$, 于是 $\overrightarrow{M_0M_1}=\left(-\dfrac{1}{6},-\dfrac{5}{6},-\dfrac{1}{3}\right)$, 而 $6\overrightarrow{M_0M_1}=(-1,-5,-2)$ 也是所求直线的方向向量, 因此所求直线的方程为 $\dfrac{x-2}{1}=\dfrac{y+1}{5}=\dfrac{z-3}{2}$.

**解法 2**　先作一个过点 $M_0(2,-1,3)$ 且与已知直线垂直的平面, 则这个平面的方程为

$$x-2+(-1)(y+1)+2(z-3)=0,$$

即 $x-y+2z-9=0$. 且这个平面与已知直线的交点即为已知直线与所求直线的交点.

下面用例 5 的方法求平面与已知直线的交点 $M_1$. 已知直线的参数方程为

$$x=1+t,\quad y=-1-t,\quad z=1+2t,$$

代入平面方程得 $t=\dfrac{5}{6}$, 于是与解法 1 一样, 得所求的直线方程为

$$\frac{x-2}{1}=\frac{y+1}{5}=\frac{z-3}{2}.$$

空间直线及其方程(1)　　空间直线及其方程(2)　　第 6 章总结与复习

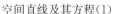

**习　题　6-6**

1. 求通过点 $A(-3,0,1)$ 和点 $B(2,-5,1)$ 的直线.

2. 一直线通过点 $A(1,2,1)$，且垂直于直线 $\dfrac{x-1}{3}=\dfrac{y}{2}=\dfrac{z+1}{1}$，又和直线 $x=y=z$ 相交，求该直线方程.

3. 一平面过直线 $\begin{cases} x+5y+z=0, \\ x-z+4=0 \end{cases}$ 且与平面 $x-4y-8z+12=0$ 垂直，求该平面方程.

4. 把直线 $L$ 的一般式方程 $\begin{cases} x+y+z+1=0, \\ 2x-y+3z+4=0 \end{cases}$ 化为对称式、参数方程.

5. 求关于直线 $\begin{cases} x-y-4z+12=0, \\ 2x+y-2z+3=0 \end{cases}$ 与点 $(2,0,-1)$ 对称的点.

6. 判别下列直线与平面的相关位置：

(1) $\dfrac{x-3}{-2}=\dfrac{y+4}{-7}=\dfrac{z}{3}$ 与 $4x-2y-2z=3$；

(2) $\dfrac{x}{3}=\dfrac{y}{-2}=\dfrac{z}{7}$ 与 $3x-2y+7z=8$；

(3) $\begin{cases} 5x-3y+2z-5=0, \\ 2x-y-z-1=0 \end{cases}$ 与 $4x-3y+7z-7=0$；

(4) $\begin{cases} x=t, \\ y=2t+9 \\ z=9t-4. \end{cases}$ 与 $3x-4y+7z-10=0$，

7. 试验证直线 $\dfrac{x}{-1}=\dfrac{y-1}{1}=\dfrac{z-1}{2}$ 与平面 $2x+y-z-3=0$ 相交，并求出它的交点和夹角.

8. 试确定 $l,m$ 的值，使

(1) 直线 $\dfrac{x-1}{4}=\dfrac{y+2}{3}=\dfrac{z}{1}$ 与平面 $lx+3y-5z+1=0$ 平行；

(2) 直线 $\begin{cases} x=2t+2, \\ y=-4t-5, \\ z=3t-1 \end{cases}$ 与平面 $lx+my+6z-7=0$ 垂直.

9. 求点 $P(2,3,-1)$ 到直线 $\begin{cases} 2x-2y+z+3=0, \\ 3x-2y+2z+17=0 \end{cases}$ 的距离.

10. 求通过平面 $4x-y+3z-1=0$ 和 $x+5y-z+2=0$ 的交线且满足下列条件之一的平面：

(1) 通过原点；

(2) 与 $y$ 轴平行；

(3) 与平面 $2x-y+5z-3=0$ 垂直.

11. 求通过直线 $\begin{cases} x+5y+z=0, \\ x-z+4=0 \end{cases}$ 且与平面 $x-4y-8z+12=0$ 成 $\dfrac{\pi}{4}$ 角的平面.

12. (2012 全国竞赛) 求通过直线 $L:\begin{cases} 2x+y-3z+2=0 \\ 5x+5y-4z+3=0 \end{cases}$ 的两个相互垂直的平面 $\pi_1$

和 $\pi_2$,使其中一个平面过点 $(4,-3,1)$.

## 总 习 题 6

1. 设有直线 $L_1:\dfrac{x-1}{1}=\dfrac{y-5}{-2}=\dfrac{z+8}{1}$ 与 $L_2:\begin{cases}x-y=6,\\2y+z=3,\end{cases}$ 则 $L_1$ 与 $L_2$ 的夹角为( ).

A. $\dfrac{\pi}{6}$; B. $\dfrac{\pi}{4}$; C. $\dfrac{\pi}{3}$; D. $\dfrac{\pi}{2}$.

2. 设有直线 $\begin{cases}x+3y+2z+1=0,\\2x-y-10z+3=0\end{cases}$ 及平面 $4x-2y+z-2=0$,则直线( ).

A. 平行于平面; B. 在平面上; C. 垂直于平面; D. 与平面斜交.

3. 已知直线 $L_1:\dfrac{x-1}{-1}=\dfrac{y+1}{2}=\dfrac{z-2}{3}$,$L_2:\begin{cases}2x+y-1=0,\\3x+z-2=0,\end{cases}$ 试证 $L_1\ /\!/\ L_2$,并求出由 $L_1$ 和 $L_2$ 所确定的平面方程.

4. 求直线 $\dfrac{x+2}{3}=\dfrac{2-y}{1}=\dfrac{z+1}{2}$ 在平面 $2x+3y+3z-8=0$ 上的投影直线方程.

5. 设直线 $L$ 通过点 $M(1,1,1)$,并且与直线 $L_1:x=\dfrac{y}{2}=\dfrac{z}{3}$ 相交,与直线 $L_2:\dfrac{x-1}{2}=\dfrac{y-2}{1}=\dfrac{z-3}{4}$ 垂直,求直线 $L$ 的方程.

6. 设直线 $L$ 通过点 $A(-1,0,4)$,且平行于平面 $3x-4y+z-10=0$,与直线 $\dfrac{x+1}{3}=\dfrac{y-1}{1}=\dfrac{z}{2}$ 相交,求直线 $L$ 的方程.

7. 确定直线 $L:\begin{cases}3x-z+1=0,\\x+y-4=0\end{cases}$ 与平面 $2x-y-z+1=0$ 的关系,若平行,求距离;若相交,求交点.

8. 直线 $L$ 通过点 $(-2,1,3)$ 和 $(0,-1,2)$,求点 $(10,5,10)$ 到直线 $L$ 的距离.

9. 直线 $\dfrac{x}{0}=\dfrac{y}{1}=\dfrac{z}{1}$ 绕 $z$ 轴旋转一周,求旋转曲面的方程.

10. 求平面 $19x-4y+8z+21=0$ 与 $19x-4y+8z+42=0$ 间的距离.

11. 求通过两条平行直线 $l_1:\dfrac{x-2}{3}=\dfrac{y+1}{2}=\dfrac{z-3}{-2}$,$l_2:\dfrac{x-1}{3}=\dfrac{y-2}{2}=\dfrac{z+3}{-2}$ 的平面方程.

12. 一个平面平分两点 $A(1,2,3)$,$B(2,-1,4)$ 间的线段且垂直于它,求该平面方程.

13. 设一平面经过原点以及点 $(6,-3,2)$,且与平面 $4x-y+2z=8$ 垂直,求此平面方程.

14. 求通过点 $(1,2,-3)$ 且平行于两直线 $l_1:\dfrac{x-1}{2}=\dfrac{y+1}{-3}=\dfrac{z-7}{3}$,$l_2:\dfrac{x+5}{3}=\dfrac{y-2}{-2}=\dfrac{z+3}{-1}$ 的平面方程.

第6章部分习题答案

# 第7章

# 多元函数微分法及其应用

在前面各章中,所讨论的函数都只限于一个自变量的函数,简称**一元函数**.但是在更多实际问题中所遇到的是多个自变量的函数.例如,矩形的面积 $S=xy$,描述了面积 $S$ 和长 $x$、宽 $y$ 这两个变量之间的函数关系.这种含有两个、三个或者四个自变量的函数,分别称为二元、三元或者四元函数,一般二元以上的函数统称为**多元函数**.

多元函数是一元函数的推广,因此它保留了一元函数的许多性质;但是也由于自变量由一个增加到多个,故而更加复杂.对于多元函数,我们着重讨论二元函数.在掌握了二元函数相关理论的研究方法后,不难将其推广到一般的多元函数中.

## 7.1 多元函数的基本概念

### 7.1.1 平面点集

在平面上建立直角坐标系 $xOy$.通过坐标系,平面上的点 $P$ 与有序二元实数组 $(x,y)$ 之间就建立了一一对应的关系.这种建立了坐标系的平面,称为**坐标平面**.

坐标平面上满足某种条件 $P$ 的点的集合,称为**平面点集**,记作

$$E=\{(x,y)\,|\,(x,y)\text{满足条件}P\}.$$

例如,平面上的点所组成的点集是

$$\mathbf{R}^2=\{(x,y)\,|\,-\infty<x<+\infty,-\infty<y<+\infty\}.$$

平面上以原点为中心,半径为 $r$ 的圆内的所有点的集合为

$$C=\{(x,y)\,|\,x^2+y^2<r^2\}.$$

#### 7.1.1.1 邻域

设 $P_0(x_0,y_0)$ 是 $xOy$ 平面上的一点,$\delta$ 是某一正数,与点 $P_0$ 距离小于 $\delta$ 的点 $P(x,y)$ 的全体,称为点 $P_0$ 的 $\delta$ **邻域**,记作 $U(P_0,\delta)$,即

$$U(P_0,\delta)=\left\{P\,\Big|\,|PP_0|<\delta\right\},$$

也就是

$$U(P_0,\delta)=\left\{(x,y)\,|\,\sqrt{(x-x_0)^2+(y-y_0)^2}<\delta\right\},$$

其中点 $P_0$ 称为**邻域的中心**,$\delta$ 称为**邻域的半径**.在几何上,$U(P_0,\delta)$ 表示开圆盘:不含圆周上的点,圆心在点 $P_0$,半径等于 $\delta$.而点 $P_0$ 的**去心邻域**,记作 $\mathring{U}(P_0,\delta)$,即

$$\mathring{U}(P_0,\delta)=\{P\,|\,0<|PP_0|<\delta\}.$$

如果不需要强调邻域的半径时,则可用 $U(P_0)$ 表示点 $P_0$ 的某邻域,点 $P_0$ 的某去

心邻域记作 $\mathring{U}(P_0)$.

#### 7.1.1.2　点集的内点、外点、边界点

任意一点 $P \in \mathbf{R}^2$ 与任意一点集 $E \subset \mathbf{R}^2$ 之间必然有以下三种关系之一:

(1) **内点**:若存在点 $P$ 的某邻域 $U(P)$ 使得 $U(P) \subset E$,则称 $P$ 是集合 $E$ 的内点;

(2) **外点**:若存在点 $P$ 的某邻域 $U(P)$,使得 $U(P) \bigcap E = \varnothing$,则称 $P$ 是集合 $E$ 的外点;

(3) **边界点**:若点 $P$ 的任何邻域内既有属于 $E$ 的点,又有不属于 $E$ 的点,则称点 $P$ 是 $E$ 的边界点.

例如在图 7-1 中,$P_1$ 是集合 $E$ 的内点,$P_2$ 是 $E$ 的外点,$P_3$ 是 $E$ 的边界点.

$E$ 的边界点的全体称为 $E$ 的**边界**,记作 $\partial E$.

$E$ 的内点必然属于 $E$,$E$ 的外点必然不属于 $E$,$E$ 的边界点可能属于 $E$,也可能不属于 $E$.

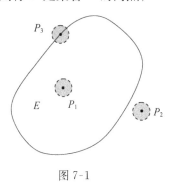

图 7-1

#### 7.1.1.3　点集的聚点、孤立点

任意一点 $P$ 与一个点集 $E$ 之间除上述关系外,还有以下关系:

聚点:若点 $P$ 的任何空心邻域 $\mathring{U}(P)$ 内都含有 $E$ 中的点,则称点 $P$ 是 $E$ 的**聚点**.

孤立点:若点 $P \in E$,但不是 $E$ 的聚点,即存在 $\delta > 0$,使得 $\mathring{U}(P, \delta) \bigcap E = \varnothing$,则称点 $P$ 是 $E$ 的**孤立点**.

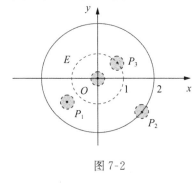

图 7-2

显然,聚点本身可能属于 $E$,也可能不属于 $E$;孤立点必为边界点;内点一定是聚点;既不是聚点,又不是孤立点,则必为外点.

例如,平面点集 $E = \{(x, y) | x^2 + y^2 = 0$ 或 $1 < x^2 + y^2 \leqslant 4\}$ 的满足 $1 \leqslant x^2 + y^2 \leqslant 4$ 的一切点 $(x, y)$ 是 $E$ 的聚点,而满足 $x^2 + y^2 = 0$ 的点 $O(0, 0)$ 是 $E$ 的孤立点,如图 7-2 所示,点 $O(0, 0)$、$P_2$ 是 $E$ 中的点,是边界点,点 $P_2, P_3$ 是 $E$ 的边界点,也是聚点,$P_1$ 是 $E$ 的内点,从而也是 $E$ 的聚点.

#### 7.1.1.4　开集与闭集

开集:若平面点集 $E$ 的每一个点都是 $E$ 的内点,则称 $E$ 为**开集**.

闭集:若 $E$ 的边界 $\partial E \subset E$,则称 $E$ 为**闭集**.

例如,集合 $\{(x, y) | 1 < x^2 + y^2 < 2\}$ 是开集;集合 $\{(x, y) | 1 \leqslant x^2 + y^2 \leqslant 2\}$ 是闭集;而集合 $\{(x, y) | 1 < x^2 + y^2 \leqslant 2\}$ 既不是开集,也不是闭集. 此外还约定 $\mathbf{R}^2$ 和空集 $\varnothing$ 为既开又闭的点集.

#### 7.1.1.5　连通集、区域

连通集:设 $E$ 是开集,若对于 $E$ 内任何两点,都可以用完全属于 $E$ 的折线连结起

来,则称开集 $E$ 是**连通集**.

区域(或开区域):连通的开集称为区域或**开区域**.

闭区域:开区域连同它的边界一起所构成的点集,称为**闭区域**.

例如,集合 $\{(x,y) \mid 1<x^2+y^2<2\}$ 是开区域;集合 $\{(x,y) \mid 1\leqslant x^2+y^2\leqslant2\}$ 是闭区域.

### 7.1.1.6 有界集、无界集

有界集:对于平面点集 $E$,若存在正数 $r$,使得

$$E \subset U(O,r),$$

其中 $O$ 是坐标原点,则称 $E$ 为**有界集**.

无界集:一个集合如果不是有界集,就称这个集合为**无界集**.

例如,集合 $\{(x,y) \mid 1\leqslant x^2+y^2\leqslant2\}$ 是有界闭区域;而集合 $\{(x,y) \mid x^2+y^2>2\}$ 是无界开区域.

## 7.1.2 多元函数概念

在研究实际问题中,随着问题的复杂化,经常会遇到多个变量间的相互依赖关系. 比如关联电路的电阻问题,如图 7-3 所示.把两个滑动电阻器并联起来,用 $R_1$, $R_2$ 分别表示它们的电阻,用 $R$ 来表示总电阻. 在这里,当调节电阻 $R_1$, $R_2$ 时,总电阻 $R$ 也会随其进行变化. 它们之间的关系是

$$\frac{1}{R}=\frac{1}{R_1}+\frac{1}{R_2}.$$

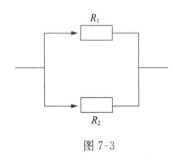

图 7-3

**定义 1** 设 $D$ 是平面上的一个点集,如果对于每个点 $P(x,y) \in D$,变量 $z$ 按照一定法则总有确定的值与之对应,则称变量 $z$ 是变量 $x,y$ 的**二元函数**(或点 $P$ 的函数),并记为

$$z=f(x,y), \quad (x,y) \in D,$$

或

$$z=f(P), \quad P \in D,$$

其中点集 $D$ 称为该函数的**定义域**,$x,y$ 称为**自变量**,$z$ 称为**因变量**,而数集 $\{z \mid z=f(x,y),(x,y) \in D\}$ 称为该函数的**值域**.

有时,二元函数可以用空间的一个曲面表示出来,这为研究问题提供了直观想象. 例如,二元函数 $z=\sqrt{R^2-x^2-y^2}$ 就是一个上半球面,球心在原点,半径为 $R$,此函数定义域为满足关系式 $x^2+y^2\leqslant R^2$ 的 $x,y$ 全体,即 $D=\{(x,y) \mid x^2+y^2\leqslant R^2\}$. 又如 $z=xy$ 是马鞍面.

类似地,可以定义三元函数 $u=f(x,y,z),(x,y,z) \in D$ 及三元以上的函数,如 $n$ 元函数 $u=f(x_1,x_2,\cdots,x_n),(x_1,x_2,\cdots,x_n) \in D$,二元函数及二元以上的函数统称为**多元函数**,这里主要讨论二元函数.

### 7.1.3　多元函数的极限

先讨论二元函数 $z=f(x,y)$ 当 $(x,y)\rightarrow(x_0,y_0)$，即 $P(x,y)\rightarrow P_0(x_0,y_0)$ 时的极限.

这里 $P\rightarrow P_0$ 表示点 $P$ 以任何方式趋于点 $P_0$，也就是点 $P$ 与点 $P_0$ 间的距离 $\rho(P,P_0)$ 趋于零，即

$$\rho(P,P_0)=|PP_0|=\sqrt{(x-x_0)^2+(y-y_0)^2}\rightarrow 0.$$

与一元函数的极限概念类似，如果在 $P(x,y)\rightarrow P_0(x_0,y_0)$ 的过程中，对应的函数值 $f(x,y)$ 无限接近于一个确定的常数 $A$，就说 $A$ 是函数 $f(x,y)$ 当 $(x,y)\rightarrow(x_0,y_0)$ 时的极限. 下面用"$\varepsilon-\delta$"语言描述这个极限概念.

**定义 2**　设 $D$ 是 $\mathbf{R}^2$ 的一个开集，$P_0(x_0,y_0)$ 是 $D$ 的聚点，$A$ 是一个常数，二元函数 $f(P)=f(x,y)$ 的定义域为 $D$. 如果 $\forall\varepsilon>0,\exists\delta>0$，当 $0<\rho(P,P_0)<\delta$ 时，有

$$|f(P)-A|=|f(x,y)-A|<\varepsilon$$

成立，那么就称常数 $A$ 为函数 $z=f(x,y)$ 在 $(x,y)\rightarrow(x_0,y_0)$ 时的**极限**，记为

$$\lim_{(x,y)\rightarrow(x_0,y_0)}f(x,y)=A \quad 或 \quad f(x,y)\rightarrow A((x,y)\rightarrow(x_0,y_0)),$$

也记为

$$\lim_{P\rightarrow P_0}f(P)=A \quad 或 \quad f(P)\rightarrow A(P\rightarrow P_0).$$

为了区别于一元函数的极限，把二元函数的极限称为**二重极限**.

**例 1**　用极限定义证明 $\lim\limits_{(x,y)\rightarrow(0,0)}(x^2+y^2)\sin\dfrac{1}{x^2+y^2}=0$.

**证**　这里函数 $f(x,y)$ 的定义域为 $D=\mathbf{R}^2\setminus\{(0,0)\}$，点 $O(0,0)$ 为 $D$ 的聚点. 因为

$$|f(x,y)-0|=\left|(x^2+y^2)\sin\frac{1}{x^2+y^2}-0\right|\leqslant x^2+y^2,$$

可见，$\forall\varepsilon>0$，取 $\delta=\sqrt{\varepsilon}$，则当 $0<\sqrt{(x-0)^2+(y-0)^2}<\delta$ 时，总有 $|f(x,y)-0|<\varepsilon$ 成立，所以

$$\lim_{(x,y)\rightarrow(0,0)}f(x,y)=0.$$

和一元函数的情形一样，如果当 $P$ 以任何方式趋于 $P_0$ 时，$f(P)$ 的极限是 $A$，则 $\lim\limits_{P\rightarrow P_0}f(P)=A$. 但要注意：若 $P$ 以某一点列或沿某一曲线趋于 $P_0$ 时，$f(P)$ 的极限为 $A$，这还不能肯定 $f(P)$ 在 $P_0$ 的极限是 $A$. 但是，若 $P$ 以不同方式趋于 $P_0$ 时，$f(P)$ 趋于不同的值或不存在，那么就肯定 $\lim\limits_{P\rightarrow P_0}f(P)$ 不存在. 所以说，多元函数的极限比一元函数的情形复杂得多，下面举例说明.

**例 2**　设二元函数 $f(x,y)=\begin{cases}\dfrac{xy}{x^2+y^2}, & (x,y)\neq(0,0),\\ 0, & (x,y)=(0,0),\end{cases}$ 讨论在点 $(0,0)$ 的二重极限.

**解**　当点 $P(x,y)$ 沿着 $x$ 轴趋于 $(0,0)$ 时,

$$\lim_{\substack{(x,y)\to(0,0)\\y=0}} f(x,y)=\lim_{x\to0}f(x,0)=\lim_{x\to0}0=0,$$

而当点 $P(x,y)$ 沿着 $y$ 轴趋于 $(0,0)$ 时,

$$\lim_{\substack{(x,y)\to(0,0)\\x=0}} f(x,y)=\lim_{y\to0}f(0,y)=\lim_{y\to0}0=0.$$

但当点 $P(x,y)$ 沿着直线 $y=kx$ 趋于 $(0,0)$ 时,有

$$\lim_{\substack{(x,y)\to(0,0)\\y=kx}} \frac{xy}{x^2+y^2}=\lim_{x\to0}\frac{kx^2}{x^2+k^2x^2}=\frac{k}{1+k^2}.$$

这一结果说明其极限值随着直线斜率 $k$ 的不同而不同,所以极限不存在. 以上关于二元函数极限的概念,可以相应的推广到 $n$ 元函数上去.

　　关于多元函数极限的运算,也有与一元函数类似的运算法则. 但是二元函数的极限较之一元函数的极限而言,要复杂得多,特别是自变量的变化趋势,较之一元函数要复杂.

**例 3**　求 $\lim\limits_{(x,y)\to(0,1)}\dfrac{2-xy}{x^2+y^2}$.

**解**　当 $(x,y)\to(0,1)$ 时,分子分母都有极限,且分母极限不为零,故可以直接用极限的四则运算法则得

$$\lim_{(x,y)\to(0,1)}\frac{2-xy}{x^2+y^2}=\frac{\lim\limits_{(x,y)\to(0,1)}(2-xy)}{\lim\limits_{(x,y)\to(0,1)}(x^2+y^2)}=2.$$

**例 4**　求 $\lim\limits_{(x,y)\to(0,3)}\dfrac{\tan xy}{x}$.

**解**　令 $u=xy$,得

$$\lim_{(x,y)\to(0,3)}\frac{\tan xy}{x}=\lim_{(x,y)\to(0,3)}\frac{\tan xy}{xy}\cdot y=\lim_{u\to0}\frac{\tan u}{u}\cdot\lim_{y\to3}y=3.$$

**例 5**　求 $\lim\limits_{(x,y)\to(\infty,1)}\left(1+\dfrac{1}{x}\right)^{\frac{x^2}{x+y}}$.

**解**　因为 $\lim\limits_{x\to\infty}\left(1+\dfrac{1}{x}\right)^x=\mathrm{e}$, $\lim\limits_{(x,y)\to(\infty,1)}\dfrac{x}{x+y}=1$,所以

$$\lim_{(x,y)\to(\infty,1)}\left(1+\frac{1}{x}\right)^{\frac{x^2}{x+y}}=\lim_{(x,y)\to(\infty,1)}\left[\left(1+\frac{1}{x}\right)^x\right]^{\frac{x}{x+y}}=\mathrm{e}.$$

**例 6**　求 $\lim\limits_{(x,y)\to(0,0)}\dfrac{xy}{\sqrt{x^2+y^2}}$.

**解**　引入极坐标变换,设 $x=\rho\cos\theta,y=\rho\sin\theta$,则 $(x,y)\to(0,0)$ 等价于 $\rho\to0$,所以有

$$\lim_{(x,y)\to(0,0)}\frac{xy}{\sqrt{x^2+y^2}}=\lim_{\rho\to0}\rho\cos\theta\sin\theta=0.$$

## 7.1.4　多元函数的连续性

　　利用多元函数极限的概念,可定义多元函数的连续性.

**定义 3**　设二元函数 $f(P)=f(x,y)$ 的定义域为 $D$，$P_0(x_0,y_0)$ 是 $D$ 的聚点，且 $P_0\in D$. 如果

$$\lim_{(x,y)\to(x_0,y_0)}f(x,y)=f(x_0,y_0),$$

则称函数 $f(x,y)$ 在点 $P_0(x_0,y_0)$ **连续**.

可以用 $\varepsilon-\delta$ 语言描述为：$\forall\varepsilon>0$，$\exists\delta>0$，当 $0<\rho(P,P_0)<\delta$ 时，有 $|f(P)-f(P_0)|<\varepsilon$.

如果 $f$ 在开集 $E$ 内每一点连续，则称 $f$ 在 $E$ 内连续，或称 $f$ 是 $E$ 内的连续函数.

**定义 4**　设函数 $f(x,y)$ 的定义域为 $D$，$P_0(x_0,y_0)$ 是 $D$ 的聚点，如果函数 $f(x,y)$ 在点 $P_0(x_0,y_0)$ 处不连续，则称 $P_0(x_0,y_0)$ 是函数 $f(x,y)$ 的**间断点**.

**例 7**　讨论函数 $f(x,y)=\begin{cases}\dfrac{xy}{x^2+y^2}, & (x,y)\neq(0,0),\\ 0, & (x,y)=(0,0)\end{cases}$ 在 $(0,0)$ 处的连续性.

**解**　由例 2 知 $\lim\limits_{(x,y)\to(0,0)}f(x,y)$ 不存在，故函数在 $(0,0)$ 处不连续.

与闭区间上一元函数的性质相类似，在有界闭区域上连续的多元函数具有如下性质：

**性质 1**（有界性定理）　若 $f(x,y)$ 在有界闭区域 $D$ 上连续，则它在 $D$ 上有界.

**性质 2**（最大值最小值定理）　若 $f(x,y)$ 在有界闭区域 $D$ 上连续，则它在 $D$ 上必有最大值和最小值.

**性质 3**（零点存在定理）　设 $D$ 是 $\mathbf{R}^n$ 中的一个区域，$P_0$ 和 $P_1$ 是 $D$ 内任意两点，$f$ 是 $D$ 内的连续函数，如果 $f(P_0)f(P_1)<0$，则在 $D$ 内任何一条连结 $P_0,P_1$ 的折线上，至少存在一点 $P_s$，使 $f(P_s)=0$.

## 习 题 7-1

1. 判定下列平面点集中哪些是开集、闭集、有界集、无界集？并指出它们的边界：

(1) $E=\{(x,y)\mid 1<x^2+y^2<4\}$；

(2) $E=\{(x,y)\mid x^2+y^2\neq1\}$；

(3) $E=\{(x,y)\mid 0\leqslant y\leqslant2,2y\leqslant x\leqslant2y+2\}$；

(4) $E=\{(x,y)\mid y<x^2\}$.

2. 求下列函数的定义域：

(1) $z=\ln(y^2-2x+1)$；

(2) $z=\sqrt{x}\ln(y+x)$；

(3) $u=\arcsin\dfrac{z}{\sqrt{x^2+y^2}}$；

(4) $z=\dfrac{\arcsin(3-x^2+y^2)}{\sqrt{x-y^2}}$；

(5) $u=\sqrt{R^2-x^2-y^2-z^2}+\dfrac{1}{\sqrt{x^2+y^2+z^2-r^2}}(R>r>0).$

3. 已知 $f(x,y)=\dfrac{4xy}{x^2+y^2}$，试求 $f(tx,ty)$.

4. 已知 $f(x+y,\mathrm{e}^y)=x^2y$，试求 $f(x,y)$.

5. 求下列函数的极限：

(1) $\lim\limits_{(x,y)\to(0,0)}\dfrac{x^2y^2}{x^2+y^2}$；

(2) $\lim\limits_{(x,y)\to(1,2)}\dfrac{1}{2x-y}$；

(3) $\lim\limits_{(x,y)\to(0,0)}\dfrac{xy}{3-\sqrt{xy+9}}$；

(4) $\lim\limits_{(x,y)\to(0,1)}(1+xy)^{\frac{1}{x}}$；

(5) $\lim\limits_{(x,y)\to(0,1)}\dfrac{\sin(xy)+xy\cos x-x^2y^2}{x}$；

(6) $\lim\limits_{(x,y)\to(1,0)}\dfrac{\ln(x+\mathrm{e}^y)}{\sqrt{x^2+y^2}}$.

6. 证明极限 $\lim\limits_{(x,y)\to(0,0)}\dfrac{xy^2}{x^2+y^4}$ 不存在.

7. 设二元函数 $f(x,y)=\dfrac{x^2y}{x^2+y^2}$，讨论在点 $(0,0)$ 处的连续性.

# 7.2　偏　导　数

　　为了描述一元函数的变化率,我们曾经定义了导数的概念.而偏导数的概念是对一元函数导数概念的推广.对于多元函数同样需要讨论它的变化率,但是多元函数的自变量多于一个,所以因变量与自变量之间的关系要比一元函数复杂得多.首先,考虑多元函数关于其中一个自变量的变化率.也就是只让某一个自变量变化,把其余的自变量都看成常量,在这种情况下,多元函数关于这一个自变量的变化率称为偏导数.

## 7.2.1　偏导数的定义及其计算方法

　　**定义**　设函数 $z=f(x,y)$ 在点 $(x_0,y_0)$ 的某一邻域内有定义,当 $y$ 固定在 $y_0$,而 $x$ 在 $x_0$ 处有增量 $\Delta x$ 时,相应地函数有增量

$$f(x_0+\Delta x,y_0)-f(x_0,y_0).$$

如果极限

$$\lim_{\Delta x\to0}\dfrac{f(x_0+\Delta x,y_0)-f(x_0,y_0)}{\Delta x}$$

存在,则称此极限为函数 $z=f(x,y)$ 在点 $(x_0,y_0)$ 处对 $x$ 的**偏导数**,并记为

$$\left.\dfrac{\partial z}{\partial x}\right|_{\substack{x=x_0\\y=y_0}},\quad \left.\dfrac{\partial f}{\partial x}\right|_{\substack{x=x_0\\y=y_0}},\quad z_x\Big|_{\substack{x=x_0\\y=y_0}},\quad f_x(x_0,y_0)\quad\text{或}\quad f_x'(x_0,y_0).$$

即

$$f_x(x_0,y_0)=\lim_{\Delta x\to0}\dfrac{f(x_0+\Delta x,y_0)-f(x_0,y_0)}{\Delta x}.$$

　　类似地,函数 $z=f(x,y)$ 在点 $(x_0,y_0)$ 处对 $y$ 的**偏导数**定义为

$$f_y(x_0, y_0) = \lim_{\Delta y \to 0} \frac{f(x_0, y_0 + \Delta y) - f(x_0, y_0)}{\Delta y}.$$

如果函数 $z = f(x, y)$ 在区域 $D$ 内每一点 $(x, y)$ 处对 $x$ 的偏导数都存在,那么这个偏导数就是 $x, y$ 的函数,称它为函数 $z = f(x, y)$ 对自变量 $x$ 的**偏导函数**,记为

$$\frac{\partial z}{\partial x}, \quad \frac{\partial f}{\partial x}, \quad z_x, \quad f_x(x, y) \quad 或 \quad f_x'(x, y).$$

类似地,可以定义函数 $z = f(x, y)$ 对自变量 $y$ 的偏导函数,并记为

$$\frac{\partial z}{\partial y}, \quad \frac{\partial f}{\partial y}, \quad z_y, f_y(x, y) \quad 或 \quad f_y'(x, y).$$

由偏导函数概念可知,$f(x, y)$ 在点 $(x_0, y_0)$ 处对 $x$ 的偏导数 $f_x(x_0, y_0)$,其实就是偏导函数 $f_x(x, y)$ 在点 $(x_0, y_0)$ 处的函数值;$f_y(x_0, y_0)$ 就是偏导函数 $f_y(x, y)$ 在点 $(x_0, y_0)$ 处的函数值. 在不产生混淆的情况下,以后把偏导函数也简称为偏导数.

计算函数 $z = f(x, y)$ 的偏导数,并不需要新的方法,因为这里只有一个自变量在变化,另一自变量被看成是固定不变的常数,所以仍然是计算一元函数导数的问题,所以求 $\frac{\partial z}{\partial x}$ 时,只把 $y$ 看作常量,而对 $x$ 求导数;求 $\frac{\partial z}{\partial y}$ 时,只把 $x$ 看作常量,而对 $y$ 求导数.

显然,偏导数的概念可推广到二元以上函数的情形. 例如,三元函数 $u = f(x, y, z)$ 在点 $(x, y, z)$ 处对 $x$ 的偏导数定义为

$$f_x(x, y, z) = \lim_{\Delta x \to 0} \frac{f(x + \Delta x, y, z) - f(x, y, z)}{\Delta x},$$

其中 $(x, y, z)$ 是函数 $u = f(x, y, z)$ 的定义域的内点. 其偏导数的具体计算,与二元函数的偏导数的计算相同.

**例 1**　求 $z = x^2 y + x y^2$ 在点 $(1,1)$ 处的偏导数 $\left.\frac{\partial z}{\partial x}\right|_{\substack{x=1 \\ y=1}}, \left.\frac{\partial z}{\partial y}\right|_{\substack{x=1 \\ y=1}}$.

**解法 1**　把 $y$ 看作常量,有

$$\frac{\partial z}{\partial x} = 2xy + y^2,$$

把 $x$ 看作常量,有

$$\frac{\partial z}{\partial y} = x^2 + 2xy,$$

将 $(1,1)$ 代入上面的结果,就得到

$$\left.\frac{\partial z}{\partial x}\right|_{\substack{x=1 \\ y=1}} = 3, \quad \left.\frac{\partial z}{\partial y}\right|_{\substack{x=1 \\ y=1}} = 3.$$

**解法 2**　因 $z(x, 1) = x^2 + x$,所以

$$\frac{\mathrm{d}z}{\mathrm{d}x} = 2x + 1,$$

即

$$\left.\frac{\partial z}{\partial x}\right|_{\substack{x=1 \\ y=1}} = \left.\frac{\mathrm{d}z}{\mathrm{d}x}\right|_{x=1} = 2 \cdot 1 + 1 = 3,$$

同理

$$\frac{\partial z}{\partial y}\Big|_{\substack{x=1 \\ y=1}} = \frac{\mathrm{d}z}{\mathrm{d}y}\Big|_{y=1} = 1+2 \cdot 1 = 3.$$

**例 2** 求函数 $z = \mathrm{e}^{x^2+y^2}$ 的偏导数.

**解** $\frac{\partial z}{\partial x} = 2x\mathrm{e}^{x^2+y^2}, \frac{\partial z}{\partial y} = 2y\mathrm{e}^{x^2+y^2}.$

**例 3** 求 $r = \sqrt{x^2+y^2+z^2}$ 的偏导数.

**解** $\frac{\partial r}{\partial x} = \frac{2x}{2\sqrt{x^2+y^2+z^2}} = \frac{x}{r},$

同理

$$\frac{\partial r}{\partial y} - \frac{y}{r}, \quad \frac{\partial r}{\partial z} = \frac{z}{r}.$$

**例 4** 已知理想气体的状态方程为 $PV=RT$（$R$ 为常数），求证：

$$\frac{\partial P}{\partial V} \cdot \frac{\partial V}{\partial T} \cdot \frac{\partial T}{\partial P} = -1.$$

**证 由**

$$P = \frac{RT}{V}, \quad V = \frac{RT}{P}, \quad T = \frac{PV}{R},$$

得

$$\frac{\partial P}{\partial V} = -\frac{RT}{V^2}, \quad \frac{\partial V}{\partial T} = \frac{R}{P}, \quad \frac{\partial T}{\partial P} = \frac{V}{R},$$

所以

$$\frac{\partial P}{\partial V} \cdot \frac{\partial V}{\partial T} \cdot \frac{\partial T}{\partial P} = -\frac{RT}{V^2} \cdot \frac{R}{P} \cdot \frac{V}{R} = -\frac{RT}{PV} = -1.$$

**【注】** 偏导数的记号是一个整体，不能理解为分子与分母的商，如 $\frac{\partial P}{\partial V} \cdot \frac{\partial V}{\partial T} \neq \frac{\partial P}{\partial T}$，这与一元函数的导数有区别.

二元函数 $z = f(x,y)$ 在点 $(x_0, y_0)$ 的偏导数有下述几何意义：

设 $M_0(x_0, y_0, f(x_0, y_0))$ 为曲面 $z = f(x,y)$ 上的一点，过 $M_0$ 作平面 $y = y_0$，截此曲面得一曲线，此曲线在平面 $y = y_0$ 上的方程为 $z = f(x, y_0)$，则导数 $\frac{\mathrm{d}}{\mathrm{d}x}f(x, y_0)\big|_{x=x_0}$，即偏导数 $f_x(x_0, y_0)$ 就是曲线在点 $M_0$ 处的切线 $M_0 T_x$ 对 $x$ 轴的斜率（图 7-4）. 同样，偏导数 $f_y(x_0, y_0)$ 的几何意义是曲面被平面 $x = x_0$ 所截得的曲线在点 $M_0$ 处的切线 $M_0 T_y$ 对 $y$ 轴的斜率.

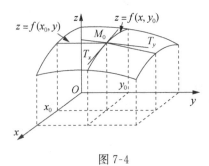

图 7-4

如果一元函数在某点具有导数，则它在该点必定连续. 但对于多元函数来说，即使在某点各偏导数都存在，也不能保证函数在该点连续. 这是因为各偏导数存在只能保证

点 $P$ 沿着平行于坐标轴的方向趋于 $P_0$ 时,函数值 $f(P)$ 趋于 $f(P_0)$,但不能保证点 $P$ 按任何方式趋于 $P_0$ 时,函数值 $f(P)$ 都趋于 $f(P_0)$. 这与一元函数有着本质的区别,如函数

$$z=f(x,y)=\begin{cases} \dfrac{xy}{x^2+y^2}, & x^2+y^2\neq 0, \\ 0, & x^2+y^2=0, \end{cases}$$

在点 $(0,0)$ 对 $x$ 的偏导数为

$$f_x(0,0)=\lim_{\Delta x\to 0}\frac{f(0+\Delta x,0)-f(0,0)}{\Delta x}=\lim_{\Delta x\to 0}0=0,$$

同理

$$f_y(0,0)=0,$$

但是由 7.1 节的例 7 知道这个函数在点 $(0,0)$ 处并不连续.

## 7.2.2　高阶偏导数

设函数 $z=f(x,y)$ 在区域 $D$ 内有偏导数

$$\frac{\partial z}{\partial x}=f_x(x,y), \quad \frac{\partial z}{\partial y}=f_y(x,y),$$

一般来说,$f_x(x,y),f_y(x,y)$ 仍是 $x,y$ 的函数. 若 $f_x(x,y),f_y(x,y)$ 的偏导数仍存在,则称之为函数 $z=f(x,y)$ 的**二阶偏导数**,并有如下记号:

$$\frac{\partial}{\partial x}\left(\frac{\partial z}{\partial x}\right)=\frac{\partial^2 z}{\partial x^2}=z_{xx}(x,y)=f_{xx}(x,y),$$

$$\frac{\partial}{\partial y}\left(\frac{\partial z}{\partial x}\right)=\frac{\partial^2 z}{\partial x\partial y}=z_{xy}(x,y)=f_{xy}(x,y),$$

$$\frac{\partial}{\partial x}\left(\frac{\partial z}{\partial y}\right)=\frac{\partial^2 z}{\partial y\partial x}=z_{yx}(x,y)=f_{yx}(x,y),$$

$$\frac{\partial}{\partial y}\left(\frac{\partial z}{\partial y}\right)=\frac{\partial^2 z}{\partial y^2}=z_{yy}(x,y)=f_{yy}(x,y),$$

其中 $f_{xy}(x,y),f_{yx}(x,y)$ 称为混合偏导数. 同理可得三阶、四阶、……以及 $n$ 阶的偏导数,二阶及二阶以上的偏导数统称为**高阶偏导数**.

**例 5**　设 $z=x^3y-3x^2y^3$,求 $\dfrac{\partial^2 z}{\partial x^2},\dfrac{\partial^2 z}{\partial x\partial y},\dfrac{\partial^2 z}{\partial y\partial x}$ 及 $\dfrac{\partial^2 z}{\partial y^2}$.

$$\frac{\partial z}{\partial x}=3x^2y-6xy^3, \qquad \frac{\partial z}{\partial y}=x^3-9x^2y^2,$$

**解**

$$\frac{\partial^2 z}{\partial x^2}=6xy-6y^3, \qquad \frac{\partial^2 z}{\partial y\partial x}=3x^2-18xy^2,$$

$$\frac{\partial^2 z}{\partial x\partial y}=3x^2-18xy^2, \qquad \frac{\partial^2 z}{\partial y^2}=-18x^2y.$$

**例 6**　设 $z=xe^x\sin y$,求 $\dfrac{\partial^2 z}{\partial x\partial y},\dfrac{\partial^2 z}{\partial y\partial x}$.

**解**

$$\frac{\partial z}{\partial x}=(1+x)e^x\sin y, \qquad \frac{\partial z}{\partial y}=xe^x\cos y,$$

$$\frac{\partial^2 z}{\partial x\partial y}=(1+x)e^x\cos y, \qquad \frac{\partial^2 z}{\partial y\partial x}=(1+x)e^x\cos y.$$

从上面的两个例子可知 $\dfrac{\partial^2 z}{\partial x \partial y}=\dfrac{\partial^2 z}{\partial y \partial x}$，这并非偶然的.

**定理**　如果函数 $z=f(x,y)$ 的两个二阶混合偏导数 $\dfrac{\partial^2 z}{\partial x \partial y},\dfrac{\partial^2 z}{\partial y \partial x}$ 在区域 $D$ 内连续，则在该区域内必有 $\dfrac{\partial^2 z}{\partial x \partial y}=\dfrac{\partial^2 z}{\partial y \partial x}$.

定理的证明从略.

此定理说明：二阶混合偏导数在连续的条件下与求导的次序无关.

对于二元以上的函数，也可以类似地定义高阶偏导数. 而且高阶混合偏导数在偏导数连续的条件下也与求导的次序无关.

**例 7**　设 $f(x,y,z)=xy^2+yz^2+zx^2$，求 $f_{xx}(1,1,2),f_{xyz}(1,1,1)$.

**解**　因为

$$f_x(x,y,z)=y^2+2xz,\quad f_{xx}(x,y,z)=2z,\quad f_{xy}(x,y,z)=2y,\quad f_{xyz}(x,y,z)=0,$$

所以

$$f_{xx}(1,1,2)=4,\quad f_{xyz}(1,1,1)=0.$$

**例 8**　验证函数 $u(x,y)=\ln\sqrt{x^2+y^2}$ 满足拉普拉斯方程 $\dfrac{\partial^2 u}{\partial x^2}+\dfrac{\partial^2 u}{\partial y^2}=0$.

**证**　因为 $u(x,y)=\ln\sqrt{x^2+y^2}=\dfrac{1}{2}\ln(x^2+y^2)$，所以

$$\frac{\partial u}{\partial x}=\frac{x}{x^2+y^2},\quad \frac{\partial u}{\partial y}=\frac{y}{x^2+y^2},$$

$$\frac{\partial^2 u}{\partial x^2}=\frac{(x^2+y^2)-x\cdot 2x}{(x^2+y^2)^2}=\frac{y^2-x^2}{(x^2+y^2)^2},$$

$$\frac{\partial^2 u}{\partial y^2}=\frac{(x^2+y^2)-y\cdot 2y}{(x^2+y^2)^2}=\frac{x^2-y^2}{(x^2+y^2)^2},$$

因此 $\dfrac{\partial^2 u}{\partial x^2}+\dfrac{\partial^2 u}{\partial y^2}=\dfrac{y^2-x^2}{(x^2+y^2)^2}+\dfrac{x^2-y^2}{(x^2+y^2)^2}=0.$

高阶偏导数

### 习　题　7-2

1.求下列函数的偏导数：

(1) $z=x^2 y$；

(2) $z=y\cos x$；

(3) $z=\ln(x+y^2)$；

(4) $z=\arctan\dfrac{y}{x}$；

(5) $z=xy\mathrm{e}^{\sin(xy)}$；

(6) $z=\dfrac{1}{\sqrt{x^2+y^2}}$；

$(7) u = \dfrac{y}{x} + \dfrac{z}{y} + \dfrac{x}{z}$；　　　$(8) u = x^{\frac{z}{y}}$.

2. 设 $z = y^x$，求 $\dfrac{\partial^2 z}{\partial x^2}, \dfrac{\partial^2 z}{\partial y^2}, \dfrac{\partial^2 z}{\partial x \partial y}$.

3. 设 $z = x \ln(xy)$，求 $\dfrac{\partial^3 z}{\partial x^2 \partial y}, \dfrac{\partial^3 z}{\partial x \partial y^2}$.

4. 求函数 $f(x, y) = \mathrm{e}^{xy} \cos\left(\dfrac{\pi}{2} x\right) + (y - 1) \arctan \sqrt{\dfrac{x}{y}}$ 在 $(1, 1)$ 处的偏导数.

5. 设 $f\left(x + y, \dfrac{y}{x}\right) = x^2 - y^2$，求 $f(x, y), f_x(x, y), f_y(x, y)$.

6. 设 $f(x, y, z) = x^2 y + y^2 z + z^2 x$，求 $f_{xx}(0, 0, 1), f_{xz}(2, 0, 1), f_{yx}(-1, 0, 1), f_{xyy}(1, 0, -1)$.

7. 验证函数 $u = \dfrac{1}{\sqrt{t}} \mathrm{e}^{-\frac{x^2}{4t}}$ 满足方程 $\dfrac{\partial u}{\partial t} = \dfrac{\partial^2 u}{\partial x^2}$.

8. 验证 $z = \mathrm{e}^{-\left(\frac{1}{x} + \frac{1}{y}\right)}$ 满足 $x^2 \dfrac{\partial z}{\partial x} + y^2 \dfrac{\partial z}{\partial y} = 2z$.

# 7.3　全　微　分

## 7.3.1　全微分的定义

给定二元函数 $z = f(x, y)$，且 $f_x(x, y), f_y(x, y)$ 均存在，由一元微分学中函数增量与微分的关系，有

$$f(x + \Delta x, y) - f(x, y) \approx f_x(x, y) \Delta x,$$
$$f(x, y + \Delta y) - f(x, y) \approx f_y(x, y) \Delta y.$$

上述二式的左端分别称为二元函数 $z = f(x, y)$ 对 $x$ 或 $y$ 的**偏增量**，而右端称为二元函数 $z = f(x, y)$ 对 $x$ 或 $y$ 的**偏微分**.

为了研究多元函数中各个自变量都取得增量时，因变量所获得的增量，即全增量的问题，下面先给出二元函数全增量的概念.

设二元函数 $z = f(x, y)$ 在点 $P(x, y)$ 的某邻域内有定义，点 $P'(x + \Delta x, y + \Delta y)$ 为该邻域内的任意一点，则这两点的函数值之差 $f(x + \Delta x, y + \Delta y) - f(x, y)$ 称为函数在点 $P(x, y)$ 处对应于自变量增量 $\Delta x$ 与 $\Delta y$ 的**全增量**，记为 $\Delta z$，即

$$\Delta z = f(x + \Delta x, y + \Delta y) - f(x, y).$$

一般说来，全增量 $\Delta z$ 的计算往往较复杂，参照一元函数微分的定义，希望用自变量增量 $\Delta x$ 与 $\Delta y$ 的线性函数来近似地代替，特引入下述定义：

**定义**　设函数 $z = f(x, y)$ 在点 $P(x, y)$ 的某邻域内有定义，如果函数在点 $(x, y)$ 的全增量

$$\Delta z = f(x + \Delta x, y + \Delta y) - f(x, y)$$

可表示成

$$\Delta z = A \cdot \Delta x + B \cdot \Delta y + o(\rho),$$

其中 $A, B$ 为不依赖于 $\Delta x$ 与 $\Delta y$,而仅与 $x, y$ 有关,$\rho = \sqrt{(\Delta x)^2 + (\Delta y)^2}$,则称函数 $f(x, y)$ 在点 $(x, y)$ 处**可微分**,而 $A \cdot \Delta x + B \cdot \Delta y$ 称为函数 $z = f(x, y)$ 在点 $(x, y)$ 处的**全微分**,记作 $\mathrm{d}z$,即

$$\mathrm{d}z = A \cdot \Delta x + B \cdot \Delta y.$$

函数若在某区域 $D$ 内各点处处可微分,则称这函数在 $D$ 内**可微分**.

在 7.2 节中曾指出,多元函数在某点的偏导数存在,并不能保证函数在该点处连续.但是,如果函数 $z = f(x, y)$ 在点 $(x, y)$ 可微分,那么函数在该点处连续.事实上,由于

$$\Delta z = A\Delta x + B\Delta y + o(\rho),$$

从而

$$\lim_{\substack{\Delta x \to 0 \\ \Delta y \to 0}} f(x + \Delta x, y + \Delta y) = \lim_{\rho \to 0} [f(x, y) + \Delta z] = f(x, y),$$

故函数 $z = f(x, y)$ 在点 $(x, y)$ 处连续.

## 7.3.2　函数可微分的条件

**定理 1**(必要条件)　如果函数 $z = f(x, y)$ 在点 $(x, y)$ 可微分,则该函数在点 $(x, y)$ 的偏导数 $\dfrac{\partial z}{\partial x}, \dfrac{\partial z}{\partial y}$ 必存在,且函数 $z = f(x, y)$ 在点 $(x, y)$ 的全微分为

$$\mathrm{d}z = \frac{\partial z}{\partial x}\Delta x + \frac{\partial z}{\partial y}\Delta y.$$

**证**　若 $z = f(x, y)$ 在点 $(x, y)$ 处可微,对于点 $P(x, y)$ 的某个邻域内的任意一点 $P'(x + \Delta x, y + \Delta y)$,有 $\Delta z = f(x + \Delta x, y + \Delta y) - f(x, y) = A\Delta x + B\Delta y + o(\rho)$.特别当 $\Delta y = 0$,这时 $\rho = |\Delta x|$,则有偏改变量

$$f(x + \Delta x, y) - f(x, y) = A\Delta x + o(|\Delta x|),$$

两端除以 $\Delta x$,并令 $\Delta x \to 0$,有

$$\lim_{\Delta x \to 0} \frac{f(x + \Delta x, y) - f(x, y)}{\Delta x} = \lim_{\Delta x \to 0} \left( A + \frac{o(|\Delta x|)}{\Delta x} \right) = A,$$

即 $A = \dfrac{\partial z}{\partial x}$.同理可得 $B = \dfrac{\partial z}{\partial y}$.　　　　　　　　　　证毕.

我们知道,对于一元函数 $y = f(x)$ 来说,可微与可导是等价的,且可导必连续,但对二元函数 $z = f(x, y)$ 来说则大不相同了,即使 $\dfrac{\partial z}{\partial x}, \dfrac{\partial z}{\partial y}$ 都存在,函数 $z = f(x, y)$ 也不一定可微,也未必连续.例如,函数

$$f(x, y) = \begin{cases} \dfrac{xy}{\sqrt{x^2 + y^2}}, & x^2 + y^2 \neq 0, \\ 0, & x^2 + y^2 = 0, \end{cases}$$

在点 $(0, 0)$ 处有 $f_x(0, 0) = f_y(0, 0) = 0$,所以

$$\Delta z-[f_x(0,0)\cdot\Delta x+f_y(0,0)\cdot\Delta y]=\frac{\Delta x\cdot\Delta y}{\sqrt{(\Delta x)^2+(\Delta y)^2}},$$

若考虑点 $P'(\Delta x,\Delta y)$ 沿着直线 $y=x$ 趋近于 $(0,0)$，则

$$\frac{\dfrac{\Delta x\cdot\Delta y}{\sqrt{(\Delta x)^2+(\Delta y)^2}}}{\rho}=\frac{\Delta x\cdot\Delta x}{(\Delta x)^2+(\Delta x)^2}=\frac{1}{2},$$

说明它不能随着 $\rho\to0$ 而趋于 0，故函数在点 $(0,0)$ 处不可微.

**定理 2**（充分条件）　如果函数 $z=f(x,y)$ 的偏导数 $\dfrac{\partial z}{\partial x},\dfrac{\partial z}{\partial y}$ 在点 $(x,y)$ 处连续，则该函数在点 $(x,y)$ 处可微分.

定理的证明略.

与一元函数类似，当 $x,y$ 是自变量时，我们规定 $\mathrm{d}x=\Delta x,\mathrm{d}y=\Delta y$. 于是，二元函数的全微分有更为对称整齐的形式 $\mathrm{d}z=\dfrac{\partial z}{\partial x}\mathrm{d}x+\dfrac{\partial z}{\partial y}\mathrm{d}y$.

类似地，如果三元函数 $u=f(x,y,z)$ 可微分，那么它的全微分就等于它的三个偏微分之和，即

$$\mathrm{d}u=\frac{\partial u}{\partial x}\mathrm{d}x+\frac{\partial u}{\partial y}\mathrm{d}y+\frac{\partial u}{\partial z}\mathrm{d}z.$$

由全微分定义，若 $z=f(x,y)$ 可微，则可先求得 $\dfrac{\partial z}{\partial x},\dfrac{\partial z}{\partial y}$，然后再写出全微分 $\mathrm{d}z=\dfrac{\partial z}{\partial x}\mathrm{d}x+\dfrac{\partial z}{\partial y}\mathrm{d}y$ 即可. 当然，也可直接利用一元函数的微分法则来求得二元函数的全微分.

**例 1**　求 $z=x^3y^4$ 的全微分.

**解法 1**　因为

$$\frac{\partial z}{\partial x}=3x^2y^4,\quad \frac{\partial z}{\partial y}=4x^3y^3,$$

所以

$$\mathrm{d}z=3x^2y^4\mathrm{d}x+4x^3y^3\mathrm{d}y.$$

**解法 2**　直接应用微分公式得

$$\mathrm{d}z=\mathrm{d}(x^3y^4)=y^4\mathrm{d}(x^3)+x^3\mathrm{d}(y^4)=3x^2y^4\mathrm{d}x+4x^3y^3\mathrm{d}y.$$

**例 2**　求函数 $z=y\cos(x-2y)$，当 $x=\dfrac{\pi}{4},y=\pi$ 时的全微分.

**解**　因

$$\frac{\partial z}{\partial x}=-y\sin(x-2y),\quad \frac{\partial z}{\partial y}=\cos(x-2y)+2y\sin(x-2y),$$

故

$$\mathrm{d}z\Big|_{\left(\frac{\pi}{4},\pi\right)}=\frac{\partial z}{\partial x}\Big|_{\left(\frac{\pi}{4},\pi\right)}\mathrm{d}x+\frac{\partial z}{\partial y}\Big|_{\left(\frac{\pi}{4},\pi\right)}\mathrm{d}y=-\frac{\sqrt{2}}{2}\pi\mathrm{d}x+\frac{\sqrt{2}}{2}(2\pi+1)\mathrm{d}y.$$

**例 3**　计算函数 $u=x+\sin\dfrac{y}{2}+\mathrm{e}^{yz}$ 的全微分.

**解** 因为

$$\frac{\partial u}{\partial x}=1, \quad \frac{\partial u}{\partial y}=\frac{1}{2}\cos\frac{y}{2}+z\mathrm{e}^{yz}, \quad \frac{\partial u}{\partial z}=y\mathrm{e}^{yz},$$

所以

$$\mathrm{d}u=\mathrm{d}x+\left(\frac{1}{2}\cos\frac{y}{2}+z\mathrm{e}^{yz}\right)\mathrm{d}y+y\mathrm{e}^{yz}\mathrm{d}z.$$

### 7.3.3　全微分在近似计算中的应用

由二元函数的全微分定义可知,若函数 $z=f(x,y)$ 在点 $(x,y)$ 可微,且 $|\Delta x|$,$|\Delta y|$ 很小时,则

$$\Delta z=f(x+\Delta x,y+\Delta y)-f(x,y)\approx\mathrm{d}z=\frac{\partial z}{\partial x}\Delta x+\frac{\partial z}{\partial y}\Delta y$$

或

$$f(x+\Delta x,y+\Delta y)\approx f(x,y)+\frac{\partial z}{\partial x}\Delta x+\frac{\partial z}{\partial y}\Delta y,$$

用这两个公式可以进行近似计算.

**例 4**　利用全微分公式求 $(1.01)^{2.99}$ 的近似值.

**解**　设 $z=f(x,y)=x^y$,则

$$f_x(x,y)=yx^{y-1}, \quad f_y(x,y)=x^y\ln x,$$

取 $x=1,\Delta x=0.01,y=3,\Delta y=-0.01$,于是

$$\begin{aligned}
(1.01)^{2.99}&=f(1.01,2.99)=f(1+0.01,3-0.01)\\
&\approx f(1,3)+f_x(1,3)\times0.01+f_y(1,3)\times(-0.01)\\
&=1^3+3\times1^2\times0.01+1^3\times\ln1\times(-0.01)=1.03.
\end{aligned}$$

**例 5**　设某产品的生产函数是 $Q=4L^{\frac{3}{4}}K^{\frac{1}{4}}$,其中 $Q$ 是产量,$L$ 是劳力投入,$K$ 是资本投入.现在劳力投入由 256 增加到 258,资金投入由 10000 增加到 10500,问产量大约增加多少?

**解**　由于 $\dfrac{\partial Q}{\partial L}=3L^{-\frac{1}{4}}K^{\frac{1}{4}}$,$\dfrac{\partial Q}{\partial K}=L^{\frac{3}{4}}K^{-\frac{3}{4}}$,故

$$\mathrm{d}Q=3L^{-\frac{1}{4}}K^{\frac{1}{4}}\Delta L+L^{\frac{3}{4}}K^{-\frac{3}{4}}\Delta K,$$

于是,当 $L=256,\Delta L=2,K=10000,\Delta K=500$ 时,

$$\Delta Q\approx\mathrm{d}Q=3\times256^{-\frac{1}{4}}\times10000^{\frac{1}{4}}\times2+256^{\frac{3}{4}}\times10000^{-\frac{3}{4}}\times500=47,$$

即产量大约增加 47 个单位.

**例 6**　设圆锥的底半径 $r$ 由 30cm 增加到 30.1cm,高 $h$ 由 60cm 减少到 59.5cm,试求体积变化的近似值.

**解**　圆锥体积公式 $V=\dfrac{1}{3}\pi r^2h$,取 $r_0=30,h_0=60,\Delta r=0.1,\Delta h=-0.5$,由 $\dfrac{\partial V}{\partial r}=\dfrac{2}{3}\pi rh$,$\dfrac{\partial V}{\partial h}=\dfrac{1}{3}\pi r^2$,得

$$\frac{\partial V}{\partial r}(r_0,h_0)=\frac{2}{3}\pi rh\bigg|_{\substack{r=30\\h=60}}=1200\pi,$$

$$\frac{\partial V}{\partial h}(r_0,h_0)=\frac{1}{3}\pi r^2\bigg|_{\substack{r=30\\h=60}}=300\pi,$$

应用公式有

$$\Delta V\approx 1200\pi\times 0.1+300\pi\times(-0.5)=-30\pi(\text{cm}^3)\approx -94.3(\text{cm}^3),$$

即体积约减少 $94.3\text{cm}^3$.

全微分及其应用

## 习　题　7-3

1. 求下列函数的全微分：

(1) $z=xy+\dfrac{x}{y}$；　　　　　　(2) $z=\arctan\dfrac{x}{y}+\arcsin y$；

(3) $z=\ln(x+y^2)$；　　　　　　(4) $z=\arcsin(xy)$；

(5) $z=\dfrac{y}{\sqrt{x^2+y^2}}$.

2. 计算函数 $z=\text{e}^{xy}$ 在点 $(2,1)$ 处的全微分.

3. 求函数 $z=x^2y^3$ 在点 $(2,-1)$ 处当 $\Delta x=0.02$，$\Delta y=-0.01$ 时的全微分.

4. 求函数 $z=\ln(1+x^2+y^2)$ 当 $x=1$，$y=2$ 时的全微分.

5. 计算 $\sqrt{(1.01)^2+(0.98)^2}$ 的近似值.

6 设矩形的边长 $x=6\text{m}$，$y=8\text{m}$，当 $x$ 增加 $5\text{cm}$，$y$ 减少 $10\text{cm}$ 时，求矩形的对角线和面积变化的近似值.

7. 设有一无盖圆柱形容器，容积的壁与底的厚度均为 $0.1\text{cm}$，内高为 $20\text{cm}$，内半径为 $4\text{cm}$，求容积外壳体积的近似值.

# 7.4　多元复合函数的求导法则

## 7.4.1　复合函数的中间变量均为一元函数的情形

**定理 1**　如果函数 $u=\varphi(t)$ 及 $v=\psi(t)$ 都在点 $t$ 可导，函数 $z=f(u,v)$ 在对应点 $(u,v)$ 具有连续偏导数，则复合函数 $z=f(\varphi(t),\psi(t))$ 在点 $t$ 可导，且有

$$\frac{\text{d}z}{\text{d}t}=\frac{\partial z}{\partial u}\cdot\frac{\text{d}u}{\text{d}t}+\frac{\partial z}{\partial v}\cdot\frac{\text{d}v}{\text{d}t}. \tag{7.1}$$

**证**　因为 $z=f(u,v)$ 具有连续的偏导数，所以它是可微的，即有

$$\text{d}z=\frac{\partial z}{\partial u}\text{d}u+\frac{\partial z}{\partial v}\text{d}v.$$

又因为 $u=\varphi(t)$ 及 $v=\psi(t)$ 都可导,即 $\dfrac{\mathrm{d}u}{\mathrm{d}t},\dfrac{\mathrm{d}v}{\mathrm{d}t}$ 均存在,所以

$$\mathrm{d}z=\frac{\partial z}{\partial u}\cdot\frac{\mathrm{d}u}{\mathrm{d}t}\mathrm{d}t+\frac{\partial z}{\partial v}\cdot\frac{\mathrm{d}v}{\mathrm{d}t}\mathrm{d}t$$

$$=\left(\frac{\partial z}{\partial u}\cdot\frac{\mathrm{d}u}{\mathrm{d}t}+\frac{\partial z}{\partial v}\cdot\frac{\mathrm{d}v}{\mathrm{d}t}\right)\mathrm{d}t,$$

从而

$$\frac{\mathrm{d}z}{\mathrm{d}t}=\frac{\partial z}{\partial u}\cdot\frac{\mathrm{d}u}{\mathrm{d}t}+\frac{\partial z}{\partial v}\cdot\frac{\mathrm{d}v}{\mathrm{d}t}.$$

同理,可以把定理 1 推广到复合函数的中间变量多于两个的情形. 例如,设 $z=f(u,v,w),u=\varphi(t),v=\psi(t),w=\omega(t)$,则复合函数 $z=f(\varphi(t),\psi(t),\omega(t))$ 在满足条件下其求导公式为

$$\frac{\mathrm{d}z}{\mathrm{d}t}=\frac{\partial z}{\partial u}\frac{\mathrm{d}u}{\mathrm{d}t}+\frac{\partial z}{\partial v}\frac{\mathrm{d}v}{\mathrm{d}t}+\frac{\partial z}{\partial w}\frac{\mathrm{d}w}{\mathrm{d}t}. \tag{7.2}$$

把公式(7.1)和公式(7.2)称为全导数公式.

### 7.4.2　复合函数的中间变量均为多元函数的情形

**定理 2**　如果函数 $u=\varphi(x,y)$ 及 $v=\psi(x,y)$ 都在点 $(x,y)$ 具有对 $x$ 及对 $y$ 的偏导数,函数 $z=f(u,v)$ 在对应点 $(u,v)$ 具有连续偏导数,则复合函数 $z=f(\varphi(x,y),\psi(x,y))$ 在点 $(x,y)$ 的两个偏导数都存在,且有

$$\frac{\partial z}{\partial x}=\frac{\partial z}{\partial u}\cdot\frac{\partial u}{\partial x}+\frac{\partial z}{\partial v}\cdot\frac{\partial v}{\partial x}, \tag{7.3}$$

$$\frac{\partial z}{\partial y}=\frac{\partial z}{\partial u}\cdot\frac{\partial u}{\partial y}+\frac{\partial z}{\partial v}\cdot\frac{\partial v}{\partial y}. \tag{7.4}$$

事实上,这里求 $\dfrac{\partial z}{\partial x}$ 时,将 $y$ 看作常量,因此 $u=\varphi(x,y)$ 及 $v=\psi(x,y)$ 仍可看作一元函数应用定理 1 便得以上结果. 只是由于复合函数 $z=f(\varphi(x,y),\psi(x,y))$ 以及 $u=\varphi(x,y)$ 和 $v=\psi(x,y)$ 都是 $x,y$ 的函数,所以应把(7.1)式中的 d 改为∂,再把 $t$ 换成 $x$,这样便得(7.3)式和(7.4)式.

类似地,设 $u=\varphi(x,y),v=\psi(x,y)$ 及 $w=\omega(x,y)$ 都在点 $(x,y)$ 具有对 $x$ 及 $y$ 的偏导数,函数 $z=f(u,v,w)$ 在对应点 $(u,v,w)$ 具有连续偏导数,则复合函数

$$z=f(\varphi(x,y),\psi(x,y),\omega(x,y))$$

在点 $(x,y)$ 的两个偏导数都存在,且可用下列公式计算:

$$\frac{\partial z}{\partial x}=\frac{\partial z}{\partial u}\cdot\frac{\partial u}{\partial x}+\frac{\partial z}{\partial v}\cdot\frac{\partial v}{\partial x}+\frac{\partial z}{\partial w}\cdot\frac{\partial \omega}{\partial x}, \tag{7.5}$$

$$\frac{\partial z}{\partial y}=\frac{\partial z}{\partial u}\cdot\frac{\partial u}{\partial y}+\frac{\partial z}{\partial v}\cdot\frac{\partial v}{\partial y}+\frac{\partial z}{\partial w}\cdot\frac{\partial \omega}{\partial y}. \tag{7.6}$$

### 7.4.3　复合函数的中间变量既有一元函数,又有多元函数的情形

**定理 3**　如果函数 $u=\varphi(x,y)$ 在点 $(x,y)$ 具有对 $x$ 及对 $y$ 的偏导数,函数 $v=\psi(y)$

在点 $y$ 处可导，函数 $z=f(u,v)$ 在对应点 $(u,v)$ 具有连续偏导数，则复合函数 $z=f(\varphi(x,y),\psi(y))$ 在点 $(x,y)$ 的两个偏导数存在，且有

$$\frac{\partial z}{\partial x}=\frac{\partial z}{\partial u}\cdot\frac{\partial u}{\partial x}, \tag{7.7}$$

$$\frac{\partial z}{\partial y}=\frac{\partial z}{\partial u}\cdot\frac{\partial u}{\partial y}+\frac{\partial z}{\partial v}\cdot\frac{\mathrm{d}v}{\mathrm{d}y}. \tag{7.8}$$

上述情形实际是情形 2 的一种特例，即在情形 2 中，若变量 $v$ 与 $x$ 无关，则 $\dfrac{\partial v}{\partial x}=0$，

而 $v$ 对 $y$ 求导时，由于 $v=\psi(y)$ 是一元函数，故 $\dfrac{\partial v}{\partial y}$ 换成了 $\dfrac{\mathrm{d}v}{\mathrm{d}y}$.

在情形 3 中有时还会出现复合函数的中间变量本身又是复合函数的自变量. 例如，若 $z=f(u,x,y)$ 有连续偏导数，而 $u=\varphi(x,y)$ 偏导数存在，则复合函数 $z=f(\varphi(x,y),x,y)$ 可看作上述情形 2 中当 $v=x,\omega=y$ 的特殊情形，因此

$$\frac{\partial v}{\partial x}=1, \quad \frac{\partial v}{\partial y}=0, \quad \frac{\partial \omega}{\partial x}=0, \quad \frac{\partial \omega}{\partial y}=1.$$

从而 (7.5) 式和 (7.6) 式就变成

$$\frac{\partial z}{\partial x}=\frac{\partial z}{\partial u}\cdot\frac{\partial u}{\partial x}+\frac{\partial z}{\partial v}=\frac{\partial z}{\partial u}\cdot\frac{\partial u}{\partial x}+\frac{\partial z}{\partial x},$$

$$\frac{\partial z}{\partial y}=\frac{\partial z}{\partial u}\cdot\frac{\partial u}{\partial y}+\frac{\partial z}{\partial \omega}=\frac{\partial z}{\partial u}\cdot\frac{\partial u}{\partial y}+\frac{\partial z}{\partial y}.$$

等式两边均出现了 $\dfrac{\partial z}{\partial x}$ 或 $\dfrac{\partial z}{\partial y}$，尽管记号一样，但其意义有本质的差别. 左边的 $\dfrac{\partial z}{\partial x}$ 是将

复合函数 $z=f(\varphi(x,y),x,y)$ 中的 $y$ 看作常数，而对 $x$ 求偏导数；右边的 $\dfrac{\partial z}{\partial x}$ 是把函数 $z=f(u,x,y)$ 中的 $u$ 及 $y$ 看作常数，而对 $x$ 求偏导数. 因此，为了避免混淆，往往将上述两式的形式写为

$$\frac{\partial z}{\partial x}=\frac{\partial f}{\partial u}\cdot\frac{\partial u}{\partial x}+\frac{\partial f}{\partial x}, \tag{7.9}$$

$$\frac{\partial z}{\partial y}=\frac{\partial f}{\partial u}\cdot\frac{\partial u}{\partial y}+\frac{\partial f}{\partial y}. \tag{7.10}$$

**例 1** 设 $z=\mathrm{e}^u\cos v,u=xy,v=2x-y$，求 $\dfrac{\partial z}{\partial x}$ 和 $\dfrac{\partial z}{\partial y}$.

**解** 由公式 (7.3)、(7.4) 得

$$\begin{aligned}
\frac{\partial z}{\partial x}&=\frac{\partial z}{\partial u}\cdot\frac{\partial u}{\partial x}+\frac{\partial z}{\partial v}\cdot\frac{\partial v}{\partial x}=\mathrm{e}^u\cos v\cdot y-\mathrm{e}^u\sin v\cdot 2\\
&=\mathrm{e}^{xy}(y\cos(2x-y)-2\sin(2x-y)),\\
\frac{\partial z}{\partial y}&=\frac{\partial z}{\partial u}\cdot\frac{\partial u}{\partial y}+\frac{\partial z}{\partial v}\cdot\frac{\partial v}{\partial y}=\mathrm{e}^u\cos v\cdot x-\mathrm{e}^u\sin v\cdot(-1)\\
&=\mathrm{e}^{xy}(x\cos(2x-y)+\sin(2x-y)).
\end{aligned}$$

**例 2** 设 $u=f(x,y,z)=\mathrm{e}^{x^2+y^2+z^2}$，而 $z=x^2\sin y$，求 $\dfrac{\partial u}{\partial x}$ 和 $\dfrac{\partial u}{\partial y}$.

**解** 由公式(7.9)、(7.10)得

$$\frac{\partial u}{\partial x}=\frac{\partial f}{\partial x}+\frac{\partial f}{\partial z}\cdot\frac{\partial z}{\partial x}=2xe^{x^2+y^2+z^2}+2ze^{x^2+y^2+z^2}\cdot 2x\sin y$$

$$=2x(1+2x^2\sin^2 y)e^{x^2+y^2+x^4\sin^2 y},$$

$$\frac{\partial u}{\partial y}=\frac{\partial f}{\partial y}+\frac{\partial f}{\partial z}\cdot\frac{\partial z}{\partial y}=2ye^{x^2+y^2+z^2}+2ze^{x^2+y^2+z^2}\cdot x^2\cos y$$

$$=2(y+x^4\sin y\cos y)e^{x^2+y^2+x^4\sin^2 y}.$$

**例3** 设 $z=u^2v+e^t,u=\cos t,v=\sin t$,求全导数$\frac{\mathrm{d}z}{\mathrm{d}t}$.

**解** 由公式(7.9)得

$$\frac{\mathrm{d}z}{\mathrm{d}t}=\frac{\partial z}{\partial u}\cdot\frac{\mathrm{d}u}{\mathrm{d}t}+\frac{\partial z}{\partial v}\cdot\frac{\mathrm{d}v}{\mathrm{d}t}+\frac{\partial z}{\partial t}=2uv(-\sin t)+u^2\cos t+e^t$$

$$=-2\cos t\sin^2 t+\cos^3 t+e^t.$$

**例4** 设 $w=f(x+y+z,xyz)$,$f$ 具有二阶连续偏导数,求$\frac{\partial w}{\partial x}$及$\frac{\partial^2 w}{\partial x\partial z}$.

**解** 令 $u=x+y+z,v=xyz$ 则 $w=f(u,v)$;为了表达方便,引入记号:
$f_1=f_u(u,v),f_{12}=f_{uv}(u,v)$,同理有 $f_2,f_{11},f_{22}$等.

$$\frac{\partial w}{\partial x}=\frac{\partial f}{\partial u}\frac{\partial u}{\partial x}+\frac{\partial f}{\partial v}\frac{\partial v}{\partial x}=f_1+yzf_2,$$

$$\frac{\partial^2 w}{\partial x\partial z}=\frac{\partial}{\partial z}(f_1+yzf_2)=\frac{\partial f_1}{\partial z}+yf_2+yz\frac{\partial f_2}{\partial z}$$

$$=f_{11}+xyf_{12}+yf_2+yzf_{21}+xy^2zf_{22}$$

$$=f_{11}+y(x+z)f_{12}+yf_2+xy^2zf_{22}.$$

**例5** 设 $u=f(x,y)$的所有二阶偏导数连续,把下列表达式转换成极坐标系中的形式:

(1) $\left(\frac{\partial u}{\partial x}\right)^2+\left(\frac{\partial u}{\partial y}\right)^2$;

(2) $\frac{\partial^2 u}{\partial x^2}+\frac{\partial^2 u}{\partial y^2}$.

**解** 由直角坐标与极坐标间的关系式得

$$u=f(x,y)=f(\rho\cos\theta,\rho\sin\theta)=F(\rho,\theta),$$

其中 $x=\rho\cos\theta,y=\rho\sin\theta,\rho=\sqrt{x^2+y^2},\theta=\arctan\frac{y}{x}$.

(1) 应用复合函数求导法则,得

$$\frac{\partial u}{\partial x}=\frac{\partial u}{\partial\rho}\frac{\partial\rho}{\partial x}+\frac{\partial u}{\partial\theta}\frac{\partial\theta}{\partial x}=\frac{\partial u}{\partial\rho}\frac{x}{\rho}-\frac{\partial u}{\partial\theta}\frac{y}{\rho^2}=\frac{\partial u}{\partial\rho}\cos\theta-\frac{\partial u}{\partial\theta}\frac{\sin\theta}{\rho},$$

$$\frac{\partial u}{\partial y}=\frac{\partial u}{\partial\rho}\frac{\partial\rho}{\partial y}+\frac{\partial u}{\partial\theta}\frac{\partial\theta}{\partial y}=\frac{\partial u}{\partial\rho}\frac{y}{\rho}+\frac{\partial u}{\partial\theta}\frac{x}{\rho^2}=\frac{\partial u}{\partial\rho}\sin\theta+\frac{\partial u}{\partial\theta}\frac{\cos\theta}{\rho},$$

两式平方后相加,得

$$\left(\frac{\partial u}{\partial x}\right)^2+\left(\frac{\partial u}{\partial y}\right)^2=\left(\frac{\partial u}{\partial \rho}\right)^2+\frac{1}{\rho^2}\left(\frac{\partial u}{\partial \theta}\right)^2.$$

（2）再求二阶偏导数，得

$$\begin{aligned}
\frac{\partial^2 u}{\partial x^2}&=\frac{\partial}{\partial \rho}\left(\frac{\partial u}{\partial x}\right)\cdot\frac{\partial \rho}{\partial x}+\frac{\partial}{\partial \theta}\left(\frac{\partial u}{\partial x}\right)\cdot\frac{\partial \theta}{\partial x}\\
&=\frac{\partial}{\partial \rho}\left(\frac{\partial u}{\partial \rho}\cos\theta-\frac{\partial u}{\partial \theta}\frac{\sin\theta}{\rho}\right)\cdot\cos\theta-\frac{\partial}{\partial \theta}\left(\frac{\partial u}{\partial \rho}\cos\theta-\frac{\partial u}{\partial \theta}\frac{\sin\theta}{\rho}\right)\cdot\frac{\sin\theta}{\rho}\\
&=\frac{\partial^2 u}{\partial \rho^2}\cos^2\theta-2\frac{\partial^2 u}{\partial \rho\partial \theta}\frac{\sin\theta\cos\theta}{\rho}+\frac{\partial^2 u}{\partial \theta^2}\frac{\sin^2\theta}{\rho^2}+\frac{\partial u}{\partial \theta}\frac{2\sin\theta\cos\theta}{\rho^2}+\frac{\partial u}{\partial \rho}\frac{\sin^2\theta}{\rho},
\end{aligned}$$

同理可得

$$\frac{\partial^2 u}{\partial y^2}=\frac{\partial^2 u}{\partial \rho^2}\sin^2\theta+2\frac{\partial^2 u}{\partial \rho\partial \theta}\frac{\sin\theta\cos\theta}{\rho}+\frac{\partial^2 u}{\partial \theta^2}\frac{\cos^2\theta}{\rho^2}-\frac{\partial u}{\partial \theta}\frac{2\sin\theta\cos\theta}{\rho^2}+\frac{\partial u}{\partial \rho}\frac{\cos^2\theta}{\rho}.$$

两式相加，得

$$\frac{\partial^2 u}{\partial x^2}+\frac{\partial^2 u}{\partial y^2}=\frac{\partial^2 u}{\partial \rho^2}+\frac{1}{\rho^2}\frac{\partial^2 u}{\partial \theta^2}+\frac{1}{\rho}\frac{\partial u}{\partial \rho}.$$

**全微分形式不变性**　设 $z=f(u,v)$ 具有连续偏导数，则有全微分

$$\mathrm{d}z=\frac{\partial z}{\partial u}\mathrm{d}u+\frac{\partial z}{\partial v}\mathrm{d}v.$$

如果 $z=f(u,v)$ 具有连续偏导数，而 $u=\varphi(x,y)$，$v=\psi(x,y)$ 也具有连续偏导数，则

$$\begin{aligned}
\mathrm{d}z &=\frac{\partial z}{\partial x}\mathrm{d}x+\frac{\partial z}{\partial y}\mathrm{d}y=\left(\frac{\partial z}{\partial u}\frac{\partial u}{\partial x}+\frac{\partial z}{\partial v}\frac{\partial v}{\partial x}\right)\mathrm{d}x+\left(\frac{\partial z}{\partial u}\frac{\partial u}{\partial y}+\frac{\partial z}{\partial v}\frac{\partial v}{\partial y}\right)\mathrm{d}y\\
&=\frac{\partial z}{\partial u}\left(\frac{\partial u}{\partial x}\mathrm{d}x+\frac{\partial u}{\partial y}\mathrm{d}y\right)+\frac{\partial z}{\partial v}\left(\frac{\partial v}{\partial x}\mathrm{d}x+\frac{\partial v}{\partial y}\mathrm{d}y\right)\\
&=\frac{\partial z}{\partial u}\mathrm{d}u+\frac{\partial z}{\partial v}\mathrm{d}v.
\end{aligned}$$

由此可见，无论 $z$ 是自变量 $u,v$ 的函数或中间变量 $u,v$ 的函数，它的全微分形式是一样的. 这个性质称为**全微分形式不变性**.

### 习　题　7-4

1. 求下列函数的偏导数 $\dfrac{\partial z}{\partial x}$ 和 $\dfrac{\partial z}{\partial y}$：

（1）$z=u^2v-uv^2$，其中 $u=x\cos y,v=x\sin y$；

（2）$z=\dfrac{u^2}{v}$，其中 $u=x-2y,v=y-2x$；

（3）$z=(2x+y)^{2x+y}$；　　　　　　　　（4）$z=(x^2+y^2)\mathrm{e}^{\frac{x^2+y^2}{xy}}$；

（5）$z=f\left(\dfrac{y}{x}\right)$；　　　　　　　　　　（6）$z=f(x^2-y^2,xy)$；

(7) $z = f\left(\dfrac{y}{x}, x+2y, y\sin x\right)$;　　(8) $z = f(2x+3y, e^{xy})$.

2. 求下列函数的全导数:

(1) 设 $z = \arctan(xy)$, $y = e^x$, 求 $\dfrac{\mathrm{d}z}{\mathrm{d}x}$; (2) 设 $z = e^{2x-y}$, $x = \sin t$, $y = t^3$, 求 $\dfrac{\mathrm{d}z}{\mathrm{d}t}$;

(3) 设 $u = e^x(y-z)$, $x = t$, $y = \sin t$, $z = \cos t$, 求 $\dfrac{\mathrm{d}u}{\mathrm{d}t}$.

3. 求下列函数的偏导数 $\dfrac{\partial^2 z}{\partial x \partial y}$:

(1) 设 $z = f(u, x, y)$, $u = xe^y$, 其中 $f$ 具有二阶连续偏导数;

(2) 设 $z = f(2x-y) + g(x, xy)$, 其中 $f(t)$ 二阶可导, $g(u, v)$ 具有连续二阶偏导数.

4. 设 $z = f(3u+2v, 4u-2v)$, 其中 $f(x, y)$ 可微, 求 $\dfrac{\partial z}{\partial u}, \dfrac{\partial z}{\partial v}$.

5. 设 $w = f(x, xy, xyz)$, 求 $\dfrac{\partial w}{\partial x}, \dfrac{\partial w}{\partial y}, \dfrac{\partial w}{\partial z}$.

6. (2009 考研) 设函数 $f(u, v)$ 具有二阶连续偏导数, $z = f(x, xy)$, 求 $\dfrac{\partial^2 z}{\partial x \partial y}$.

# 7.5　隐函数的求导公式

## 7.5.1　一个方程的情形

在 2.4 节中已经给出了隐函数的概念, 并且指出了不经过显化直接由方程
$$F(x, y) = 0, \tag{7.11}$$
求它所确定的隐函数的导数的方法. 现在介绍隐函数存在定理, 并根据多元复合函数的求导方法来推导隐函数的导数公式.

**隐函数存在定理 1**　设函数 $F(x, y)$ 在点 $P(x_0, y_0)$ 的某一邻域内具有连续的偏导数, 且 $F(x_0, y_0) = 0$, $F_y(x_0, y_0) \neq 0$, 则方程 $F(x, y) = 0$ 在点 $(x_0, y_0)$ 的某一邻域内恒能唯一确定一个单值连续且具有连续导数的函数 $y = f(x)$, 它满足条件 $y_0 = f(x_0)$, 并有
$$\frac{\mathrm{d}y}{\mathrm{d}x} = -\frac{F_x}{F_y}. \tag{7.12}$$

上述公式就是隐函数的求导公式, 这个定理我们不证. 现仅就公式 (7.12) 作如下推导.

将方程 $F(x, y) = 0$ 所确定的函数 $y = f(x)$ 代入, 得恒等式
$$F(x, f(x)) \equiv 0,$$
其左端可以看成是 $x$ 的一个复合函数, 求这个函数的全导数, 由于恒等式两端求导后仍然恒等, 即得

$$\frac{\partial F}{\partial x} + \frac{\partial F}{\partial y}\frac{dy}{dx} = 0.$$

由于 $F_y$ 连续,且 $F_y(x_0,y_0)\neq 0$,所以存在 $(x_0,y_0)$ 的一个邻域,在这个邻域内 $F_y\neq 0$,于是得

$$\frac{dy}{dx} = -\frac{F_x}{F_y}.$$

如果 $F(x,y)$ 的二阶偏导数也都连续,可以把等式 $\dfrac{dy}{dx} = -\dfrac{F_x}{F_y}$ 的两端看作 $x$ 的复合函数而再一次求导,即得

$$\frac{d^2y}{dx^2} = \frac{\partial}{\partial x}\left(-\frac{F_x}{F_y}\right) + \frac{\partial}{\partial y}\left(-\frac{F_x}{F_y}\right)\frac{dy}{dx}$$

$$= -\frac{F_{xx}F_y - F_{yx}F_x}{F_y^2} - \frac{F_{xy}F_y - F_{yy}F_x}{F_y^2}\left(-\frac{F_x}{F_y}\right)$$

$$= -\frac{F_{xx}F_y^2 - 2F_{xy}F_xF_y + F_{yy}F_x^2}{F_y^3}.$$

**例 1** 验证方程 $x^2 + y^2 - 1 = 0$ 在点 $(0,1)$ 的某一邻域内能唯一确定一个单值且有连续导数,当 $x=0$ 时,$y=1$ 的隐函数 $y=f(x)$,并求这函数的一阶和二阶导数在 $x=0$ 的值.

**解** 设 $F(x,y) = x^2 + y^2 - 1$,则 $F_x = 2x$,$F_y = 2y$,$F(0,1) = 0$,$F_y(0,1) = 2\neq 0$. 因此由定理 1 可知,方程 $x^2 + y^2 - 1 = 0$ 在点 $(0,1)$ 的某邻域内能唯一确定一个单值且有连续导数,当 $x=0$ 时,$y=1$ 的隐函数 $y=f(x)$. 下面求这函数的一阶和二阶导数:

$$\frac{dy}{dx} = -\frac{F_x}{F_y} = -\frac{x}{y}, \quad \frac{dy}{dx}\bigg|_{x=0} = 0,$$

$$\frac{d^2y}{dx^2} = -\frac{y - xy'}{y^2} = -\frac{y - x\left(-\dfrac{x}{y}\right)}{y^2} = -\frac{y^2 + x^2}{y^3} = -\frac{1}{y^3},$$

$$\frac{d^2y}{dx^2}\bigg|_{x=0} = -1.$$

隐函数存在定理还可以推广到多元函数. 既然一个二元方程 (7.11) 可以确定一个一元隐函数,那么一个三元方程

$$F(x,y,z) = 0 \tag{7.13}$$

就有可能确定一个二元隐函数.

与定理 1 一样,同样可以由三元函数 $F(x,y,z)$ 的性质来判定由方程 $F(x,y,z) = 0$ 所确定的二元函数 $z=(x,y)$ 的存在性以及这个函数的性质. 这就是下面的定理:

**隐函数存在定理 2** 设函数 $F(x,y,z)$ 在点 $P(x_0,y_0,z_0)$ 的某一邻域内具有连续的偏导数,且 $F(x_0,y_0,z_0) = 0$,$F_z(x_0,y_0,z_0)\neq 0$,则方程 $F(x,y,z) = 0$ 在点 $(x_0,y_0,z_0)$ 的某一邻域内恒能唯一确定一个单值连续且具有连续偏导数的函数 $z=f(x,y)$,它满足条件 $z_0 = f(x_0,y_0)$,并有

$$\frac{\partial z}{\partial x}=-\frac{F_x}{F_z}, \quad \frac{\partial z}{\partial y}=-\frac{F_y}{F_z}. \tag{7.14}$$

定理的证明略. 与定理 1 类似, 仅就公式 (7.14) 作如下推导. 由于

$$F(x,y,f(x,y))\equiv 0,$$

将上式两端分别对 $x$ 和 $y$ 求导, 应用复合函数求导法则得

$$F_x+F_z\frac{\partial z}{\partial x}=0,$$

$$F_y+F_z\frac{\partial z}{\partial y}=0.$$

因为 $F_z$ 连续, 且 $F_z(x_0,y_0,z_0)\neq 0$, 所以存在点 $(x_0,y_0,z_0)$ 的一个邻域, 在这个邻域内 $F_z\neq 0$, 于是得

$$\frac{\partial z}{\partial x}=-\frac{F_x}{F_z}, \quad \frac{\partial z}{\partial y}=-\frac{F_y}{F_z}.$$

**例 2**　设 $x^2+y^2+z^2-4z=0$, 求 $\dfrac{\partial^2 z}{\partial x^2}$.

**解**　设 $F(x,y,z)=x^2+y^2+z^2-4z$, 则 $F_x=2x, F_z=2z-4$. 应用公式 (7.14), 得

$$\frac{\partial z}{\partial x}=\frac{x}{2-z},$$

再一次对 $x$ 求偏导数, 得

$$\frac{\partial^2 z}{\partial x^2}=\frac{(2-z)+x\dfrac{\partial z}{\partial x}}{(2-z)^2}=\frac{(2-z)+x\left(\dfrac{x}{2-z}\right)}{(2-z)^2}=\frac{(2-z)^2+x^2}{(2-z)^3}.$$

## 7.5.2　方程组的情形

下面将隐函数存在定理作另一方面的推广. 不仅增加方程中变量的个数, 而且增加方程的个数, 如考虑方程组

$$\begin{cases} F(x,y,u,v)=0, \\ G(x,y,u,v)=0, \end{cases} \tag{7.15}$$

这里有四个变量, 一般只能有两个变量独立变化, 因此方程组 (7.15) 就有可能确定两个二元函数. 在这种情形下, 可以由函数 $F,G$ 的性质来判定由方程组 (7.15) 所确定的两个二元函数的存在性以及它们的性质. 有下面的定理:

**隐函数存在定理 3**　设函数 $F(x,y,u,v), G(x,y,u,v)$ 在点 $P_0(x_0,y_0,u_0,v_0)$ 的某一邻域内具有对各个变量的连续偏导数, 又 $F(x_0,y_0,u_0,v_0)=0, G(x_0,y_0,u_0,v_0)=0$, 且偏导数所组成的**函数行列式**(或称**雅可比**(Jacobi)**行列式**):

$$J=\frac{\partial(F,G)}{\partial(u,v)}=\begin{vmatrix} \dfrac{\partial F}{\partial u} & \dfrac{\partial F}{\partial v} \\ \dfrac{\partial G}{\partial u} & \dfrac{\partial G}{\partial v} \end{vmatrix}$$

在点 $P_0(x_0,y_0,u_0,v_0)$ 不等于零, 则方程组 $F(x,y,u,v)=0, G(x,y,u,v)=0$ 在点 $(x_0, y_0,u_0,v_0)$ 的某一邻域内恒能唯一确定一组单值连续且具有连续偏导数的函数 $u=$

$u(x,y),v=v(x,y)$,它满足条件 $u_0=u(x_0,y_0),v_0=v(x_0,y_0)$,并有

$$\frac{\partial u}{\partial x}=-\frac{1}{J}\frac{\partial(F,G)}{\partial(x,v)}=-\frac{\begin{vmatrix}F_x&F_v\\G_x&G_v\end{vmatrix}}{\begin{vmatrix}F_u&F_v\\G_u&G_v\end{vmatrix}},\quad \frac{\partial v}{\partial x}=-\frac{1}{J}\frac{\partial(F,G)}{\partial(u,x)}=-\frac{\begin{vmatrix}F_u&F_x\\G_u&G_x\end{vmatrix}}{\begin{vmatrix}F_u&F_v\\G_u&G_v\end{vmatrix}},$$

$$\frac{\partial u}{\partial y}=-\frac{1}{J}\frac{\partial(F,G)}{\partial(y,v)}=-\frac{\begin{vmatrix}F_y&F_v\\G_y&G_v\end{vmatrix}}{\begin{vmatrix}F_u&F_v\\G_u&G_v\end{vmatrix}},\quad \frac{\partial v}{\partial y}=-\frac{1}{J}\frac{\partial(F,G)}{\partial(u,y)}=-\frac{\begin{vmatrix}F_u&F_y\\G_u&G_y\end{vmatrix}}{\begin{vmatrix}F_u&F_v\\G_u&G_v\end{vmatrix}}. \tag{7.16}$$

**例 3**　设 $xu-yv=0,yu+xv=1$,求 $\dfrac{\partial u}{\partial x},\dfrac{\partial u}{\partial y},\dfrac{\partial v}{\partial x}$ 和 $\dfrac{\partial v}{\partial y}$.

**解**　此题可直接利用公式(7.16),但也可依照推导公式(7.16)的方法来求解.下面利用后一种方法来计算.

将所给方程的两边对 $x$ 求导并移项,得

$$\begin{cases}x\dfrac{\partial u}{\partial x}-y\dfrac{\partial v}{\partial x}=-u,\\[2mm] y\dfrac{\partial u}{\partial x}+x\dfrac{\partial v}{\partial x}=-v.\end{cases}$$

因 $J=\begin{vmatrix}x&-y\\y&x\end{vmatrix}=x^2+y^2\neq0$,故

$$\frac{\partial u}{\partial x}=\frac{\begin{vmatrix}-u&-y\\-v&x\end{vmatrix}}{\begin{vmatrix}x&-y\\y&x\end{vmatrix}}=-\frac{xu+yv}{x^2+y^2},\quad \frac{\partial v}{\partial x}=\frac{\begin{vmatrix}x&-u\\y&-v\end{vmatrix}}{\begin{vmatrix}x&-y\\y&x\end{vmatrix}}=\frac{yu-xv}{x^2+y^2}.$$

同理,所给方程的两边对 $y$ 求导,可得

$$\frac{\partial u}{\partial y}=\frac{xv-yu}{x^2+y^2},\quad \frac{\partial v}{\partial y}=-\frac{xu+yv}{x^2+y^2}.$$

隐函数的求导(1)　　　隐函数的求导(2)

## 习　题　7-5

1.设 $\ln\sqrt{x^2+y^2}=\arctan\dfrac{y}{x}$,求 $\dfrac{\mathrm{d}y}{\mathrm{d}x}$.

2.求下列函数的偏导数 $\dfrac{\partial z}{\partial x},\dfrac{\partial z}{\partial y}$:

(1)$x^3+y^3+z^3=3axyz$;　　　　　(2)$\mathrm{e}^z-xyz=0$;

(3)$z^2y-xz^3-1=0$;　　　　　　(4)$2x^2-y^3+3xy+z^3+z=1$.

3. 由 $x=u\cos\dfrac{v}{u},y=u\sin\dfrac{v}{u}$ 可确定 $u=u(x,y),v=v(x,y)$，求 $\dfrac{\partial u}{\partial x}$ 及 $\dfrac{\partial u}{\partial y}$.

4. 方程 $xyz+\sqrt{x^2+y^2+z^2}=\sqrt{2}$ 确定了函数 $z=z(x,y)$，求在点 $(1,0,-1)$ 处的全微分.

5. 若函数 $z=\arctan\dfrac{u}{v}$，其中 $u=x+y,v=x-y$，证明：$\dfrac{\partial z}{\partial x}+\dfrac{\partial z}{\partial y}=\dfrac{x-y}{x^2+y^2}$.

6. (2010 考研)设函数 $z=z(x,y)$ 由方程 $F\left(\dfrac{y}{x},\dfrac{z}{x}\right)=0$ 确定，$F$ 是可微函数，且 $F_z'\neq 0$，求 $x\dfrac{\partial z}{\partial x}+y\dfrac{\partial z}{\partial y}$.

7. (2015 考研)若函数 $z=z(x,y)$ 由方程 $\mathrm{e}^z+xyz+x+\cos x=2$ 确定，则 $\mathrm{d}z\big|_{(0,1)}=$ _____.

# 7.6　多元函数微分学的几何应用

## 7.6.1　空间曲线的切线与法平面

设空间曲线 $\Gamma$ 的参数方程为

$$\begin{cases} x=\varphi(t), \\ y=\psi(t), \quad t\in[\alpha,\beta], \\ z=\omega(t), \end{cases} \tag{7.17}$$

假定 (7.17) 式中的三个函数都在 $[\alpha,\beta]$ 上可导，且三个导数不同时为零.

考虑空间曲线 $\Gamma$ 上对应于 $t=t_0$ 的一点 $M(x_0,y_0,z_0)$ 及对应于 $t=t_0+\Delta t$ 的邻近一点 $M'(x_0+\Delta x,y_0+\Delta y,z_0+\Delta z)$，根据解析几何知识得，曲线的割线 $MM'$ 的方程为

$$\frac{x-x_0}{\Delta x}=\frac{y-y_0}{\Delta y}=\frac{z-z_0}{\Delta z}.$$

当 $M'$ 沿着 $\Gamma$ 趋于 $M$ 时，割线 $MM'$ 的极限位置 $MT$ 就是曲线 $\Gamma$ 在点 $M$ 处的切线 (图 7-5). 用 $\Delta t$ 除上式的各分母，得

$$\frac{x-x_0}{\dfrac{\Delta x}{\Delta t}}=\frac{y-y_0}{\dfrac{\Delta y}{\Delta t}}=\frac{z-z_0}{\dfrac{\Delta z}{\Delta t}},$$

当 $\Delta t\to 0$ 时，$MM'\to MT$，所以曲线 $\Gamma$ 在点 $M$ 处的切线方程为

$$\frac{x-x_0}{\varphi'(t_0)}=\frac{y-y_0}{\psi'(t_0)}=\frac{z-z_0}{\omega'(t_0)}. \tag{7.18}$$

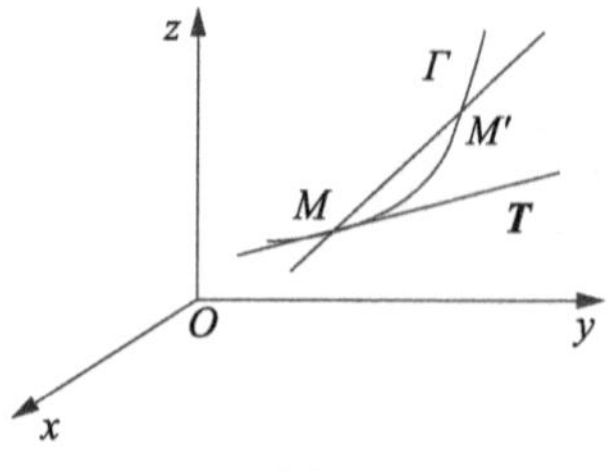

图 7-5

这里当然要假定 $\varphi'(t_0),\psi'(t_0),\omega'(t_0)$ 不能都为零. 如果个别为零，则应按空间解析几何有关直线的对称式方程的意义来理解.

切线的方向向量称为曲线的**切向量**. 所以向量 $T=(\varphi'(t_0),\psi'(t_0),\omega'(t_0))$ 就是曲线 $\Gamma$ 在点 $M$ 处的一个切向量.

通过点 $M$ 而与切线垂直的平面称为曲线在点 $M$ 处的

**法平面**,它是通过点 $M(x_0, y_0, z_0)$ 而以 $\boldsymbol{T}$ 为法向量的平面,因此这法平面的方程为

$$\varphi'(t_0)(x-x_0)+\psi'(t_0)(y-y_0)+\omega'(t_0)(z-z_0)=0. \tag{7.19}$$

**例 1**　求曲线 $x=t, y=t^2, z=t^3$ 在点 $(1,1,1)$ 处的切线及法平面方程.

**解**　因为 $x'=1, y'=2t, z'=3t^2$,而点 $(1,1,1)$ 所对应的参数为 $t=1$,所以点 $(1,1,1)$ 处的切向量是 $\boldsymbol{T}=(1,2,3)$,于是,切线方程为

$$\frac{x-1}{1}=\frac{y-1}{2}=\frac{z-1}{3},$$

法平面方程为

$$(x-1)+2(y-1)+3(z-1)=0,$$

即

$$x+2y+3z=6.$$

如果空间曲线 $\Gamma$ 的方程以

$$\begin{cases} y=\varphi(x), \\ z=\psi(x) \end{cases}$$

的形式给出.取 $x$ 为参数,它就可以表为参数方程的形式

$$\begin{cases} x=x, \\ y=\varphi(x), \\ z=\psi(x), \end{cases}$$

若 $\varphi(x), \psi(x)$ 都在 $x=x_0$ 处可导,那么根据上面的讨论可知,$T=(1, \varphi'(x), \psi'(x))$. 因此曲线在点 $M(x_0, y_0, z_0)$ 处的切线方程为

$$\frac{x-x_0}{1}=\frac{y-y_0}{\varphi'(x_0)}=\frac{z-z_0}{\psi'(x_0)}, \tag{7.20}$$

在点 $M(x_0, y_0, z_0)$ 处的法平面方程为

$$(x-x_0)+\varphi'(x_0)(y-y_0)+\psi'(x_0)(z-z_0)=0. \tag{7.21}$$

设空间曲线 $\Gamma$ 的方程以

$$\begin{cases} F(x,y,z)=0, \\ G(x,y,z)=0 \end{cases} \tag{7.22}$$

的形式给出.$M(x_0, y_0, z_0)$ 是曲线 $\Gamma$ 上的一个点,又设 $F, G$ 对各个变量有连续的偏导数,且

$$\left.\frac{\partial(F,G)}{\partial(y,z)}\right|_{(x_0,y_0,z_0)} \neq 0.$$

这时方程组 $(7.22)$ 在点 $M(x_0, y_0, z_0)$ 的某一邻域内确定了一组函数 $y=\varphi(x), z=\psi(x)$. 若求曲线 $\Gamma$ 在点 $M$ 处的切线方程和法平面方程,那么只要求出 $\varphi'(x), \psi'(x)$ 然后代入 $(7.20)$、$(7.21)$ 两式就行了. 为此,在恒等式

$$F(x, \varphi(x), \psi(x)) \equiv 0,$$
$$G(x, \varphi(x), \psi(x)) \equiv 0,$$

两边分别对 $x$ 求全导数,得

$$\begin{cases} \dfrac{\partial F}{\partial x}+\dfrac{\partial F}{\partial y}\dfrac{\mathrm{d}y}{\mathrm{d}x}+\dfrac{\partial F}{\partial z}\dfrac{\mathrm{d}z}{\mathrm{d}x}=0, \\[3mm] \dfrac{\partial G}{\partial x}+\dfrac{\partial G}{\partial y}\dfrac{\mathrm{d}y}{\mathrm{d}x}+\dfrac{\partial G}{\partial z}\dfrac{\mathrm{d}z}{\mathrm{d}x}=0. \end{cases}$$

由假设可知,在点 $M$ 的某个邻域内 $J=\dfrac{\partial(F,G)}{\partial(y,z)}\neq 0$,故可解得

$$\frac{\mathrm{d}y}{\mathrm{d}x}=\varphi'(x)=\frac{\begin{vmatrix}F_z & F_x \\ G_z & G_x\end{vmatrix}}{\begin{vmatrix}F_y & F_z \\ G_y & G_z\end{vmatrix}}, \quad \frac{\mathrm{d}z}{\mathrm{d}x}=\psi'(x)=\frac{\begin{vmatrix}F_x & F_y \\ G_x & G_y\end{vmatrix}}{\begin{vmatrix}F_y & F_z \\ G_y & G_z\end{vmatrix}},$$

于是 $T=(1,\varphi'(x_0),\psi'(x_0))$ 是曲线在点 $M$ 处的一个切向量,其中

$$\varphi'(x_0)=\frac{\begin{vmatrix}F_z & F_x \\ G_z & G_x\end{vmatrix}_0}{\begin{vmatrix}F_y & F_z \\ G_y & G_z\end{vmatrix}_0}, \quad \psi'(x_0)=\frac{\begin{vmatrix}F_x & F_y \\ G_x & G_y\end{vmatrix}_0}{\begin{vmatrix}F_y & F_z \\ G_y & G_z\end{vmatrix}_0},$$

分子分母中带下标 0 的行列式表示行列式在点 $M(x_0,y_0,z_0)$ 的值. 把上面的切向量 $T$ 乘以 $\begin{vmatrix}F_y & F_z \\ G_y & G_z\end{vmatrix}_0$ 得

$$\boldsymbol{T}_1=\left(\begin{vmatrix}F_y & F_z \\ G_y & G_z\end{vmatrix}_0, \begin{vmatrix}F_z & F_x \\ G_z & G_x\end{vmatrix}_0, \begin{vmatrix}F_x & F_y \\ G_x & G_y\end{vmatrix}_0\right),$$

这也是曲线 $\Gamma$ 在点 $M$ 处的一个切向量. 由此可写出曲线 $\Gamma$ 在点 $M(x_0,y_0,z_0)$ 处的切线方程为

$$\frac{x-x_0}{\begin{vmatrix}F_y & F_z \\ G_y & G_z\end{vmatrix}_0}=\frac{y-y_0}{\begin{vmatrix}F_z & F_x \\ G_z & G_x\end{vmatrix}_0}=\frac{z-z_0}{\begin{vmatrix}F_x & F_y \\ G_x & G_y\end{vmatrix}_0}. \tag{7.23}$$

曲线 $\Gamma$ 在点 $M(x_0,y_0,z_0)$ 处的法平面方程为

$$\begin{vmatrix}F_y & F_z \\ G_y & G_z\end{vmatrix}_0(x-x_0)+\begin{vmatrix}F_z & F_x \\ G_z & G_x\end{vmatrix}_0(y-y_0)+\begin{vmatrix}F_x & F_y \\ G_x & G_y\end{vmatrix}_0(z-z_0)=0. \tag{7.24}$$

如果 $\dfrac{\partial(F,G)}{\partial(y,z)}\Big|_0=0$ 而 $\dfrac{\partial(F,G)}{\partial(z,x)}\Big|_0,\dfrac{\partial(F,G)}{\partial(x,y)}\Big|_0$ 中至少有一个不等于零,可得同样的结果.

**例 2** 求曲线 $\begin{cases} 2x^2+y^2+z^2=4, \\ x+2y-3z=0 \end{cases}$ 在点 $(1,1,1)$ 处的切线及法平面方程.

**解** 将所给方程的两边对 $x$ 求导并移项,得

$$\begin{cases} y\dfrac{\mathrm{d}y}{\mathrm{d}x}+z\dfrac{\mathrm{d}z}{\mathrm{d}x}=-2x, \\[3mm] 2\dfrac{\mathrm{d}y}{\mathrm{d}x}-3\dfrac{\mathrm{d}z}{\mathrm{d}x}=-1, \end{cases}$$

由此得

$$\frac{\mathrm{d}y}{\mathrm{d}x}=\frac{\begin{vmatrix} -2x & z \\ -1 & -3 \end{vmatrix}}{\begin{vmatrix} y & z \\ 2 & -3 \end{vmatrix}}=-\frac{6x+z}{3y+2z}, \quad \frac{\mathrm{d}z}{\mathrm{d}x}=\frac{\begin{vmatrix} y & -2x \\ 2 & -1 \end{vmatrix}}{\begin{vmatrix} y & z \\ 2 & -3 \end{vmatrix}}=\frac{y-4x}{3y+2z},$$

所以有

$$\left.\frac{\mathrm{d}y}{\mathrm{d}x}\right|_{(1,1,1)}=-\frac{7}{5}, \quad \left.\frac{\mathrm{d}z}{\mathrm{d}x}\right|_{(1,1,1)}=-\frac{3}{5},$$

从而取 $T=(5,-7,-3)$, 故所求切线方程为

$$\frac{x-1}{5}=\frac{y-1}{-7}=\frac{z-1}{-3},$$

法平面方程为

$$5(x-1)-7\times(y-1)-3(z-1)=0,$$

即

$$5x-7y-3z+5=0.$$

多元函数微分学及其应用(1)

### 7.6.2　曲面的切平面与法线

设曲面 $\Sigma$ 的方程为

$$F(x,y,z)=0, \tag{7.25}$$

$M(x_0,y_0,z_0)$ 是曲面 $\Sigma$ 上的一点, 并设函数 $F(x,y,z)$ 的偏导数在该点连续且不同时为零. 在曲面 $\Sigma$ 上, 通过点 $M$ 任意引一条曲线 $\Gamma$(图 7-6), 假定曲线 $\Gamma$ 的参数方程为

$$\begin{cases} x=\varphi(t), \\ y=\psi(t), \qquad (\alpha\leqslant t\leqslant\beta). \\ z=\omega(t) \end{cases} \tag{7.26}$$

设 $t=t_0$ 对应于点 $M(x_0,y_0,z_0)$ 且 $\varphi'(t_0),\psi'(t_0),\omega'(t_0)$ 不全为零, 则由(7.18)式可得这曲线的切线方程为

$$\frac{x-x_0}{\varphi'(t_0)}=\frac{y-y_0}{\psi'(t_0)}=\frac{z-z_0}{\omega'(t_0)}.$$

现在证明, 在曲面 $\Sigma$ 上通过点 $M$ 且在点 $M$ 处具有切线的任何曲线, 它们在点 $M$ 处的切线都在同一个平面上. 事实上, 因为曲线 $\Gamma$ 完全在曲面 $\Sigma$ 上, 所以有恒等式

$$F(\varphi(t),\psi(t),\omega(t))\equiv 0,$$

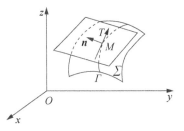

图 7-6

又因 $F(x,y,z)$ 在点 $(x_0,y_0,z_0)$ 处有连续偏导数, 且 $\varphi'(t_0),\psi'(t_0)$ 和 $\omega'(t_0)$ 存在, 所以这恒等式左边的复合函数在 $t=t_0$ 时有全导数, 且这全导数等于零

$$\left.\frac{\mathrm{d}}{\mathrm{d}t}F(\varphi(t),\psi(t),\omega(t))\right|_{t=t_0}=0,$$

即有
$$F_x(x_0,y_0,z_0)\varphi'(t_0)+F_y(x_0,y_0,z_0)\psi'(t_0)+F_z(x_0,y_0,z_0)\omega'(t_0)=0. \quad (7.27)$$
引入向量
$$\boldsymbol{n}=(F_x(x_0,y_0,z_0),F_y(x_0,y_0,z_0),F_z(x_0,y_0,z_0)),$$
则(7.27)式表示曲线(7.26)在点 $M$ 处的切向量
$$\boldsymbol{T}=(\varphi'(t_0),\psi'(t_0),\omega'(t_0)),$$
与向量 $\boldsymbol{n}$ 垂直. 因为曲线 $\Gamma$ 是曲面上通过点 $M$ 的任意一条曲线,它们在点 $M$ 的切线都与同一个向量 $\boldsymbol{n}$ 垂直,所以曲面上通过点 $M$ 的一切曲线在点 $M$ 的切线都在同一个平面上(图 7-6). 这个平面称为曲面 $\Sigma$ 在点 $M$ 的**切平面**. 这切平面的方程是
$$F_x(x_0,y_0,z_0)(x-x_0)+F_y(x_0,y_0,z_0)(y-y_0)+F_z(x_0,y_0,z_0)(z-z_0)=0.$$
$$(7.28)$$

通过点 $M(x_0,y_0,z_0)$ 而垂直于切平面(7.28)的直线称为曲面在该点的**法线**. 法线方程是
$$\frac{x-x_0}{F_x(x_0,y_0,z_0)}=\frac{y-y_0}{F_y(x_0,y_0,z_0)}=\frac{z-z_0}{F_z(x_0,y_0,z_0)}. \quad (7.29)$$

垂直于曲面上切平面的向量称为曲面的**法向量**,向量
$$\boldsymbol{n}=(F_x(x_0,y_0,z_0),F_y(x_0,y_0,z_0),F_z(x_0,y_0,z_0))$$
就是曲面 $\Sigma$ 在点 $M$ 处的一个法向量.

若曲面方程以显式给出,即设
$$z=f(x,y), \quad (7.30)$$
则令 $F(x,y,z)=f(x,y)-z$,可见
$$F_x(x,y,z)=f_x(x,y), \quad F_y(x,y,z)=f_y(x,y), \quad F_z(x,y,z)=-1.$$
于是,当函数 $f(x,y)$ 的偏导数 $f_x(x,y),f_y(x,y)$ 在点 $(x_0,y_0)$ 连续时,曲面(7.30)在点 $M(x_0,y_0,z_0)$ 处的法向量为
$$\boldsymbol{n}=(f_x(x_0,y_0),f_y(x_0,y_0),-1),$$
所以曲面(7.30)的切平面方程为
$$f_x(x_0,y_0)(x-x_0)+f_y(x_0,y_0)(y-y_0)-(z-z_0)=0$$
或
$$z-z_0=f_x(x_0,y_0)(x-x_0)+f_y(x_0,y_0)(y-y_0), \quad (7.31)$$
而法线方程为
$$\frac{x-x_0}{f_x(x_0,y_0)}=\frac{y-y_0}{f_y(x_0,y_0)}=\frac{z-z_0}{-1}.$$

显然,方程(7.31)右端恰好是函数 $z=f(x,y)$ 在点 $(x_0,y_0)$ 的全微分,而左端是切平面上点的竖坐标的增量. 因此,函数 $z=f(x,y)$ 在点 $(x_0,y_0)$ 的全微分,在几何上表示曲面 $z=f(x,y)$ 在点 $(x_0,y_0,z_0)$ 处的切平面上点的竖坐标的增量.

如果用 $\alpha,\beta,\gamma$ 表示曲面的法向量的方向角,并假定法向量的方向是向上的,且它与

$z$ 轴的正向所成的角 $\gamma$ 是一锐角,则法向量的方向余弦为

$$\cos\alpha=\frac{-f_x}{\sqrt{1+f_x^2+f_y^2}}, \quad \cos\beta=\frac{-f_y}{\sqrt{1+f_x^2+f_y^2}}, \quad \cos\gamma=\frac{1}{\sqrt{1+f_x^2+f_y^2}},$$

其中,$f_x,f_y$ 分别表示 $f_x(x_0,y_0),f_y(x_0,y_0)$.

**例 3** 求曲面 $x^2+4y^2+z^2=18$ 在点 $(1,2,1)$ 处的切平面及法线方程.

**解** 设 $F(x,y,z)=x^2+4y^2+z^2-18$,则计算得

$$\boldsymbol{n}=(F_x,F_y,F_z)=(2x,8y,2z),$$

即点 $(1,2,1)$ 处的法向量为

$$\boldsymbol{n}=(2,16,2),$$

所以在点 $(1,2,1)$ 处此曲面的切平面方程为

$$2(x-1)+16(y-2)+2(z-1)=0,$$

即 $x+8y+z=18$. 曲面的法线方程为

$$\frac{x-1}{1}=\frac{y-2}{8}=\frac{z-1}{1}.$$

多元函数微分学及其应用(2)　　　多元函数微分学及其应用(3)

## 习 题 7-6

1. 求下列各曲线在指定点处的切线方程和法平面方程:

(1) $x=t-\sin t, y=1-\cos t, z=4\sin\dfrac{t}{2}$,在 $t=\dfrac{\pi}{2}$ 时;

(2) $x=a\cos t, y=a\sin t, z=bt$,在 $t=\dfrac{\pi}{2}$ 时;

(3) $x=\dfrac{t}{1+t}, y=\dfrac{1+t}{t}, z=t^2$,在 $t=1$ 时.

2. 求下列各曲面在指定点处的切平面与法线方程:
(1) $3x^2+y^2-z^2=27$ 在点 $(3,1,1)$ 处;
(2) $x^2-xy-8x+z+5=0$ 在点 $(2,-1,3)$ 处;
(3) $z=x^2+y^2-1$ 在点 $(2,1,4)$ 处.

3. 在曲线 $y=x^2, z=x^3$ 上求出使该点的切线平行于平面 $x+2y+z=4$ 的点.

4. 求曲线 $\begin{cases} x^2+y^2+z^2=6, \\ x+y+z=0 \end{cases}$ 在点 $(1,-2,1)$ 处的切线与法平面方程.

5. 求曲面 $x^2+2y^2+z^2=1$ 上平行于平面 $x-y+2z=0$ 的切平面方程.

6. 求旋转椭球面 $3x^2+y^2+z^2=16$ 上点 $(-1,-2,3)$ 处的切平面与 $xOy$ 面的夹角的余弦.

7. 求曲面 $z=\arctan\dfrac{x}{y}$ 在点 $\left(1,1,\dfrac{\pi}{4}\right)$ 处的法向量与坐标轴的夹角.

8. 试证曲面 $\sqrt{x}+\sqrt{y}+\sqrt{z}=\sqrt{a}\,(a>0)$ 上任何一点处的切平面在各坐标轴上截距之和等于 $a$.

9. (2013 考研)曲面 $x^2+\cos(xy)+yz+x=0$ 在点 $(0,1,-1)$ 处的切平面方程为（　　）.

　A. $x-y+z=-2$　　B. $x+y+z=0$　　C. $x-2y+z=-3$　　D. $x-y-z=0$

# *7.7　方向导数与梯度

## 7.7.1　方向导数

现在来讨论函数 $z=f(x,y)$ 在一点 $P$ 沿某一方向的变化率问题.

设函数 $z=f(x,y)$ 在点 $P(x,y)$ 的某一邻域 $U(p)$ 内有定义. 自点 $P$ 引射线 $l$. 设 $x$ 轴正向到射线 $l$ 的转角为 $\varphi$（逆时针方向 $\varphi>0$,顺时针方向 $\varphi<0$),并设 $P'(x+\Delta x,y+\Delta y)$ 为 $l$ 上的另一点且 $P'\in U(p)$,见图 7-7. 我们考虑函数的增量 $f(x+\Delta x,y+\Delta y)-f(x,y)$ 与点 $P$、$P'$ 间的距离 $|PP'|=\rho=\sqrt{(\Delta x)^2+(\Delta y)^2}$ 的比值. 当 $P'$ 沿着 $l$ 趋于 $P$ 时,如果这个比值的极限存在,则称这极限为函数 $f(x,y)$ 在点 $P$ 沿方向 $l$ 的**方向导数**,记作 $\dfrac{\partial f}{\partial l}$,即

$$\frac{\partial f}{\partial l}=\lim_{\rho\to 0}\frac{f(x+\Delta x,y+\Delta y)-f(x,y)}{\rho}. \tag{7.32}$$

关于方向导数 $\dfrac{\partial f}{\partial l}$ 的存在及计算,有下面的定理:

**定理**　如果函数 $z=f(x,y)$ 在点 $P(x,y)$ 是可微分的,那么函数在该点沿任一方向 $l$ 的方向导数都存在,且有

$$\frac{\partial f}{\partial l}=\frac{\partial f}{\partial x}\cos\varphi+\frac{\partial f}{\partial y}\sin\varphi, \tag{7.33}$$

其中 $\varphi$ 为 $x$ 轴到方向 $l$ 的转角,见图 7-7.

**证**　由于函数 $z=f(x,y)$ 在点 $P(x,y)$ 可微分,所以函数的增量可表示为

$$f(x+\Delta x,y+\Delta y)-f(x,y)=\frac{\partial f}{\partial x}\Delta x+\frac{\partial f}{\partial y}\Delta y+o(\rho).$$

两边各除以 $\rho$,得到

$$\frac{f(x+\Delta x,y+\Delta y)-f(x,y)}{\rho}=\frac{\partial f}{\partial x}\frac{\Delta x}{\rho}+\frac{\partial f}{\partial y}\frac{\Delta y}{\rho}+\frac{o(\rho)}{\rho}$$
$$=\frac{\partial f}{\partial x}\cos\varphi+\frac{\partial f}{\partial y}\sin\varphi+\frac{o(\rho)}{\rho},$$

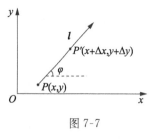

图 7-7

所以

$$\lim_{\rho \to 0} \frac{f(x+\Delta x, y+\Delta y)-f(x,y)}{\rho}=\frac{\partial f}{\partial x}\cos\varphi+\frac{\partial f}{\partial y}\sin\varphi,$$

这就证明了方向导数存在且其值为

$$\frac{\partial f}{\partial l}=\frac{\partial f}{\partial x}\cos\varphi+\frac{\partial f}{\partial y}\sin\varphi.$$

若取 $\alpha=\varphi,\beta=\frac{\pi}{2}-\alpha$,那么以上公式(7.33)还可以写成

$$\frac{\partial f}{\partial l}=\frac{\partial f}{\partial x}\cos\alpha+\frac{\partial f}{\partial y}\cos\beta, \tag{7.34}$$

这时 $(\alpha,\beta)$ 就是方向 $l$ 的方向角,所以 $\cos\alpha,\cos\beta$ 就是方向 $l$ 的方向余弦.

**例 1**　求函数 $z=x\mathrm{e}^{2y}$ 在点 $P(1,0)$ 处沿点 $P(1,0)$ 到点 $Q(2,-1)$ 方向的方向导数.

**解**　这里方向 $l$ 即向量 $\overrightarrow{PQ}=(1,-1)$ 的方向,因此 $x$ 轴到方向 $l$ 的转角 $\varphi=-\frac{\pi}{4}$,因为

$$\frac{\partial z}{\partial x}\bigg|_{(1,0)}=\mathrm{e}^{2y}\big|_{(1,0)}=1, \quad \frac{\partial z}{\partial y}\bigg|_{(1,0)}=2x\mathrm{e}^{2y}\big|_{(1,0)}=2,$$

所以所求的方向导数为

$$\frac{\partial z}{\partial l}=1\cdot\cos\left(-\frac{\pi}{4}\right)+2\sin\left(-\frac{\pi}{4}\right)=-\frac{\sqrt{2}}{2}.$$

对于三元函数 $u=f(x,y,z)$,设它在空间一点 $P(x,y,z)$ 处沿方向 $l$ 的方向角为 $\alpha$, $\beta,\gamma$,那么三元函数 $u=f(x,y,z)$ 在点 $P(x,y,z)$ 处沿方向 $l$ 的方向导数定义为

$$\frac{\partial f}{\partial l}=\lim_{\rho \to 0}\frac{f(x+\Delta x, y+\Delta y, z+\Delta z)-f(x,y,z)}{\rho}, \tag{7.35}$$

其中 $\rho=\sqrt{(\Delta x)^2+(\Delta y)^2+(\Delta z)^2}$,$\Delta x=\rho\cos\alpha,\Delta y=\rho\cos\beta,\Delta z=\rho\cos\gamma$.

同样可以证明,如果函数在所考虑的点处可微分,那么函数在该点沿着方向 $l$ 的方向导数为

$$\frac{\partial f}{\partial l}=\frac{\partial f}{\partial x}\cos\alpha+\frac{\partial f}{\partial y}\cos\beta+\frac{\partial f}{\partial z}\cos\gamma. \tag{7.36}$$

### 7.7.2　梯度

与方向导数有关联的一个概念是函数的梯度. 在二元函数的情形,设函数 $z=f(x,y)$ 在平面区域 $D$ 内具有一阶连续偏导数,那么对于每一点 $(x,y)\in D$,都可以定义一个向量

$$\frac{\partial f}{\partial x}\boldsymbol{i}+\frac{\partial f}{\partial y}\boldsymbol{j},$$

这向量称为函数 $z=f(x,y)$ 在点 $P(x,y)$ 的**梯度**,记作 $\mathbf{grad}f(x,y)$,即

$$\mathbf{grad}f(x,y)=\frac{\partial f}{\partial x}\boldsymbol{i}+\frac{\partial f}{\partial y}\boldsymbol{j}.$$

如果设 $e=\cos\varphi \boldsymbol{i}+\sin\varphi \boldsymbol{j}$ 是与方向 $l$ 同方向的单位向量,则由方向导数的计算公式可知

$$\frac{\partial f}{\partial l}=\frac{\partial f}{\partial x}\cos\varphi+\frac{\partial f}{\partial y}\sin\varphi=\left(\frac{\partial f}{\partial x},\frac{\partial f}{\partial y}\right)\cdot(\cos\varphi,\sin\varphi)$$
$$=|\operatorname{\mathbf{grad}}f(x,y)|\cos(\overparen{\operatorname{\mathbf{grad}}f(x,y),e}).$$

这里 $(\overparen{\operatorname{\mathbf{grad}}f(x,y),e})$ 表示向量 $\operatorname{\mathbf{grad}}f(x,y)$ 与 $e$ 的夹角. 由此可以看出,方向导数就是梯度在射线 $l$ 上的投影,当方向 $l$ 与梯度的方向一致时,有

$$\cos(\overparen{\operatorname{\mathbf{grad}}f(x,y),e})=1,$$

从而 $\dfrac{\partial f}{\partial l}$ 有最大值. 所以沿梯度方向的方向导数达到最大值,也就是说,梯度的方向是函数 $f(x,y)$ 在这点增长最快的方向. 因此,可以得到如下结论:

函数在某点的梯度是这样一个向量,它的方向与取得最大方向导数的方向一致,而它的模为方向导数的最大值.

由梯度的定义可知,梯度的模为

$$|\operatorname{\mathbf{grad}}f(x,y)|=\sqrt{\left(\frac{\partial f}{\partial x}\right)^2+\left(\frac{\partial f}{\partial y}\right)^2},$$

当 $\dfrac{\partial f}{\partial x}$ 不为零时,那么 $x$ 轴到梯度的转角的正切为

$$\tan\theta=\frac{\dfrac{\partial f}{\partial y}}{\dfrac{\partial f}{\partial x}}.$$

我们知道,一般说来二元函数 $z=f(x,y)$ 在几何上表示一个曲面,这曲面被平面 $z=c$($c$ 是常数)所截得的曲线 $L$ 的方程为

$$\begin{cases} z=f(x,y), \\ z=c, \end{cases}$$

这条曲线 $L$ 在 $xOy$ 面上的投影是一条平面曲线 $L^*$,它在 $xOy$ 平面直角坐标系中的方程为

$$f(x,y)=c.$$

对于曲线 $L^*$ 上的一切点,对应的函数值都是 $c$,所以称平面曲线 $L^*$ 为函数 $z=f(x,y)$ 的**等值线**.

由于等值线 $f(x,y)=c$ 上任一点 $(x,y)$ 处的法线的斜率为

$$-\frac{1}{\dfrac{\mathrm{d}y}{\mathrm{d}x}}=-\frac{1}{-\dfrac{f_x}{f_y}}=\frac{f_y}{f_x},$$

所以梯度

$$\frac{\partial f}{\partial x}\boldsymbol{i}+\frac{\partial f}{\partial y}\boldsymbol{j},$$

为等值线上点 $P$ 处的法向量,因此可得到梯度与等值线的下述关系:函数 $z=f(x,y)$ 在点 $P(x,y)$ 的梯度的方向与过点 $P$ 的等值线 $f(x,y)=c$ 在这点的法线的一个方向相同,且从数值较低的等值线指向数值较高的等值线,而梯度的模等于函数在这个法线方向的方向导数. 这个法线方向就是方向导数取得最大值的方向.

**例 2**　设 $f(x,y)=x\sin y$,求 $\mathbf{grad} f(x,y)$.

**解**　因为

$$\frac{\partial f}{\partial x}=\sin y, \quad \frac{\partial f}{\partial y}=x\cos y,$$

故梯度为

$$\mathbf{grad} f(x,y)=\sin y \boldsymbol{i}+x\cos y \boldsymbol{j}.$$

**例 3**　设 $f(x,y,z)=x^2+y^2+z^2$,求 $\mathbf{grad} f(1,-1,2)$.

**解**　与例 2 类似可得

$$\mathbf{grad} f=(f_x,f_y,f_z)=(2x,2y,2z),$$

于是

$$\mathbf{grad} f(1,-1,2)=(2,-2,4).$$

### *习　题　7-7

1. 求函数 $z=xy^2-4y$ 在点 $P(2,-1)$ 处沿从点 $P$ 到 $Q(3,1)$ 的方向的方向导数.

2. 求函数 $z=\ln(x+y)$ 在抛物线 $y^2=4x$ 上点 $(1,2)$ 处,沿着这条抛物线在该点处偏向 $x$ 轴正向的切线方向的方向导数.

3. 求函数 $f(x,y,z)=x\sin(yz)$ 在点 $(1,3,0)$ 处沿方向 $l=(1,2,-1)$ 的方向导数.

4. 求函数 $u=x\arctan\dfrac{y}{z}$ 在点 $(1,2,-2)$ 处沿方向角为 $\alpha=\dfrac{\pi}{4},\beta=\dfrac{2\pi}{3},\gamma=\dfrac{\pi}{3}$ 的方向的方向导数.

5. 求函数 $u=x+y+z$ 在球面 $x^2+y^2+z^2=1$ 上点 $(x_0,y_0,z_0)$ 处,沿球面在该点处的外法线方向的方向导数.

6. 在点 $(1,-1,2)$ 处,函数 $u=xy^2z$ 沿哪个方向的方向导数变化最快?

7. 求 $\mathbf{grad}\dfrac{1}{x^2+y^2}$.

## 7.8　多元函数的极值及其求法

### 7.8.1　多元函数的极值及最大值、最小值

**定义**　设函数 $z=f(x,y)$ 在点 $(x_0,y_0)$ 的某个邻域内有定义,对于该邻域内异于 $(x_0,y_0)$ 的点,如果都适合不等式

$$f(x,y)<f(x_0,y_0),$$

则称函数 $f(x,y)$ 在点 $(x_0,y_0)$ 有**极大值** $f(x_0,y_0)$. 如果都适合不等式

$$f(x,y) > f(x_0,y_0),$$

则称函数 $f(x,y)$ 在点 $(x_0,y_0)$ 有**极小值** $f(x_0,y_0)$.

极大值、极小值统称为**极值**,使函数取得极值的点称为**极值点**.

**例 1**　讨论下列函数在点 $(0,0)$ 的极值:

(1) $z = \sqrt{x^2 + y^2}$;

(2) $z = -(x^2 + y^2)$;

(3) $z = xy$.

**解**　(1) 函数在点 $(0,0)$ 处有极小值. 因为在点 $(0,0)$ 处的函数值为零,而对于点 $(0,0)$ 的任一邻域内异于 $(0,0)$ 的点,函数值都为正. 由极小值的定义知,函数在点 $(0,0)$ 处有极小值.

(2) 函数在点 $(0,0)$ 处有极大值. 因为在点 $(0,0)$ 处函数值为零,而对于点 $(0,0)$ 的任一邻域内异于 $(0,0)$ 的点,函数值都为负. 由极大值的定义知,函数在点 $(0,0)$ 处有极大值.

(3) 函数在点 $(0,0)$ 处既不取得极大值也不取得极小值. 因为在点 $(0,0)$ 处的函数值为零,而在点 $(0,0)$ 的任一邻域内,总有使函数值为正的点,也有使函数值为负的点. 由极值的定义知,函数在点 $(0,0)$ 处既不取得极大值也不取得极小值.

**定理 1**(必要条件)　设函数 $z = f(x,y)$ 在点 $(x_0,y_0)$ 具有偏导数,且在点 $(x_0,y_0)$ 处有极值,则它在该点的偏导数必为零,即

$$f_x(x_0,y_0) = 0, \quad f_y(x_0,y_0) = 0.$$

**证**　不妨设 $z = f(x,y)$ 在点 $(x_0,y_0)$ 处有极大值. 由极大值的定义,在点 $(x_0,y_0)$ 的某邻域内异于 $(x_0,y_0)$ 的点都适合不等式

$$f(x,y) < f(x_0,y_0).$$

特殊地,在该邻域内取 $y = y_0$,而 $x \neq x_0$ 的点,也应适合不等式

$$f(x,y_0) < f(x_0,y_0),$$

这表明一元函数 $f(x,y_0)$ 在 $x = x_0$ 处取得极大值,因此必有

$$f_x(x_0,y_0) = 0.$$

类似地,也可证 $f_y(x_0,y_0) = 0$.

从几何上看,这时如果曲面 $z = f(x,y)$ 在点 $(x_0,y_0,z_0)$ 处有切平面,则切平面

$$z - z_0 = f_x(x_0,y_0)(x-x_0) + f_y(x_0,y_0)(y-y_0),$$

就成为平行于 $xOy$ 坐标面的平面 $z - z_0 = 0$.

与一元函数类似,凡是能使 $f_x(x,y) = 0, f_y(x,y) = 0$ 同时成立的点 $(x_0,y_0)$ 称为函数 $z = f(x,y)$ 的**驻点**. 从定理 1 可知,具有偏导数的函数的极值点必定是驻点. 但是函数的驻点不一定是极值点,例如,点 $(0,0)$ 是函数 $z = xy$ 的驻点,但是函数在该点并不能取得极值. 那么如何判定驻点是否为极值点呢? 下面的定理给出了结论:

**定理 2**(充分条件)　设函数 $z = f(x,y)$ 在点 $(x_0,y_0)$ 的某邻域内连续且有一阶及二阶连续偏导数,又 $f_x(x_0,y_0) = 0, f_y(x_0,y_0) = 0$,令

$$f_{xx}(x_0,y_0) = A, \quad f_{xy}(x_0,y_0) = B, \quad f_{yy}(x_0,y_0) = C,$$

则 $f(x,y)$ 在 $(x_0,y_0)$ 处是否取得极值的条件如下:

(1) $AC-B^2>0$ 时具有极值,且当 $A<0$ 时有极大值,当 $A>0$ 时有极小值;

(2) $AC-B^2<0$ 时没有极值;

(3) $AC-B^2=0$ 时可能有极值,也可能没有极值,还需另作讨论.

定理的证明略.

利用定理 1、定理 2,我们把具有二阶连续偏导数的函数 $z=f(x,y)$ 求极值的方法归纳如下:

**第一步** 解方程组

$$f_x(x,y)=0, \quad f_y(x,y)=0,$$

求得一切实数解,即可以得到一切驻点;

**第二步** 对于每一个驻点 $(x_0,y_0)$,求出二阶偏导数的值 $A,B$ 和 $C$;

**第三步** 确定出 $AC-B^2$ 的符号,按定理 2 的结论判定 $f(x_0,y_0)$ 是否为极值? 是极大值还是极小值.

**例 2** 求函数 $f(x,y)=x^3-y^3+3x^2+3y^2-9x$ 的极值.

**解** 由定理 1 得方程组

$$\begin{cases} f_x(x,y)=3x^2+6x-9=0, \\ f_y(x,y)=-3y^2+6y=0, \end{cases}$$

解得驻点为 $(1,0),(1,2),(-3,0),(-3,2)$.

再求出二阶偏导数为

$$f_{xx}(x,y)=6x+6, \quad f_{xy}(x,y)=0, \quad f_{yy}(x,y)=-6y+6,$$

根据定理 2 有:

在点 $(1,0)$ 处,$AC-B^2=12\cdot6>0$ 又 $A>0$,所以函数在 $(1,0)$ 处有极小值 $f(1,0)=-5$;

在点 $(1,2)$ 处,$AC-B^2=12\cdot(-6)<0$,所以 $f(1,2)$ 不是极值;

在点 $(-3,0)$ 处,$AC-B^2=-12\cdot6<0$,所以 $f(-3,0)$ 不是极值;

在点 $(-3,2)$ 处,$AC-B^2=-12\cdot(-6)>0$ 又 $A<0$ 所以函数在 $(-3,2)$ 处有极大值 $f(-3,2)=31$.

讨论函数的极值问题时,如果函数在所讨论的区域内具有偏导数,则由定理 1 可知,极值只可能在驻点处取得. 然而,如果函数在个别点处的偏导数不存在,这些点当然不是驻点,但也可能是极值点. 例如,在例 1 中,函数 $z=\sqrt{x^2+y^2}$ 在点 $(0,0)$ 处的偏导数不存在,但该函数在 $(0,0)$ 处却具有极小值. 因此,在考虑函数的极值问题时,除了考虑函数的驻点外,如果还有偏导数不存在的点,那么这些点也需要考虑.

与一元函数类似,可以利用函数的极值来求函数的最大值和最小值. 在 7.1 节中已经指出,如果 $f(x,y)$ 在有界闭区域 $D$ 上连续,则 $f(x,y)$ 在 $D$ 上必定能取得最大值和最小值. 这种使函数取得最大值或最小值的点既可能在 $D$ 的内部,也可能在 $D$ 的边界上. 假定函数在 $D$ 上连续、在 $D$ 内可微分且只有有限个驻点,这时如果函数在 $D$ 的内部取得最大值(最小值),则这个最大值(最小值)也是函数的极大值(极小值).

根据以上讨论,在上述假定下,求函数的最大值和最小值的一般方法是:将函数 $f(x,y)$ 在 $D$ 内的所有驻点处的函数值及在 $D$ 边界上的最大值和最小值相互比较,其中最大的就是最大值,最小的就是最小值. 但是这种方法由于要计算出 $f(x,y)$ 在 $D$ 边界上的最大值和最小值,所以可能往往较复杂. 在通常遇到的实际问题中,根据问题的性质,可知函数 $f(x,y)$ 的最大值(最小值)一定在 $D$ 的内部取得,而函数在 $D$ 内只有一个驻点,那么可以肯定该驻点处的函数值就是函数 $f(x,y)$ 在 $D$ 上的最大值(最小值).

**例3** 现要用铁板作成一个体积为 $64\text{m}^3$ 的有盖长方体容器.问当长、宽、高各取怎样的尺寸时,才能使用料最省?

**解** 设容器的长为 $x$,宽为 $y$,则其高应为 $\dfrac{64}{xy}$,则此容器所用材料的表面积

$$A=2\left(xy+y\cdot\frac{64}{xy}+x\cdot\frac{64}{xy}\right),$$

即

$$A=2\left(xy+\frac{64}{x}+\frac{64}{y}\right) \quad (x>0,y>0),$$

为求面积 $A$ 达到最小值的点 $(x,y)$,令

$$A_x=2\left(y-\frac{64}{x^2}\right)=0, \quad A_y=2\left(x-\frac{64}{y^2}\right)=0,$$

解得唯一驻点 $x=4,y=4$.因为实际问题的最小值存在,所以当 $x=y=4$,即长、宽、高都为 4 时所用材料最省.

### 7.8.2　条件极值　拉格朗日乘数法

上面所讨论的极值问题,其范围仅是在函数的定义域内,再无其他条件,所以称为**无条件极值**. 但是在实际问题中,有时候会遇到对函数的自变量还有附加条件的极值问题,这样的极值问题就称为**条件极值**.

**实例** 小王有 200 元钱,他决定用来购买两种急需物品:计算机磁盘和录音磁带,设他购买 $x$ 张磁盘,$y$ 盒录音磁带达到最佳效果,效果函数为 $U(x,y)=\ln x+\ln y$. 设每张磁盘 8 元,每盒磁带 10 元,问他如何分配这 200 元以达到最佳效果. 这个问题的实质是:求函数 $U(x,y)=\ln x+\ln y$ 在条件 $8x+10y=200$ 下的极值点,这就是条件极值问题.

有时条件极值问题可以化成无条件极值问题来解决. 例如以上实例中,由条件 $8x+10y=200$ 把变量 $x$ 解出后,代入到函数 $U(x,y)=\ln x+\ln y$ 中,则问题就变成求函数

$$U(x)=\ln x+\ln\left(20-\frac{4}{5}x\right)$$

的无条件极值问题. 但有时条件极值问题化为无条件极值问题并不这样简单,因此希望要有一个求解条件极值问题的方法. 以下就介绍求解条件极值问题的一个常用方法.

**拉格朗日乘数法** 要求函数 $z=f(x,y)$ 在附加条件

$$\varphi(x,y)=0 \tag{7.37}$$

下的可能极值点,则先构造辅助函数

$$F(x,y,\lambda)=f(x,y)+\lambda\varphi(x,y),\qquad (7.38)$$

其中 $\lambda$ 为某一参数,再求 $F(x,y,\lambda)$ 关于 $x,y,\lambda$ 的一阶偏导数,并使之为零得方程组

$$\begin{cases} f_x(x,y)+\lambda\varphi_x(x,y)=0,\\ f_y(x,y)+\lambda\varphi_y(x,y)=0,\\ \varphi(x,y)=0. \end{cases} \qquad (7.39)$$

由此消去 $\lambda$,解出 $x,y$,则其中 $x,y$ 就是函数 $f(x,y)$ 在附加条件 $\varphi(x,y)=0$ 下的可能极值点的坐标.

这个方法还可以推广到自变量多于两个而附加条件多于一个的情形. 如要计算函数

$$u=f(x,y,z,t)$$

在附加条件

$$\varphi(x,y,z,t)=0,\quad \psi(x,y,z,t)=0 \qquad (7.40)$$

下的极值,可以先构造辅助函数

$$F(x,y,z,t,\lambda_1,\lambda_2)=f(x,y,z,t)+\lambda_1\varphi(x,y,z,t)+\lambda_2\psi(x,y,z,t),\qquad (7.41)$$

其中 $\lambda_1,\lambda_2$ 均为参数,从(7.41)中求得驻点,得 $x,y,z$ 及 $t$ 就是函数 $f(x,y,z,t)$ 在附加条件(7.40)下的可能极值点的坐标.

至于如何确定所求得的点是否极值点,在实际问题中往往可根据问题本身的性质来判定.

**例 4** 在半径为 $a$ 的半球内求一个体积最大的内接长方体,并求出该长方体的体积.

**解** 设半球面方程为 $z=\sqrt{a^2-x^2-y^2}$,$(x,y,z)$ 是它的内接长方体在第一卦限内的顶点,则长方体的长、宽、高分别为 $2x,2y,z$,体积为

$$V=4xyz,$$

作辅助函数

$$F(x,y,z,\lambda)=4xyz+\lambda(x^2+y^2+z^2-a^2),$$

则得方程组

$$\begin{cases} F_x=4yz+2\lambda x=0,\\ F_y=4xz+2\lambda y=0,\\ F_z=4xy+2\lambda z=0,\\ x^2+y^2+z^2=a^2, \end{cases}$$

解得 $x=y=z=\dfrac{a}{\sqrt{3}}$. 根据实际问题可知这是唯一驻点,即当长、宽、高分别为 $2x=\dfrac{2a}{\sqrt{3}}$,

$2y=\dfrac{2a}{\sqrt{3}}$,$z=\dfrac{a}{\sqrt{3}}$ 时长方体的体积最大,最大值为 $V=\dfrac{4}{3\sqrt{3}}a^3$.

**例 5** 将正数 12 分成三个正数 $x,y,z$ 之和使得 $u=x^3y^2z$ 为最大.

**解** 令 $F(x,y,z,\lambda)=x^3y^2z+\lambda(x+y+z-12)$,由

$$\begin{cases} F_x = 3x^2 y^2 z + \lambda = 0, \\ F_y = 2x^3 yz + \lambda = 0, \\ F_z = x^3 y^2 + \lambda = 0, \\ x + y + z = 12 \end{cases}$$

得唯一驻点 $(6,4,2)$，故最大值为 $u_{max} = 6^3 \cdot 4^2 \cdot 2 = 6912$.

**例 6**　在第一卦限内作椭球面 $\dfrac{x^2}{a^2} + \dfrac{y^2}{b^2} + \dfrac{z^2}{c^2} = 1$ 的切平面，使切平面与三个坐标面所围成的四面体体积最小，求切点坐标.

**解**　设 $P(x_0, y_0, z_0)$ 为椭球面上一点，令

$$F(x,y,z) = \frac{x^2}{a^2} + \frac{y^2}{b^2} + \frac{z^2}{c^2} - 1,$$

则 $F_x|_P = \dfrac{2x_0}{a^2}, F_y|_P = \dfrac{2y_0}{b^2}, F_z|_P = \dfrac{2z_0}{c^2}$，过 $P(x_0, y_0, z_0)$ 的切平面方程为

$$\frac{x_0}{a^2}(x - x_0) + \frac{y_0}{b^2}(y - y_0) + \frac{z_0}{c^2}(z - z_0) = 0,$$

即

$$\frac{x \cdot x_0}{a^2} + \frac{y \cdot y_0}{b^2} + \frac{z \cdot z_0}{c^2} = 1,$$

该切平面在三个轴上的截距各为

$$x = \frac{a^2}{x_0}, \quad y = \frac{b^2}{y_0}, \quad z = \frac{c^2}{z_0},$$

因此所围四面体的体积 $V = \dfrac{1}{6} xyz = \dfrac{a^2 b^2 c^2}{6 x_0 y_0 z_0}$，在条件 $\dfrac{x_0^2}{a^2} + \dfrac{y_0^2}{b^2} + \dfrac{z_0^2}{c^2} = 1$ 下求其最小值.

令 $u = \ln x_0 + \ln y_0 + \ln z_0$，则

$$G(x_0, y_0, z_0, \lambda) = \ln x_0 + \ln y_0 + \ln z_0 + \lambda \left( \frac{x_0^2}{a^2} + \frac{y_0^2}{b^2} + \frac{z_0^2}{c^2} - 1 \right),$$

由

$$\begin{cases} G_{x_0} = 0, \\ G_{y_0} = 0, \\ G_{z_0} = 0, \\ \dfrac{x_0^2}{a^2} + \dfrac{y_0^2}{b^2} + \dfrac{y_0^2}{c^2} - 1 = 0, \end{cases}$$

得

$$\begin{cases} \dfrac{1}{x_0} + \dfrac{2\lambda x_0}{a^2} = 0, \\ \dfrac{1}{y_0} + \dfrac{2\lambda y_0}{b^2} = 0, \\ \dfrac{1}{z_0} + \dfrac{2\lambda z_0}{c^2} = 0, \\ \dfrac{x_0^2}{a^2} + \dfrac{y_0^2}{b^2} + \dfrac{z_0^2}{c^2} - 1 = 0, \end{cases}$$

解得

$$\begin{cases} x_0 = \dfrac{a}{\sqrt{3}}, \\[2mm] y_0 = \dfrac{b}{\sqrt{3}}, \\[2mm] z_0 = \dfrac{c}{\sqrt{3}}, \end{cases}$$

故当切点坐标为 $\left(\dfrac{a}{\sqrt{3}}, \dfrac{b}{\sqrt{3}}, \dfrac{c}{\sqrt{3}}\right)$ 时,四面体的体积最小,即得 $V_{\min} = \dfrac{\sqrt{3}}{2}abc$.

多元函数的极值(1)　多元函数的极值(2)　第 7 章总结与复习(1)　第 7 章总结与复习(2)

## 习　题　7-8

1. 设函数 $z = f(x,y)$ 在点 $(x_0, y_0)$ 处可微,且 $f_x(x_0, y_0) = 0$, $f_y(x_0, y_0) = 0$,则函数 $f(x,y)$ 在 $(x_0, y_0)$ 处(　　).

A. 必有极值,可能是极大,也可能是极小;　　B. 可能有极值,也可能无极值;

C. 必有极大值;　　D. 必有极小值.

2. 记 $f_{xx}(x_0, y_0) = A$, $f_{xy}(x_0, y_0) = B$, $f_{yy}(x_0, y_0) = C$,那么当(　　)时函数 $f(x,y)$ 在其驻点 $(x_0, y_0)$ 处取得极小值 $f(x_0, y_0)$.

A. $AC - B^2 > 0$, $A > 0$;　　B. $AC - B^2 > 0$, $A < 0$;

C. $AC - B^2 < 0$, $A > 0$;　　D. $AC - B^2 < 0$, $A > 0$.

3. 求下列函数的极值:

(1) $z = x^2 + (y-1)^2$;　　(2) $z = -x^2 + xy - y^2 + 2x - y$;

(3) $z = x^3 + y^3 - 3xy$;　　(4) $z = xy + \dfrac{50}{x} + \dfrac{20}{y}$ $(x > 0, y > 0)$.

4. 将给定的正数 $a$ 分为三个正数之和,问这三个数各为多少时,它们的乘积最大?

5. 从斜边长为 $l$ 的一切直角三角形中,求有最大周长的直角三角形.

6. 用铁皮加工容积为 $V$ 的圆柱形无盖容器,问当圆柱的高与底面半径的比值为何值时,所用的材料最省?

7. 有一宽为 24cm 的长方形铁板,把它的两边折起来,做成一个断面为等腰梯形的水槽,问折起来的各面的宽及其倾斜角为多少时,才能使水槽断面积最大?

8. 要造一个容积等于定数 $k$ 的长方体无盖水池,应如何选择水池的尺寸,方可使它的表面积最小.

9. 求表面积为 $a^2$ 而体积为最大的长方体的体积.

10.(2007 考研)求函数 $f(x,y)=x^2+2y^2-x^2y^2$ 在区域 $D=\{(x,y)\,|\,x^2+y^2\leqslant4,$ $y\geqslant0\}$ 上的最大值和最小值.

# 总 习 题 7

1.判断题

(1)若函数 $f(x,y)$ 在 $(x_0,y_0)$ 处的两个偏导数都存在,则 $f(x,y)$ 在 $(x_0,y_0)$ 处连续;

(2)若 $\lim\limits_{\substack{x\to0\\y=kx}}f(x,y)=A$,则 $\lim\limits_{\substack{x\to0\\y\to0}}f(x,y)=A$;

(3)若 $\dfrac{\partial^2z}{\partial x\partial y},\dfrac{\partial^2z}{\partial y\partial x}$ 在区域 $D$ 内连续,则 $\dfrac{\partial^2z}{\partial x\partial y}=\dfrac{\partial^2z}{\partial y\partial x}$.

2.填空题

(1)函数 $z=\ln(4-x^2-y^2)+\dfrac{1}{\sqrt{x^2+y^2-1}}$ 的定义域是_____;

(2)$\lim\limits_{\substack{x\to0\\y\to2}}\dfrac{y\sin(xy)}{x}=$_____;

(3)$\lim\limits_{\substack{x\to0\\y\to0}}(1+xy)^{\frac{1}{y}}=$_____;

(4)设 $z=x^y$,则 $z_x(1,0)=$_____,$z_y(1,0)=$_____,$dz=$_____.

3.单项选择题

(1)设 $\varphi(x-az,y-bz)=0$,则 $a\dfrac{\partial z}{\partial x}+b\dfrac{\partial z}{\partial y}=$_____.

A.$a$;          B.$b$;          C.$-1$;          D.$1$.

(2)设 $ze^z=xe^y+ye^x$,则 $\dfrac{\partial z}{\partial y}=$_____.

A.$\dfrac{e^y+ye^x}{(z+1)e^z}$;     B.$\dfrac{e^x+xe^y}{(z-1)e^z}$;     C.$\dfrac{e^y-ye^x}{(z-1)e^z}$;     D.$\dfrac{e^x+xe^y}{(z+1)e^z}$.

(3)设 $y=y(x),z=z(x)$ 是由方程 $z=xf(x+y)$ 和 $F(x,y,z)=0$ 所确定的函数,其中 $f,F$ 具有一阶连续导数和一阶连续偏导数,则 $\dfrac{dz}{dx}=$_____.

A.$\dfrac{(xf'+f)F_y-xf'F_x}{F_y+xf'F_z}$;          B.$\dfrac{F_y+xf'F_z}{(xf'+f)F_y-xf'F_x}$;

C.$\dfrac{xf'F_x-(xf'+f)F_y}{F_y+xf'F_z}$;          D.$\dfrac{f'F_y-xf'F_x}{F_y+xf'F_z}$.

4.设 $z=\ln(x+y^2)$,求 $\dfrac{\partial^2z}{\partial x^2},\dfrac{\partial^2z}{\partial x\partial y}$.

5.设 $z^x=y^z$,求 $dz$.

6.已知 $f(x+y,x-y)=x^2-y^2$,求 $\dfrac{\partial f(x,y)}{\partial x}+\dfrac{\partial f(x,y)}{\partial y}$.

7. 设 $z=f\left(x^2+y^2,\dfrac{y}{x}\right)$，其中 $f$ 有一阶偏导数，求 $\dfrac{\partial z}{\partial x},\dfrac{\partial z}{\partial y}$.

8. 设 $z=u^2v-uv^2,u=x\cos y,v=x\sin y$，求 $\dfrac{\partial z}{\partial x},\dfrac{\partial z}{\partial y}$.

9. 求曲面 $\mathrm{e}^z-z+\ln(x+y)=1$ 在点 $(-1,2,0)$ 处的切平面方程.

10. 已知矩形的周长为 $2P$，将它绕其一边旋转而构成一圆柱体，求所得圆柱体体积为最大的矩形.

11. 在曲面 $z=xy$ 上求一点，使这点处的法线垂直于平面 $x+3y+z+9=0$，并写出该法线方程.

12. 在平面 $xOy$ 上求一点，使它到三平面 $x=0,y=0,x+2y-16=0$ 的距离的平方和最小.

13. (2011 考研)设函数 $z=f(xy,yg(x))$，$f$ 具有二阶连续偏导数，在 $x=1$ 处 $g(x)$ 可导，且取得极值 $g(1)=1$，求 $\dfrac{\partial^2 z}{\partial x\partial y}\Big|_{x=1,y=1}$.

14. (2012 考研)求 $f(x,y)=x\mathrm{e}^{-\frac{x^2+y^2}{2}}$ 的极值.

15. (2014 考研)曲面 $z=x^2(1-\sin y)+y^2(1-\sin x)$ 在点 $(1,0,1)$ 处的切平面方程为：_____.

16. (2015 全国竞赛)设函数 $z=z(x,y)$ 由 $F\left(x+\dfrac{z}{y},y+\dfrac{z}{x}\right)=0$ 确定，其中 $F(u,v)$ 具有连续偏导数，且 $xF_u+yF_v\neq 0$，则 $x\dfrac{\partial z}{\partial x}+y\dfrac{\partial z}{\partial x}=$_____.

第 7 章部分习题答案

# 第8章

## 重　积　分

在一元函数积分学中,定积分被定义为某种确定形式(函数值与小区间长度之积)的和的极限.这类极限自然可以推广到定义在不同类型的几何形体上的多元函数上来,从而得到多元函数的重积分、曲线积分与曲面积分.这便是多元函数积分学的主要内容,本章重点研究二重积分与三重积分的相关内容.

## 8.1　二重积分的概念与性质

### 8.1.1　二重积分的概念

#### 8.1.1.1　曲顶柱体的体积

**曲顶柱体**:设有一立体,它的底是 $xOy$ 面上的闭区域 $D$,它的侧面是以 $D$ 的边界曲线为准线而母线平行于 $z$ 轴的柱面,它的顶是曲面 $z=f(x,y)$,这里设 $f(x,y)\geqslant 0$ 且在 $D$ 上连续,这种立体称为**曲顶柱体**.现在来讨论如何计算这个曲顶柱体的体积.

(1)**任意分割区域 $D$**　用一组曲线网把 $D$ 分成 $n$ 个小区域: $\Delta\sigma_1,\Delta\sigma_2,\cdots,\Delta\sigma_n$(这些符号同时表示小区域的面积大小),分别以这些小闭区域的边界曲线为准线,作母线平行于 $z$ 轴的柱面,这些小柱面把原来的曲顶柱体分为 $n$ 个小的曲顶柱体,如图 8-1 所示;

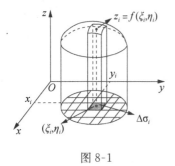

图 8-1

(2)**近似求每个小曲顶柱体的体积**　在每个 $\Delta\sigma_i(i=1,2,\cdots,n)$ 中任取一点 $(\xi_i,\eta_i)$,以 $f(\xi_i,\eta_i)$ 为高,底为 $\Delta\sigma_i$ 的平顶柱体的体积 $f(\xi_i,\eta_i)\Delta\sigma_i(i=1,2,\cdots,n)$ 来近似每个小曲顶柱体的体积;

(3)**求和**　把每个小曲顶柱体体积的近似值 $f(\xi_i,\eta_i)\Delta\sigma_i(i=1,2,\cdots,n)$ 求和得整个曲顶柱体体积的近似值,即

$$V\approx \sum_{i=1}^{n}f(\xi_i,\eta_i)\Delta\sigma_i;$$

(4)**取极限**　为了求曲顶柱体体积的精确值,需将分割加密,亦即取极限,有

$$V=\lim_{\lambda\to 0}\sum_{i=1}^{n}f(\xi_i,\eta_i)\Delta\sigma_i,$$

其中 $\lambda$ 是小区域 $\Delta\sigma_i(1\leqslant i\leqslant n)$ 的直径中的最大者.

#### 8.1.1.2　平面薄片的质量

设有一平面薄片占有 $xOy$ 面上的闭区域 $D$,它在点 $(x,y)$ 处的面密度为 $\rho(x,y)$,这里 $\rho(x,y)>0$,且在 $D$ 上连续.现在要计算该薄片的质量 $M$.

（1）**任意分割区域 $D$**　用一组曲线网把 $D$ 分成 $n$ 个小区域：$\Delta\sigma_1,\Delta\sigma_2,\cdots,\Delta\sigma_n$（这些符号同时表示小区域的面积大小）；

（2）**近似求每个小薄片的质量**　把各小块的质量近似地看作均匀薄片的质量

$$\rho(\xi_i,\eta_i)\Delta\sigma_i \quad (i=1,2,\cdots,n);$$

（3）**求和**　把各小块质量的和作为平面薄片的质量的近似值，即

$$M\approx\sum_{i=1}^{n}\rho(\xi_i,\eta_i)\Delta\sigma_i;$$

（4）**取极限**　将分割加细，取极限得到平面薄片的质量

$$M=\lim_{\lambda\to0}\sum_{i=1}^{n}\rho(\xi_i,\eta_i)\Delta\sigma_i,$$

其中 $\lambda$ 取 $n$ 个小区域 $\Delta\sigma_i(1\leqslant i\leqslant n)$ 的直径中的最大者.

抛开上述两个问题中的几何特性和物理意义，其所求量均可归结为同一形式的和的极限. 而这种极限在物理、几何及工程技术中，有着广泛的应用背景. 因此要一般地研究这类和的极限，并由此抽象出二重积分的定义.

**定义**　设 $z=f(x,y)$ 是有界闭区域 $D$ 上的有界函数，将闭区域 $D$ 任意分成 $n$ 个小闭区域

$$\Delta\sigma_1,\quad\Delta\sigma_2,\quad\cdots,\quad\Delta\sigma_n,$$

其中 $\Delta\sigma_i(i=1,2,\cdots,n)$ 表示第 $i$ 个小区域，也表示它的面积. 在每个 $\Delta\sigma_i$ 上任取一点 $(\xi_i,\eta_i)$，作乘积 $f(\xi_i,\eta_i)\Delta\sigma_i(i=1,2,\cdots,n)$，并作和 $\sum_{i=1}^{n}f(\xi_i,\eta_i)\Delta\sigma_i$. 如果当各小闭区域的直径中的最大值 $\lambda$ 趋于零时，这和的极限总存在，则称此极限为函数 $f(x,y)$ 在闭区域 $D$ 上的**二重积分**，记为 $\iint\limits_{D}f(x,y)\mathrm{d}\sigma$，即

$$\iint\limits_{D}f(x,y)\mathrm{d}\sigma=\lim_{\lambda\to0}\sum_{i=1}^{n}f(\xi_i,\eta_i)\Delta\sigma_i,$$

其中 $f(x,y)$ 称为**被积函数**，$f(x,y)\mathrm{d}\sigma$ 称为**被积表达式**，$\sum_{i=1}^{n}f(\xi_i,\eta_i)\Delta\sigma_i$ 称为**积分和**，$\mathrm{d}\sigma$ 称为**面积元素**，$x,y$ 称为**积分变量**，$D$ 称为**积分区域**.

如果在直角坐标系中用平行于坐标轴的直线网来划分 $D$，那么除了包含边界点的一些小闭区域外，其余的小闭区域都是矩形闭区域. 设矩形闭区域 $\Delta\sigma_i$ 的边长为 $\Delta x_i$ 和 $\Delta y_i$，则矩形闭区域 $\Delta\sigma_i$ 的面积 $\Delta\sigma_i=\Delta x_i\Delta y_i$，因此在直角坐标系中，有时也把面积元素 $\mathrm{d}\sigma$ 记作 $\mathrm{d}\sigma=\mathrm{d}x\mathrm{d}y$，而把二重积分记作

$$\iint\limits_{D}f(x,y)\mathrm{d}x\mathrm{d}y,$$

其中 $\mathrm{d}x\mathrm{d}y$ 称为直角坐标系中的**面积元素**.

我们不加证明地指出，当函数 $f(x,y)$ 在闭区域 $D$ 上连续时，极限 $\lim\limits_{\lambda\to0}\sum_{i=1}^{n}f(\xi_i,$

$\eta_i)\Delta\sigma_i$ 必定存在. 也就是说,如果函数 $f(x,y)$ 在闭区域 $D$ 上连续,那么它在 $D$ 上的二重积分必定存在(也称 $f(x,y)$ **在 $D$ 上可积**). 这里总假定函数 $f(x,y)$ 在闭区域 $D$ 上连续,以后就不再加以说明了.

【注】　在下列两种情况下,$\iint\limits_{D}f(x,y)\mathrm{d}\sigma$ 为"反常二重积分".

(1)区域 $D$ 是无界区域;

(2)函数 $f(x,y)$ 在有界闭区域 $D$ 上无界.

**二重积分的几何意义:**

(1) 当 $f(x,y)\geqslant 0$ 时,$\iint\limits_{D}f(x,y)\mathrm{d}\sigma=V$,其中 $V$ 是以在 $xOy$ 平面上区域 $D$ 为底,曲面 $z=f(x,y)$ 为顶,母线平行于 $z$ 轴的"曲顶柱体" 的体积;

(2) 当 $f(x,y)\leqslant 0$ 时,$\iint\limits_{D}f(x,y)\mathrm{d}\sigma=-V$,其中 $V$ 仍是"曲顶柱体"的体积;

(3)当函数 $f(x,y)$ 在区域 $D$ 上变号时,$\iint\limits_{D}f(x,y)\mathrm{d}\sigma$ 为"曲顶柱体" 体积的代数和.

## 8.1.2　二重积分的性质

二重积分与定积分有着类似的性质. 设函数 $f(x,y),g(x,y)$ 在 $D$ 上可积,则有

**性质 1**(线性性质)　设 $\alpha,\beta$ 为常数,则
$$\iint\limits_{D}[\alpha f(x,y)+\beta g(x,y)]\mathrm{d}\sigma=\alpha\iint\limits_{D}f(x,y)\mathrm{d}\sigma+\beta\iint\limits_{D}g(x,y)\mathrm{d}\sigma.$$

**性质 2**(区域可加性)　$\iint\limits_{D_1+D_2}f(x,y)\mathrm{d}\sigma=\iint\limits_{D_1}f(x,y)\mathrm{d}\sigma+\iint\limits_{D_2}f(x,y)\mathrm{d}\sigma,$(其中 $D_1,D_2$ 为两个无公共内点的闭区域).

**性质 3**(单调性)　若在区域 $D$ 上,$f(x,y)\leqslant g(x,y)$,则$\iint\limits_{D}f(x,y)\mathrm{d}\sigma\leqslant\iint\limits_{D}g(x,y)\mathrm{d}\sigma.$

【注 1】　$\left|\iint\limits_{D}f(x,y)\mathrm{d}\sigma\right|\leqslant\iint\limits_{D}|f(x,y)|\mathrm{d}\sigma;$

【注 2】　(i) 若在闭区域 $D$ 上,$f(x,y)\geqslant 0$,则$\iint\limits_{D}f(x,y)\mathrm{d}\sigma\geqslant 0;$

(ii) 若在闭区域 $D$ 上,$f(x,y)\geqslant 0$,且$\iint\limits_{D}f(x,y)\mathrm{d}\sigma=0$,则在 $D$ 上,$f(x,y)\equiv 0.$

【注 3】　若函数 $f(x,y),g(x,y)$ 在闭区域 $D$ 上连续,又 $f(x,y)\leqslant g(x,y)$,且 $f(x,y)$ 与 $g(x,y)$ 不恒相等,则$\iint\limits_{D}f(x,y)\mathrm{d}\sigma<\iint\limits_{D}g(x,y)\mathrm{d}\sigma.$

**性质 4**(估值定理)　若 $m,M$ 分别是函数 $f(x,y)$ 在闭区域 $D$ 上的最小值与最大值,$\sigma$ 是区域 $D$ 的面积,则
$$m\sigma\leqslant\iint\limits_{D}f(x,y)\mathrm{d}\sigma\leqslant M\sigma.$$

【注 1】　若函数 $f(x,y)$ 在闭区域 $D$ 上连续，且 $f(x,y)\equiv 1$，则有

$$\iint\limits_{D}\mathrm{d}\sigma = \sigma \quad (\sigma \text{ 是区域 } D \text{ 的面积}).$$

【注 2】　若函数 $f(x,y)$ 在闭区域 $D$ 上连续，且 $f(x,y)$ 不恒为常数，则

$$m\sigma < \iint\limits_{D} f(x,y)\mathrm{d}\sigma < M\sigma.$$

**性质 5**（中值定理）　若函数 $f(x,y)$ 在闭区域 $D$ 上连续，$\sigma$ 是区域 $D$ 的面积，则在 $D$ 上至少有一点 $(\xi,\eta)$，使得

$$\iint\limits_{D} f(x,y)\mathrm{d}\sigma = f(\xi,\eta)\sigma.$$

【注】　中值定理结论可以写作 $\dfrac{1}{\sigma}\iint\limits_{D} f(x,y)\mathrm{d}\sigma = f(\xi,\eta)$，称 $\dfrac{1}{\sigma}\iint\limits_{D} f(x,y)\mathrm{d}\sigma$ 为连续函数 $f(x,y)$ 在区域 $D$ 上的**平均值**，于是二重积分的中值定理表明：闭区域 $D$ 上连续的函数一定可以取得平均值.

**例 1**　比较积分 $I_1 = \iint\limits_{D}\ln(x+y)\mathrm{d}\sigma$，$I_2 = \iint\limits_{D}(x+y)\mathrm{d}\sigma$ 的大小，其中 $D$ 是由直线 $x=0,y=0$ 和 $x+y=\dfrac{1}{2}$ 所围成的区域.

**解**　对任意点 $(x,y)\in D$，均有 $0\leqslant x+y\leqslant\dfrac{1}{2}$，从而 $\ln(x+y)<0,x+y\geqslant 0$. 故有 $I_1<0,I_2\geqslant 0$，因此，$I_1<I_2$.

**例 2**　估计二重积分 $I = \iint\limits_{D}(x^2+4y^2+9)\mathrm{d}\sigma$ 的值，$D$ 是圆域 $x^2+y^2\leqslant 4$.

**解**　先求被积函数 $f(x,y)=x^2+4y^2+9$ 在区域 $D$ 上可能的最值，由

$$\begin{cases} \dfrac{\partial f}{\partial x}=2x=0, \\[2mm] \dfrac{\partial f}{\partial y}=8y=0, \end{cases}$$

易知 $(0,0)$ 是驻点，且 $f(0,0)=9$；在边界上

$$f(x,y)=x^2+4(4-x^2)+9=25-3x^2 \quad (-2\leqslant x\leqslant 2),$$

故 $13\leqslant f(x,y)\leqslant 25$，即 $f_{\max}=25,f_{\min}=9$，于是由性质 4 得

$$36\pi\leqslant I\leqslant 100\pi.$$

习　题　8-1

1.利用二重积分定义证明：

(1) $\iint\limits_{D}kf(x,y)\mathrm{d}\sigma = k\iint\limits_{D}f(x,y)\mathrm{d}\sigma$（其中 $k$ 为常数）；

(2) $\iint\limits_{D_1+D_2} f(x,y)\mathrm{d}\sigma = \iint\limits_{D_1} f(x,y)\mathrm{d}\sigma + \iint\limits_{D_2} f(x,y)\mathrm{d}\sigma$(其中 $D_1,D_2$ 为两个无公共内点的闭区域).

2.根据二重积分的性质,比较下列积分的大小:

(1) $\iint\limits_{D} \mathrm{e}^{xy}\mathrm{d}\sigma$ 与 $\iint\limits_{D} \mathrm{e}^{2xy}\mathrm{d}\sigma$ ;

(i) $D=\{(x,y)\,|\,0\leqslant x\leqslant 1,0\leqslant y\leqslant 1\}$;

(ii) $D=\{(x,y)\,|\,-1\leqslant x\leqslant 0,0\leqslant y\leqslant 1\}$.

(2) $I_1 = \iint\limits_{D}\ln(x+y)\mathrm{d}\sigma, I_2 = \iint\limits_{D}(x+y)^2\mathrm{d}\sigma, I_3 = \iint\limits_{D}(x+y)^3\mathrm{d}\sigma$,其中 $D$ 由直线 $x=0,y=0$ 和 $x+y=1$ 围成;

(3) $I_1 = \iint\limits_{D_1}(x^2+y^2)^3\mathrm{d}\sigma$ 与 $I_2 = \iint\limits_{D_2}(x^2+y^2)^3\mathrm{d}\sigma$,其中 $D_1 = \{(x,y)\,|-2\leqslant x\leqslant 2, -3\leqslant y\leqslant 3\}, D_2 = \{(x,y)\,|\,0\leqslant x\leqslant 1,0\leqslant y\leqslant 2\}$;

(4) $I_1 = \iint\limits_{D_1}|xy|\mathrm{d}x\mathrm{d}y, I_2 = \iint\limits_{D_2}|xy|\mathrm{d}x\mathrm{d}y, I_3 = \iint\limits_{D_3}|xy|\mathrm{d}x\mathrm{d}y$,其中 $D_1 = \{(x,y)\,|x^2+y^2\leqslant 1\}, D_2 = \{(x,y)\,|\,|x|+|y|\leqslant 1\}, D_3 = \{(x,y)\,|-1\leqslant x\leqslant 1, -1\leqslant y\leqslant 1\}$.

3.利用二重积分的性质估计下列积分的值:

(1) $I = \iint\limits_{D}\sqrt[4]{xy(x+y)}\mathrm{d}\sigma$,其中 $D = \{(x,y)\,|\,0\leqslant x\leqslant 2,0\leqslant y\leqslant 2\}$;

(2) $I = \iint\limits_{D}\sin^2 x\sin^2 y\mathrm{d}\sigma$,其中 $D = \{(x,y)\,|\,0\leqslant x\leqslant \pi,0\leqslant y\leqslant \pi\}$;

(3) $I = \iint\limits_{D}\sqrt{x^2+y^2}\mathrm{d}\sigma$,其中 $D = \{(x,y)\,|\,0\leqslant x\leqslant 1,0\leqslant y\leqslant 2\}$;

(4) $I = \iint\limits_{D}\mathrm{e}^{x^2+y^2}\mathrm{d}\sigma$,其中 $D = \{(x,y)\,|\,x^2+y^2\leqslant 1\}$.

# 8.2　二重积分的计算法

本节讨论二重积分的计算方法.若按照二重积分的定义来进行计算,对极少数特别简单的被积函数和积分区域来说是可行的,但对于一般的函数和区域而言,这不是一种切实可行的方法.本节介绍一种比较有效的计算方法,就是将二重积分化为二次积分(即两个定积分)来进行计算.采用此种方法计算时,应根据积分区域和被积函数的具体情况,有时利用直角坐标比较方便,有时则利用极坐标比较方便.下面我们分别加以讨论.

## 8.2.1　利用直角坐标计算二重积分

(1)区域 $D$ 为 $X$ 型区域　设有区域 $D=\{(x,y)\,|\,a\leqslant x\leqslant b,\varphi_1(x)\leqslant y\leqslant \varphi_2(x)\}$,如

图 8-2 所示（穿过 $D$ 内部且平行于 $y$ 轴的直线与 $D$ 的边界的交点不多于两个），其中 $\varphi_1(x),\varphi_2(x)$ 在区间 $[a,b]$ 上连续且 $f(x,y)\geqslant 0$，此时二重积分 $\iint\limits_D f(x,y)\mathrm{d}\sigma$ 在几何上表示以曲面 $z=f(x,y)$ 为顶，以区域 $D$ 为底的曲顶柱体的体积。下面来计算这个曲顶柱体的体积。

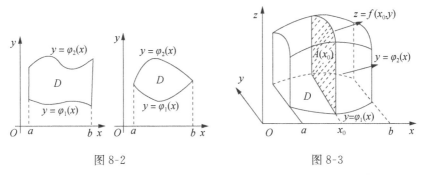

图 8-2　　　　　　　　　　　图 8-3

对于 $x_0\in[a,b]$，曲顶柱体在 $x=x_0$ 的截面面积 $A(x_0)$ 是以区间 $[\varphi_1(x_0),\varphi_2(x_0)]$ 为底、以曲线 $z=f(x_0,y)$ 为曲边的曲边梯形的面积，如图 8-3 所示，所以这截面的面积为

$$A(x_0)=\int_{\varphi_1(x_0)}^{\varphi_2(x_0)} f(x_0,y)\mathrm{d}y.$$

根据平行截面面积为已知的立体体积的计算方法，并根据 $x_0$ 的任意性得曲顶柱体的体积为

$$V=\int_a^b A(x)\mathrm{d}x=\int_a^b\left[\int_{\varphi_1(x)}^{\varphi_2(x)} f(x,y)\mathrm{d}y\right]\mathrm{d}x,$$

即 $V=\iint\limits_D f(x,y)\mathrm{d}\sigma=\int_a^b\left[\int_{\varphi_1(x)}^{\varphi_2(x)} f(x,y)\mathrm{d}y\right]\mathrm{d}x$. 记为

$$\iint\limits_D f(x,y)\mathrm{d}\sigma=\int_a^b\mathrm{d}x\int_{\varphi_1(x)}^{\varphi_2(x)} f(x,y)\mathrm{d}y. \tag{8.1}$$

类似地，有以下结果：

（2）**区域 $D$ 为 $Y$ 型区域**　设 $D=\{(x,y)\,|\,\psi_1(y)\leqslant x\leqslant\psi_2(y),c\leqslant y\leqslant d\}$，如图 8-4 所示（穿过 $D$ 内部且平行于 $x$ 轴的直线与 $D$ 的边界的交点不多于两个），其中 $\psi_1(y)$，$\psi_2(y)$ 在区间 $[c,d]$ 上连续且 $f(x,y)\geqslant 0$，此时二重积分 $\iint\limits_D f(x,y)\mathrm{d}\sigma$ 在几何上仍表示以曲面 $z=f(x,y)$ 为顶，以区域 $D$ 为底的曲顶柱体的体积。类似于 $X$ 型区域的方法可得

$$\iint\limits_D f(x,y)\mathrm{d}\sigma=\int_c^d\mathrm{d}y\int_{\psi_1(y)}^{\psi_2(y)} f(x,y)\mathrm{d}x. \tag{8.2}$$

（3）**区域 $D$ 为混合型区域**　设区域 $D$ 既不为 $X$ 型区域又不是 $Y$ 型区域，如图 8-5 所示的区域。这时通常可以把 $D$ 分成几个部分，使每个部分是 $X$ 型区域或 $Y$ 型区域，从而在每个小区域上的二重积分都能利用（8.1）式或（8.2）式计算，再根据二重积分的

区域可加性,将这些小区域上的二重积分的计算结果相加,就可得到整个区域 $D$ 上的二重积分.

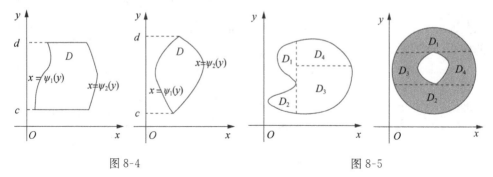

图 8-4　　　　　　　　　　　　图 8-5

计算二重积分,其一般方法是化成二次积分,而对于积分先后次序与积分上下限的确定是两个关键.采用不同的积分次序,往往会对计算过程带来不同的影响.一般是先画出积分区域的草图,然后根据区域的类型确定二次积分的次序(特殊地还要依赖于被积函数)并确定出相应的积分上下限.下面结合例题来加以说明.

**例 1**　计算 $\iint\limits_D xy\,\mathrm{d}\sigma$,其中 $D$ 是由直线 $y=1,x=2,y=x$ 所围成的闭区域.

**解法 1**　视区域 $D$ 为 $X$ 型区域,如图 8-6 所示,即 $D=\{(x,y)\,|\,1\leqslant x\leqslant 2,1\leqslant y\leqslant x\}$,于是利用公式(8.1)得

$$\iint\limits_D xy\,\mathrm{d}\sigma=\int_1^2\left[\int_1^x xy\,\mathrm{d}y\right]\mathrm{d}x=\int_1^2\left[x\cdot\frac{y^2}{2}\right]_1^x\mathrm{d}x$$

$$=\frac{1}{2}\int_1^2(x^3-x)\mathrm{d}x=\frac{1}{2}\left[\frac{x^4}{4}-\frac{x^2}{2}\right]_1^2=\frac{9}{8}.$$

**解法 2**　区域 $D$ 也可视为 $Y$ 型区域,即 $D=\{(x,y)\,|\,1\leqslant y\leqslant 2,y\leqslant x\leqslant 2\}$,于是利用公式(8.2)得

$$\iint\limits_D xy\,\mathrm{d}\sigma=\int_1^2\left(\int_y^2 xy\,\mathrm{d}x\right)\mathrm{d}y=\int_1^2\left[y\cdot\frac{x^2}{2}\right]_y^2\mathrm{d}y$$

$$=\int_1^2\left(2y-\frac{y^3}{2}\right)\mathrm{d}y=\left[y^2-\frac{y^4}{8}\right]_1^2=\frac{9}{8}.$$

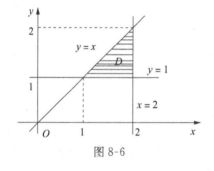

图 8-6

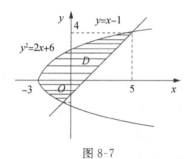

图 8-7

**例 2**　计算 $\iint\limits_D xy\mathrm{d}\sigma$，其中 $D$ 是由直线 $y = x - 1$ 与抛物线 $y^2 = 2x + 6$ 所围成的闭区域.

**解**　先画出积分区域 $D$ 如图 8-7 所示，再求出直线与抛物线的交点为 $(-1,-2)$ 和 $(5,4)$，显然区域 $D$ 既是 $X$ 型区域又是 $Y$ 型区域，若利用公式(8.2)得

$$\iint\limits_D xy\mathrm{d}\sigma = \int_{-2}^{4}\mathrm{d}y\int_{\frac{1}{2}(y^2-6)}^{y+1} xy\mathrm{d}x$$

$$= \int_{-2}^{4}\left(-\frac{y^5}{8} + 2y^3 + y^2 - 4y\right)\mathrm{d}y = 36.$$

若利用公式(8.1)来计算，令 $D = D_1 + D_2$，其中

$$D_1: -3 \leqslant x \leqslant -1, -\sqrt{2x+6} \leqslant y \leqslant \sqrt{2x+6};$$
$$D_2: -1 \leqslant x \leqslant 5, x-1 \leqslant y \leqslant \sqrt{2x+6}.$$

于是

$$\iint\limits_D xy\mathrm{d}\sigma = \int_{-3}^{-1}\mathrm{d}x\int_{-\sqrt{2x+6}}^{\sqrt{2x+6}} xy\mathrm{d}y + \int_{-1}^{5}\mathrm{d}x\int_{x-1}^{\sqrt{2x+6}} xy\mathrm{d}y$$

$$= \int_{-1}^{5}\left(-\frac{x^3}{2} + 2x^2 + \frac{5}{2}x\right)\mathrm{d}x = 36.$$

由此可见，这里用公式(8.1)计算较繁琐.

**例 3**　计算 $\iint\limits_D \sin y^2 \mathrm{d}x\mathrm{d}y$，其中 $D$ 是由直线 $x=0, y=1$ 及 $y=x$ 所围成的闭区域.

**解**　如图 8-8 所示，按 $X$ 型区域，得

$$\iint\limits_D \sin y^2 \mathrm{d}x\mathrm{d}y = \int_0^1 \mathrm{d}x\int_x^1 \sin y^2 \mathrm{d}y.$$

由于 $\sin y^2$ 的原函数不是初等函数，所以积分 $\int_x^1 \sin y^2 \mathrm{d}y$ 无法用牛顿-莱布尼茨公式算出. 若按 $Y$ 型区域，则有

$$\iint\limits_D \sin y^2 \mathrm{d}x\mathrm{d}y = \int_0^1 \mathrm{d}y\int_0^y \sin y^2 \mathrm{d}x$$

$$= \int_0^1 y\sin y^2 \mathrm{d}y = \frac{1-\cos 1}{2}.$$

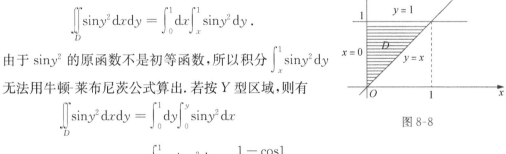

图 8-8

从例 2、例 3 可看到，二次积分的积分次序选择的是否得当，直接关系到运算的繁简程度，有时甚至出现无法计算的情况.

**例 4**　应用二重积分的性质，求在 $xOy$ 平面上由 $y=x^2$ 与 $y=4x-x^2$ 所围成的区域的面积.

**解**　由二重积分的性质，可知二重积分 $\iint\limits_D \mathrm{d}x\mathrm{d}y$ 的值就是积分区域 $D$ 的面积大小 $A$，画出积分区域 $D$ 如

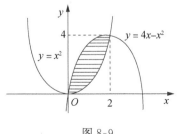

图 8-9

图 8-9 所示，故有

$$A = \iint\limits_{D} \mathrm{d}x\mathrm{d}y = \int_{0}^{2} \mathrm{d}x \int_{x^2}^{4x-x^2} \mathrm{d}y$$

$$= \int_{0}^{2} (4x - 2x^2)\mathrm{d}x = \frac{8}{3}.$$

因此，区域 $D$ 的面积 $A$ 等于 $\frac{8}{3}$ 平方单位.

**例 5** 求两个底圆半径都等于 $R$ 的直交圆柱面所围成的立体的体积.

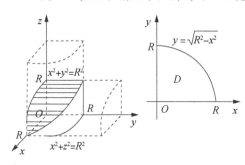

图 8-10

**解** 设这两个圆柱面的方程分别为 $x^2 + y^2 = R^2$ 及 $x^2 + z^2 = R^2$，如图 8-10 所示，利用立体关于坐标平面的对称性，只要算出它在第一卦限部分的体积 $V_1$，然后再乘以 8 即可. 而第一卦限部分是以 $D = \{(x,y) \mid 0 \leqslant y \leqslant \sqrt{R^2-x^2}, 0 \leqslant x \leqslant R\}$ 为底，以 $z = \sqrt{R^2-x^2}$ 为顶的曲顶柱体. 于是

$$V_1 = \iint\limits_{D} \sqrt{R^2-x^2}\,\mathrm{d}\sigma,$$

利用公式(8.1)得

$$V_1 = \iint\limits_{D} \sqrt{R^2-x^2}\,\mathrm{d}\sigma = \int_{0}^{R} \mathrm{d}x \int_{0}^{\sqrt{R^2-x^2}} \sqrt{R^2-x^2}\,\mathrm{d}y$$

$$= \int_{0}^{R} (R^2-x^2)\,\mathrm{d}x = \frac{2}{3}R^3,$$

从而所求立体的体积为 $V = 8V_1 = \frac{16}{3}R^3$.

## 8.2.2 利用极坐标计算二重积分

有些二重积分，积分区域 $D$ 的边界曲线用极坐标方程表示比较方便，且被积函数用极坐标变量 $\rho, \theta$ 表示比较简单. 这时就可以考虑利用极坐标来计算二重积分 $\iint\limits_{D} f(x,y)\mathrm{d}\sigma$.

根据二重积分的定义有

$$\iint\limits_{D} f(x,y)\mathrm{d}\sigma = \lim_{\lambda \to 0} \sum_{i=1}^{n} f(\xi_i, \eta_i) \Delta\sigma_i,$$

下面来研究这个和的极限在极坐标系中的形式.

以从极点 $O$ 出发的一族射线及以极点为中心的一族

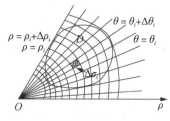

图 8-11

同心圆构成的网将区域 $D$ 分为 $n$ 个小闭区域，如图 8-11 所示，则小闭区域的面积为

$$\Delta\sigma_i = \frac{1}{2}(\rho_i + \Delta\rho_i)^2 \cdot \Delta\theta_i - \frac{1}{2} \cdot \rho_i^2 \cdot \Delta\theta_i = \frac{1}{2}(2\rho_i + \Delta\rho_i)\Delta\rho_i \cdot \Delta\theta_i$$

$$= \frac{\rho_i + (\rho_i + \Delta \rho_i)}{2} \cdot \Delta \rho_i \cdot \Delta \theta_i = \bar{\rho}_i \Delta \rho_i \Delta \theta_i,$$

其中 $\bar{\rho}_i$ 表示相邻两圆弧的半径的平均值. 在 $\Delta \sigma_i$ 内取点 $(\bar{\rho}_i, \bar{\theta}_i)$, 设其直角坐标为 $(\xi_i, \eta_i)$, 则有 $\xi_i = \bar{\rho}_i \cos \bar{\theta}_i, \eta_i = \bar{\rho}_i \sin \bar{\theta}_i$, 于是

$$\lim_{\lambda \to 0} \sum_{i=1}^{n} f(\xi_i, \eta_i) \Delta \sigma_i = \lim_{\lambda \to 0} \sum_{i=1}^{n} f(\bar{\rho}_i \cos \bar{\theta}_i, \bar{\rho}_i \sin \bar{\theta}_i) \bar{\rho}_i \Delta \rho_i \Delta \theta_i,$$

即

$$\iint_D f(x, y) d\sigma = \iint_D f(x, y) dx dy = \iint_D f(\rho \cos \theta, \rho \sin \theta) \rho d\rho d\theta, \tag{8.3}$$

这就是二重积分的变量从直角坐标变换为极坐标的变换公式,其中 $\rho d\rho d\theta$ 就是极坐标系中的**面积元素**.

公式(8.3)表明,把二重积分中的变量从直角坐标变换为极坐标,就是把二重积分中直角坐标的变量 $x, y$ 分别换为极坐标的变换 $\rho \cos \theta, \rho \sin \theta$,并把直角坐标系中的面积元素 $dx dy$ 换成极坐标系中的面积元素 $\rho d\rho d\theta$. 极坐标系中的二重积分,同样可以化为二次积分来计算.

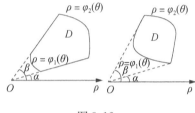

图 8-12

若积分区域 $D$ 表示为(图 8-12)

$$\varphi_1(\theta) \leqslant \rho \leqslant \varphi_2(\theta), \quad \alpha \leqslant \theta \leqslant \beta,$$

其中 $\varphi_1(\theta), \varphi_2(\theta)$ 在区间 $[\alpha, \beta]$ 上连续,则

$$\iint_D f(\rho \cos \theta, \rho \sin \theta) \rho d\rho d\theta = \int_\alpha^\beta d\theta \int_{\varphi_1(\theta)}^{\varphi_2(\theta)} f(\rho \cos \theta, \rho \sin \theta) \rho d\rho. \tag{8.4}$$

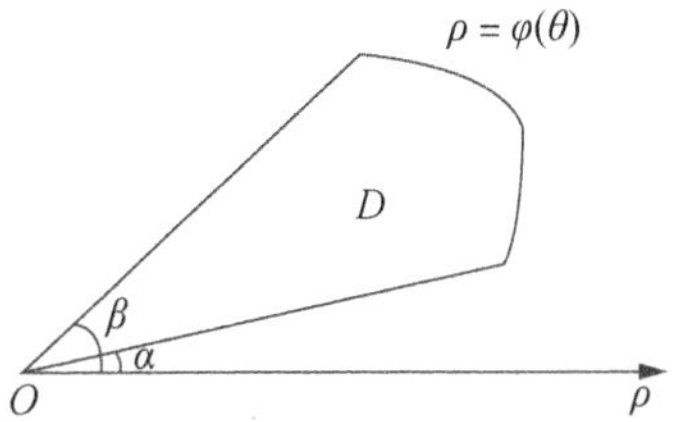

若积分区域 $D$ 表示为(图 8-13)

$$0 \leqslant \rho \leqslant \varphi(\theta), \quad \alpha \leqslant \theta \leqslant \beta,$$

则有

$$\iint_D f(\rho \cos \theta, \rho \sin \theta) \rho d\rho d\theta = \int_\alpha^\beta d\theta \int_0^{\varphi(\theta)} f(\rho \cos \theta, \rho \sin \theta) \rho d\rho.$$

图 8-13

若积分区域 $D$ 表示为(图 8-14)

$$0 \leqslant \rho \leqslant \varphi(\theta), \quad 0 \leqslant \theta \leqslant 2\pi,$$

则有

$$\iint_D f(\rho \cos \theta, \rho \sin \theta) \rho d\rho d\theta = \int_0^{2\pi} d\theta \int_0^{\varphi(\theta)} f(\rho \cos \theta, \rho \sin \theta) \rho d\rho.$$

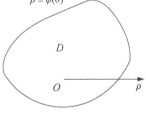

图 8-14

**例 6** 计算 $\iint_D x \sqrt{x^2 + y^2} dx dy$, 其中 $D$ 为圆域 $x^2 + y^2 \leqslant 2x$.

**解**　在极坐标下 $D=\left\{(\rho,\theta)\mid 0\leqslant\rho\leqslant 2\cos\theta,-\dfrac{\pi}{2}\leqslant\theta\leqslant\dfrac{\pi}{2}\right\}$，且

$$x=\rho\cos\theta,\quad \sqrt{x^2+y^2}=\rho,$$

所以

$$\iint\limits_{D}x\sqrt{x^2+y^2}\,\mathrm{d}x\mathrm{d}y=\iint\limits_{D}\rho^3\cos\theta\rho\mathrm{d}\rho\mathrm{d}\theta=\int_{-\frac{\pi}{2}}^{\frac{\pi}{2}}\mathrm{d}\theta\int_0^{2\cos\theta}\rho^3\cos\theta\mathrm{d}\rho$$

$$=4\int_{-\frac{\pi}{2}}^{\frac{\pi}{2}}\cos^5\theta\mathrm{d}\theta=8\int_0^{\frac{\pi}{2}}\cos^5\theta\mathrm{d}\theta$$

$$=8\cdot\frac{4}{5}\cdot\frac{2}{3}=\frac{64}{15}.$$

**例7**　计算 poisson 积分 $I=\displaystyle\int_{-\infty}^{+\infty}\mathrm{e}^{-x^2}\,\mathrm{d}x.$

**解**　因为 $\mathrm{e}^{-x^2}$ 的原函数不是初等函数，所以不能直接用定积分的牛顿-莱布尼茨公式计算积分 $I$ 的值. 因此先设

$$H=\iint\limits_{D}\mathrm{e}^{-x^2-y^2}\,\mathrm{d}x\mathrm{d}y,$$

其中区域 $D$ 是 $xOy$ 平面的整个第一象限,如图 8-15 所示,于是

$$H=\iint\limits_{D}\mathrm{e}^{-x^2-y^2}\,\mathrm{d}x\mathrm{d}y=\int_0^{+\infty}\mathrm{d}x\int_0^{+\infty}\mathrm{e}^{-x^2-y^2}\,\mathrm{d}y$$

$$=\int_0^{+\infty}\mathrm{e}^{-x^2}\,\mathrm{d}x\int_0^{+\infty}\mathrm{e}^{-y^2}\,\mathrm{d}y=\left(\frac{I}{2}\right)^2=\frac{I^2}{4}.$$

现用极坐标计算 $H$,由于 $D$ 可表示为 $0\leqslant r\leqslant+\infty,0\leqslant\theta\leqslant\dfrac{\pi}{2}$,所以

$$H=\int_0^{\frac{\pi}{2}}\left[\int_0^{+\infty}\mathrm{e}^{-r^2}r\mathrm{d}r\right]\mathrm{d}\theta,$$

又　$\displaystyle\int_0^{+\infty}\mathrm{e}^{-r^2}r\mathrm{d}r=\left[-\frac{1}{2}\mathrm{e}^{-r^2}\right]\Big|_0^{+\infty}=\frac{1}{2}$,所以 $H=\displaystyle\int_0^{\frac{\pi}{2}}\frac{1}{2}\mathrm{d}\theta=\frac{\pi}{4}$,于是

$$I=\int_{-\infty}^{+\infty}\mathrm{e}^{-x^2}\,\mathrm{d}x=\sqrt{\pi}.$$

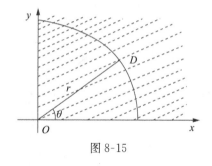

图 8-15

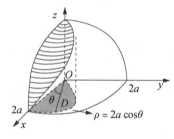

图 8-16

**例8** 求球体 $x^2+y^2+z^2 \leqslant 4a^2$ 被圆柱面 $x^2+y^2=2ax(a>0)$ 所截得的(含在圆柱面内的部分)立体的体积(图 8-16).

**解** 由对称性,立体体积为第一卦限部分的 4 倍,所以有

$$V = 4\iint\limits_{D} \sqrt{4a^2-x^2-y^2}\,\mathrm{d}x\mathrm{d}y,$$

其中 $D$ 为半圆周 $y=\sqrt{2ax-x^2}$ 及 $x$ 轴所围成的闭区域.在极坐标系中 $D$ 可表示为

$$0 \leqslant \rho \leqslant 2a\cos\theta, \quad 0 \leqslant \theta \leqslant \frac{\pi}{2},$$

于是

$$V = 4\iint\limits_{D} \sqrt{4a^2-\rho^2}\,\rho\mathrm{d}\rho\mathrm{d}\theta = 4\int_0^{\frac{\pi}{2}}\mathrm{d}\theta\int_0^{2a\cos\theta}\sqrt{4a^2-\rho^2}\,\rho\mathrm{d}\rho$$

$$= \frac{32}{3}a^3\int_0^{\frac{\pi}{2}}\left(1-\sin^3\theta\right)\mathrm{d}\theta = \frac{32}{3}a^3\left(\frac{\pi}{2}-\frac{2}{3}\right).$$

二重积分的计算(1)　　二重积分的计算(2)

习　题　8-2

1.画出积分区域,并计算下列二重积分:

(1) $\iint\limits_{D}(x+y)^2\mathrm{d}x\mathrm{d}y$,其中 $D=\{(x,y)\,|\,0\leqslant x\leqslant 1,0\leqslant y\leqslant 1\}$;

(2) $\iint\limits_{D}\mathrm{e}^{x+y}\mathrm{d}x\mathrm{d}y$,其中 $D=\{(x,y)\,|\,|x|+|y|\leqslant 1\}$;

(3) $\iint\limits_{D}(y^2-x)\mathrm{d}x\mathrm{d}y$,其中 $D$ 是由抛物线 $x=y^2$ 和 $x=3-2y^2$ 所围成的闭区域;

(4) $\iint\limits_{D}x^2y\mathrm{d}x\mathrm{d}y$,其中 $D$ 是由直线 $y=0,y=1$ 和双曲线 $x^2-y^2=1$ 所围成的闭区域;

(5) $\iint\limits_{D}\sin\frac{x}{y}\mathrm{d}x\mathrm{d}y$,其中 $D$ 是由直线 $y=x,y=2$ 和曲线 $x=y^3$ 所围成的闭区域.

2.交换二次积分的积分顺序:

(1) $\int_0^1\mathrm{d}y\int_y^{\sqrt{y}}f(x,y)\mathrm{d}x$;　　　　(2) $\int_0^2\mathrm{d}y\int_{y^2}^{2y}f(x,y)\mathrm{d}x$;

(3) $\int_{-1}^0\mathrm{d}y\int_2^{1-y}f(x,y)\mathrm{d}x$;　　　　(4) $\int_1^2\mathrm{d}x\int_{\frac{1}{x}}^{\sqrt{x}}f(x,y)\mathrm{d}y$;

(5) $\int_0^1\mathrm{d}x\int_{\sqrt{1-x^2}}^{\sqrt{4-x^2}}f(x,y)\mathrm{d}y+\int_1^2\mathrm{d}x\int_0^{\sqrt{4-x^2}}f(x,y)\mathrm{d}y$;

(6) $\int_0^1\mathrm{d}x\int_0^{x^2}f(x,y)\mathrm{d}y+\int_1^2\mathrm{d}x\int_0^{\sqrt{2x-x^2}}f(x,y)\mathrm{d}y$;

(7) $\int_0^1 \mathrm{d}x \int_0^{x^2} f(x,y)\mathrm{d}y + \int_1^3 \mathrm{d}x \int_0^{\frac{1}{2}(3-x)} f(x,y)\mathrm{d}y.$

3. 计算下列二次积分：

(1) $\int_0^1 \mathrm{d}x \int_0^{\sqrt{x}} \mathrm{e}^{-\frac{y^2}{2}} \mathrm{d}y;$
    (2) $\int_0^1 \mathrm{d}x \int_{x^2}^x \dfrac{\mathrm{d}y}{\sqrt{x^2+y^2}};$

(3) $\int_0^1 \mathrm{d}x \int_{x^2}^1 x^3 \sin(y^3)\mathrm{d}y;$
    (4) $\int_0^1 \mathrm{d}y \int_{\sqrt{y}}^1 \sqrt{x^3+1}\,\mathrm{d}x;$

(5) $\int_0^1 \mathrm{d}y \int_y^{\sqrt{y}} \dfrac{\sin x}{x-x^2}\mathrm{d}x;$
    (6) $\int_0^{\frac{\sqrt{2}}{2}} \mathrm{e}^{-y^2} \mathrm{d}y \int_0^y \mathrm{e}^{-x^2}\mathrm{d}x + \int_{\frac{\sqrt{2}}{2}}^1 \mathrm{e}^{-y^2}\mathrm{d}y \int_0^{\sqrt{1-y^2}} \mathrm{e}^{-x^2}\mathrm{d}x.$

4. 化下列积分为极坐标形式的二次积分：

(1) $I = \iint\limits_D f(x,y)\mathrm{d}\sigma,$ 其中 $D: 1 \leqslant x^2+y^2 \leqslant 4;$

(2) $I = \iint\limits_D f(x,y)\mathrm{d}\sigma,$ 其中 $D: x+y \leqslant 1, x \geqslant 0, y \geqslant 0;$

(3) $\int_0^1 \mathrm{d}x \int_0^1 f(x,y)\mathrm{d}y;$

(4) $\int_{-1}^1 \mathrm{d}y \int_0^{\sqrt{1-y^2}} x^2 f(x^2+y^2)\mathrm{d}x;$

(5) $\iint\limits_D f(\sqrt{x^2+y^2})\mathrm{d}x\mathrm{d}y$ 其中 $D$ 由不等式 $x \leqslant x^2+y^2 \leqslant 2x$ 及 $y \geqslant 0$ 确定.

5. 利用极坐标计算下列各题：

(1) $\iint\limits_D \dfrac{1}{1+x^2+y^2}\mathrm{d}x\mathrm{d}y,$ 其中 $D$ 是由 $x^2+y^2 \leqslant 1$ 所确定的圆域；

(2) $\iint\limits_D \dfrac{xy}{x^2+y^2}\mathrm{d}x\mathrm{d}y,$ 其中 $D = \{(x,y) \mid y \geqslant x, 1 \leqslant x^2+y^2 \leqslant 2\};$

(3) $I = \int_0^1 \mathrm{d}x \int_0^x \dfrac{1}{x^2+y^2+1}\mathrm{d}y + \int_1^{\sqrt{2}} \mathrm{d}x \int_0^{\sqrt{2-x^2}} \dfrac{1}{x^2+y^2+1}\mathrm{d}y.$

6. 选用适当的坐标计算下列二重积分：

(1) $\iint\limits_D \dfrac{x^2}{y^2}\mathrm{d}x\mathrm{d}y,$ 其中 $D$ 由双曲线 $xy=1$ 及直线 $y=x, x=2$ 围成；

(2) $\iint\limits_D x\mathrm{e}^{xy}\mathrm{d}x\mathrm{d}y, D$ 由直线 $y=1, y=2, x=2$ 及双曲线 $xy=1$ 围成；

(3) $\iint\limits_D xy\mathrm{d}x\mathrm{d}y, D$ 由不等式 $-2x \leqslant x^2+y^2 \leqslant 4$ 及 $y \geqslant 0$ 确定；

(4) $\iint\limits_D \sqrt{x^2+y^2}\mathrm{d}x\mathrm{d}y, D$ 由 $x^2+y^2=1$ 与 $x^2+y^2=4$ 所围成的圆环形区域；

(5) $\iint\limits_D |y-2x|\mathrm{d}x\mathrm{d}y, D$ 由不等式 $|x| \leqslant 1$ 及 $0 \leqslant y \leqslant 2$ 确定；

7. 求下列图形的面积:

(1) 双纽线 $\rho^2 = 2a^2\cos 2\varphi(a>0)$;

(2) 三叶玫瑰线 $\rho = \cos 3\varphi$ 的一叶.

8. 求由四个平面 $x=0, y=0, x=1, y=1$ 所围成的柱体被平面 $z=0$ 及 $2x+3y+z=6$ 所截得的立体的体积.

9. 设 $f(x,y)$ 在区域 $D$ 上连续,$(x_0, y_0)$ 是 $D$ 的一个内点,$D_r$ 是以 $(x_0, y_0)$ 为中心以 $r$ 为半径的闭圆盘,试求极限 $\lim\limits_{r\to 0^+}\dfrac{1}{\pi r^2}\iint\limits_{D_r} f(x,y)\mathrm{d}x\mathrm{d}y.$

# 8.3 三 重 积 分

## 8.3.1 三重积分的概念

把二重积分的概念自然地推广,便得到三重积分的概念.

**定义** 设 $f(x,y,z)$ 是空间有界闭区域 $\Omega$ 上的有界函数. 将 $\Omega$ 任意分成 $n$ 个小闭区域

$$\Delta v_1, \quad \Delta v_2, \quad \cdots, \quad \Delta v_n,$$

其中 $\Delta v_i$ 表示第 $i$ 个小闭区域,也表示它的体积. 在每个 $\Delta v_i$ 上任取一点 $(\xi_i, \eta_i, \zeta_i)$,做乘积 $f(\xi_i, \eta_i, \zeta_i)\Delta v_i(i=1,2,\cdots,n)$,并做和 $\sum\limits_{i=1}^{n} f(\xi_i, \eta_i, \zeta_i)\Delta v_i$. 如果当各小闭区域的直径中的最大值 $\lambda$ 趋于零时,这和的极限总存在,则称此极限为函数 $f(x,y,z)$ 在闭区域 $\Omega$ 上的**三重积分**,记作 $\iiint\limits_{\Omega} f(x,y,z)\mathrm{d}v$,即

$$\iiint\limits_{\Omega} f(x,y,z)\mathrm{d}v = \lim_{\lambda\to 0}\sum_{i=1}^{n} f(\xi_i, \eta_i, \zeta_i)\Delta v_i, \tag{8.5}$$

其中称 $\iiint\limits_{\Omega}$ 为**积分号**,$f(x,y,z)$ 称为**被积函数**,$f(x,y,z)\mathrm{d}v$ 称为**被积表达式**,$\mathrm{d}v$ 为**体积元素**,$x,y,z$ 为积分变量,$\Omega$ 为积分区域.

在直角坐标系中,如果用平行于坐标面的平面来划分 $\Omega$,则 $\Delta v_i = \Delta x_i \Delta y_i \Delta z_i$,因此也把体积元素记为 $\mathrm{d}v = \mathrm{d}x\mathrm{d}y\mathrm{d}z$,此时三重积分记作

$$\iiint\limits_{\Omega} f(x,y,z)\mathrm{d}v = \iiint\limits_{\Omega} f(x,y,z)\mathrm{d}x\mathrm{d}y\mathrm{d}z.$$

当函数 $f(x,y,z)$ 在闭区域 $\Omega$ 上连续时,极限 $\lim\limits_{\lambda\to 0}\sum\limits_{i=1}^{n} f(\xi_i, \eta_i, \zeta_i)\Delta v_i$ 是存在的,因此 $f(x,y,z)$ 在 $\Omega$ 上的三重积分是存在的,以后也总假定 $f(x,y,z)$ 在闭区域 $\Omega$ 上是连续的.

### 8.3.2　三重积分的性质

三重积分的性质与二重积分类似,例如,

$$\iiint\limits_{\Omega}\left[c_1 f(x,y,z)+c_2 g(x,y,z)\right]\mathrm{d}v = c_1\iiint\limits_{\Omega}f(x,y,z)\mathrm{d}v + c_2\iiint\limits_{\Omega}g(x,y,z)\mathrm{d}v;$$

$$\iiint\limits_{\Omega_1+\Omega_2}f(x,y,z)\mathrm{d}v = \iiint\limits_{\Omega_1}f(x,y,z)\mathrm{d}v + \iiint\limits_{\Omega_2}f(x,y,z)\mathrm{d}v;$$

$$\iiint\limits_{\Omega}\mathrm{d}v = V. \text{其中} V \text{为区域} \Omega \text{的体积}.$$

### 8.3.3　三重积分的计算

在被积函数连续的条件下,计算三重积分 $\iiint\limits_{\Omega}f(x,y,z)\mathrm{d}v$ 的基本方法是将三重积

分化为三次积分来计算.本节将分别讨论在不同的坐标系下将三重积分化为三次积分的方法,总假定被积函数 $f(x,y,z)$ 在积分区域 $\Omega$ 上连续.

#### 8.3.3.1　利用直角坐标计算三重积分

**坐标面投影法(投影法或先一后二)**

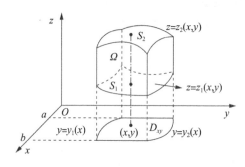

图 8-17

假设平行于 $z$ 轴且穿过闭区域 $\Omega$ 内部的直线与 $\Omega$ 的边界曲面 $S$ 相交不多于两点.如果将积分区域 $\Omega$ 向坐标面 $xOy$ 投影,所得投影区域记为 $D_{xy}$,如图 8-17 所示.以平面区域 $D_{xy}$ 的边界为准线作母线平行于 $z$ 轴的柱面,且柱面与曲面 $S$ 的交线从 $S$ 中分出的上、下两个部分,它们的方程分别为

$$S_1 : z = z_1(x,y),$$
$$S_2 : z = z_2(x,y),$$

其中 $z = z_1(x,y), z = z_2(x,y)$ 都在投影区域 $D_{xy}$ 上连续.

下面将讨论如何将三重积分 $\iiint\limits_{\Omega}f(x,y,z)\mathrm{d}v$ 化为三次积分. 先在投影区域 $D_{xy}$ 内任取一点 $(x,y)$,将 $f(x,y,z)$ 只看作 $z$ 的函数(视 $x,y$ 为定值),在区间 $[z_1(x,y), z_2(x,y)]$ 上对 $z$ 积分,得到一个二元函数 $F(x,y)$,即

$$F(x,y) = \int_{z_1(x,y)}^{z_2(x,y)} f(x,y,z)\mathrm{d}z,$$

然后再计算 $F(x,y)$ 在闭区域 $D_{xy}$ 上的二重积分.假设投影区域 $D_{xy}$ 可表示为

$$D_{xy} = \{(x,y) \mid y_1(x) \leqslant y \leqslant y_2(x), a \leqslant x \leqslant b\},$$

则根据二重积分的计算方法得

$$\iint\limits_{D_{xy}} F(x,y)\mathrm{d}\sigma = \iint\limits_{D_{xy}} \left[ \int_{z_1(x,y)}^{z_2(x,y)} f(x,y,z)\mathrm{d}z \right]\mathrm{d}\sigma$$

$$= \int_a^b \mathrm{d}x \int_{y_1(x)}^{y_2(x)} \left[ \int_{z_1(x,y)}^{z_2(x,y)} f(x,y,z)\mathrm{d}z \right]\mathrm{d}y,$$

这就完成了 $f(x,y,z)$ 在积分区域 $\Omega$ 上的三重积分的计算,即

$$\iiint\limits_{\Omega} f(x,y,z)\mathrm{d}v = \int_a^b \mathrm{d}x \int_{y_1(x)}^{y_2(x)} \mathrm{d}y \int_{z_1(x,y)}^{z_2(x,y)} f(x,y,z)\mathrm{d}z. \tag{8.6}$$

**例 1**  计算三重积分 $\iiint\limits_{\Omega} y\cos(z+x)\mathrm{d}v$,其中 $\Omega$ 是

由抛物面 $y=\sqrt{x}$ 与平面 $y=0,z=0,x+z=\dfrac{\pi}{2}$ 所围

成(图 8-18).

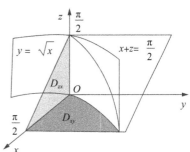

图 8-18

**解法 1**  $\Omega$ 在 $xOy$ 面上的投影区域为三角形区

域 $D_{xy}:0\leqslant y\leqslant\sqrt{x},0\leqslant x\leqslant\dfrac{\pi}{2}$,如图 8-18 所示,因此

$$\iiint\limits_{\Omega} y\cos(z+x)\mathrm{d}v = \iint\limits_{D_{xy}} \mathrm{d}x\mathrm{d}y \int_0^{\frac{\pi}{2}-x} y\cos(z+x)\mathrm{d}z$$

$$= \int_0^{\frac{\pi}{2}} \mathrm{d}x \int_0^{\sqrt{x}} \mathrm{d}y \int_0^{\frac{\pi}{2}-x} y\cos(z+x)\mathrm{d}z = \frac{\pi^2}{16} - \frac{1}{2}.$$

**解法 2**  $\Omega$ 在 $zOx$ 面上的投影区域为三角形区域 $D_{zx}:x+z\leqslant\dfrac{\pi}{2},x\geqslant0,z\geqslant0$,如图

8-18 所示,因此

$$\iiint\limits_{\Omega} y\cos(z+x)\mathrm{d}v = \iint\limits_{D_{zx}} \mathrm{d}x\mathrm{d}z \int_0^{\sqrt{x}} y\cos(z+x)\mathrm{d}y$$

$$= \int_0^{\frac{\pi}{2}} \mathrm{d}x \int_0^{\frac{\pi}{2}-x} \mathrm{d}z \int_0^{\sqrt{x}} y\cos(z+x)\mathrm{d}y = \frac{\pi^2}{16} - \frac{1}{2}.$$

上述这种将三重积分化为三次积分的顺序是先积一个定积分,然后再积一个二重
积分,因此也称为**先一后二法**;而有些三重积分亦可按相反的积分次序来计算.

### 坐标轴投影法(截面法或先二后一法)

如果将积分区域 $\Omega$ 向 $z$ 轴作投影得一投影区间 $[c_1,$
$c_2]$,且 $\Omega$ 能够表示为

$$\Omega = \{(x,y,z)\,|\,(x,y)\in D_z,c_1\leqslant z\leqslant c_2\},$$

其中 $D_z$ 是过点 $(0,0,z)$ 且平行于 $xOy$ 面的平面截 $\Omega$ 所得
的一个平面闭区域,见图 8-19,则有

$$\iiint\limits_{\Omega} f(x,y,z)\mathrm{d}v = \int_{c_1}^{c_2} \mathrm{d}z \iint\limits_{D_z} f(x,y,z)\mathrm{d}x\mathrm{d}y. \tag{8.7}$$

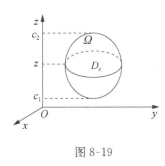

图 8-19

此方法适合于二重积分 $\iint\limits_{D_z} f(x,y,z)\mathrm{d}x\mathrm{d}y$ 较容易算出,且其结果对 $z$ 进行积分也比较方便的题型.

**例 2**  计算三重积分 $\iiint\limits_{\Omega} z^2\mathrm{d}x\mathrm{d}y\mathrm{d}z$,其中 $\Omega$ 为单叶双曲面 $\dfrac{x^2}{a^2}+\dfrac{y^2}{b^2}-\dfrac{z^2}{c^2}=1$ 与平面 $z=0$ 及 $z=h(h>0)$ 所围成的立体.

**解**  空间区域 $\Omega$ 可表示为
$$\{(x,y,z)\,|\,(x,y)\in D_z,0\leqslant z\leqslant h\},$$
其中
$$D_z=\left\{(x,y)\,\middle|\,\dfrac{x^2}{a^2}+\dfrac{y^2}{b^2}\leqslant 1+\dfrac{z^2}{c^2}\right\}\quad(0\leqslant z\leqslant h),$$
于是
$$\iiint\limits_{\Omega}z^2\mathrm{d}x\mathrm{d}y\mathrm{d}z=\int_0^h z^2\mathrm{d}z\iint\limits_{D_z}\mathrm{d}x\mathrm{d}y=\int_0^h\pi\left(a\sqrt{1+\dfrac{z^2}{c^2}}\right)\left(b\sqrt{1+\dfrac{z^2}{c^2}}\right)z^2\mathrm{d}z$$
$$=\pi ab\int_0^h\left(1+\dfrac{z^2}{c^2}\right)z^2\mathrm{d}z=\pi ab\left(\dfrac{h^3}{3}+\dfrac{h^5}{5c^2}\right)$$

### 8.3.3.2  利用柱面坐标计算三重积分

设 $M(x,y,z)$ 为空间内一点,并设点 $M$ 在 $xOy$ 面上的投影 $P$ 的极坐标为 $P(\rho,\theta)$,见图 8-20,则这样的三个数 $\rho,\theta,z$ 称为点 $M$ 的**柱面坐标**,这里规定 $\rho,\theta,z$ 的变化范围为

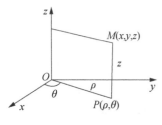

图 8-20

$$0\leqslant\rho<+\infty,\quad 0\leqslant\theta\leqslant 2\pi,\quad -\infty<z<+\infty.$$

三组坐标面的意义分别是:

$\rho=$ 常数,即以 $z$ 轴为轴的圆柱面;

$\theta=$ 常数,即过 $z$ 轴的半平面;

$z=$ 常数,即与 $xOy$ 面平行的平面.

显然,点 $M$ 的直角坐标与柱面坐标的关系为
$$\begin{cases}x=\rho\cos\theta,\\ y=\rho\sin\theta,\\ z=z.\end{cases}$$

由于直角坐标系与极坐标系的**面积元素**之间有关系:$\mathrm{d}x\mathrm{d}y=\rho\mathrm{d}\rho\mathrm{d}\theta$,所以计算出柱面坐标系中的体积元素为 $\mathrm{d}v=\rho\mathrm{d}\rho\mathrm{d}\theta\mathrm{d}z$. 即柱面坐标系中的三重积分的计算公式为
$$\iiint\limits_{\Omega}f(x,y,z)\mathrm{d}x\mathrm{d}y\mathrm{d}z=\iiint\limits_{\Omega}f(\rho\cos\theta,\rho\sin\theta,z)\rho\mathrm{d}\rho\mathrm{d}\theta\mathrm{d}z.\qquad(8.8)$$

**例 3**  计算三重积分 $\iiint\limits_{\Omega}z\mathrm{d}x\mathrm{d}y\mathrm{d}z$,其中 $\Omega$ 是由曲面 $z=x^2+y^2$ 与平面 $z=4$ 所围成的闭区域.

**解法 1**  利用柱面坐标把闭区域 $\Omega$ 可表示为
$$\rho^2\leqslant z\leqslant 4,\quad 0\leqslant\rho\leqslant 2,\quad 0\leqslant\theta\leqslant 2\pi,$$

于是

$$\iiint\limits_{\Omega} z \mathrm{d}x\mathrm{d}y\mathrm{d}z = \iiint\limits_{\Omega} z\rho \mathrm{d}\rho \mathrm{d}\theta \mathrm{d}z$$

$$= \int_0^{2\pi} \mathrm{d}\theta \int_0^2 \rho \mathrm{d}\rho \int_{\rho^2}^4 z\mathrm{d}z = \frac{1}{2}\int_0^{2\pi}\mathrm{d}\theta\int_0^2\rho(16-\rho^4)\mathrm{d}\rho$$

$$= \frac{1}{2}\cdot 2\pi\left[8\rho^2 - \frac{1}{6}\rho^6\right]_0^2 = \frac{64}{3}\pi.$$

**解法 2**　采用先二后一法 闭区域 $\Omega$ 可表示为

$$\Omega = \{(x,y,z) \mid 0 \leqslant z \leqslant 4, (x,y) \in D_z\},$$

其中 $D_z = \{(x,y) \mid x^2 + y^2 \leqslant z\}$，于是

$$\iiint\limits_{\Omega} z\mathrm{d}x\mathrm{d}y\mathrm{d}z = \int_0^4 z\mathrm{d}z \iint\limits_{D_z}\mathrm{d}x\mathrm{d}y = \pi\int_0^4 z^2\mathrm{d}z = \frac{64}{3}\pi.$$

### *8.3.3.3　利用球面坐标计算三重积分

设 $M(x,y,z)$ 为空间内一点，则点 $M$ 也可用这样三个有次序的数 $r,\varphi,\theta$ 来确定，见图 8-21，其中 $r$ 为原点 $O$ 与点 $M$ 间的距离即向径 $\overrightarrow{OM}$ 的长度，$\varphi$ 为 $\overrightarrow{OM}$ 与 $z$ 轴正向所夹的角，$\theta$ 为从 $x$ 轴到 $\overrightarrow{OM}$ 在 $xOy$ 面上的投影向量 $\overrightarrow{OP}$ 的转角，这样的三个数 $r,\varphi,\theta$ 称为点 $M$ 的**球面坐标**，这里 $r$，$\varphi,\theta$ 的变化范围为

$$0 \leqslant r < +\infty, \quad 0 \leqslant \varphi \leqslant \pi, \quad 0 \leqslant \theta \leqslant 2\pi.$$

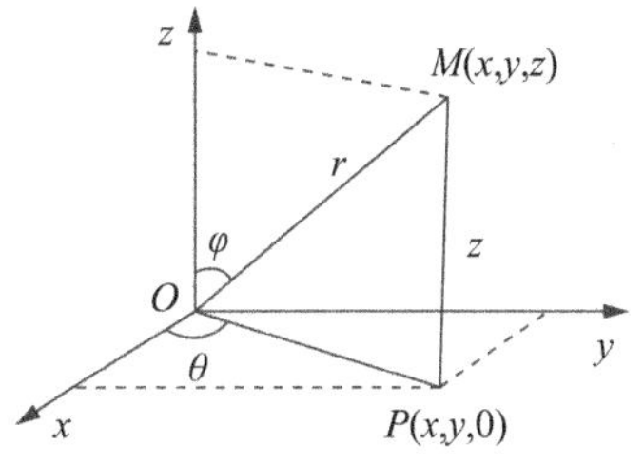

三组坐标面的意义分别是：

$r=$ 常数，即以原点为心的球面；

$\varphi=$ 常数，即以原点为顶点、$z$ 轴为轴的圆锥面；

$\theta=$ 常数，即过 $z$ 轴的半平面.

图 8-21

显然，点 $M$ 的直角坐标与球面坐标的关系为

$$\begin{cases} x = OP\cos\theta = r\sin\varphi\cos\theta, \\ y = OP\sin\theta = r\sin\varphi\sin\theta, \\ z = r\cos\varphi. \end{cases}$$

由于球面坐标系中的体积元素为 $\mathrm{d}v = r^2\sin\varphi\mathrm{d}r\mathrm{d}\varphi\mathrm{d}\theta$，所以球面坐标系中的三重积分的计算公式为

$$\iiint\limits_{\Omega} f(x,y,z)\mathrm{d}v = \iiint\limits_{\Omega} f(r\sin\varphi\cos\theta, r\sin\varphi\sin\theta, r\cos\varphi)r^2\sin\varphi\mathrm{d}r\mathrm{d}\varphi\mathrm{d}\theta. \tag{8.9}$$

**例 4**　计算 $\displaystyle\iiint\limits_{\Omega}(x^2+y^2)\mathrm{d}v$，其中 $\Omega$ 由锥面 $x^2+y^2=z^2$ 与平面 $z=a(a>0)$ 围成的区域.

**解法 1**　$\displaystyle\iiint\limits_{\Omega}(x^2+y^2)\mathrm{d}v = \iint\limits_{x^2+y^2\leqslant a^2}\mathrm{d}x\mathrm{d}y\int_{\sqrt{x^2+y^2}}^a(x^2+y^2)\mathrm{d}z$

$$= \int_0^{2\pi} d\theta \int_0^a \rho d\rho \int_\rho^a \rho^2 dz = \frac{\pi}{10} a^5.$$

**解法 2**　原式 $= \int_0^a dz \iint\limits_{x^2+y^2 \leqslant z^2} (x^2+y^2) dx dy = \int_0^a dz \int_0^{2\pi} d\theta \int_0^z \rho^3 d\rho = \frac{\pi}{10} a^5.$

**解法 3**　原式 $= \int_0^{2\pi} d\theta \int_0^{\frac{\pi}{4}} d\varphi \int_0^{\frac{a}{\cos\varphi}} (r^2 \sin^2\varphi \cos^2\theta + r^2 \sin^2\varphi \sin^2\theta) r^2 \sin\varphi dr$

$$= \int_0^{2\pi} d\theta \int_0^{\frac{\pi}{4}} \sin^3\varphi d\varphi \int_0^{\frac{a}{\cos\varphi}} r^4 dr = \frac{\pi}{10} a^5.$$

## 习　题　8-3

1. 将三重积分 $I = \iiint\limits_\Omega f(x,y,z) dx dy dz$ 化为三次积分，其中积分区域 $\Omega$ 分别是：

(1) 由双曲抛物面 $xy = z$ 及平面 $x+y-1=0, z=0$ 所围成的闭区域；

(2) 由曲面 $z = 1-x^2-y^2$ 及平面 $z=0$ 所围成的闭区域；

(3) 由曲面 $z = \frac{1}{x}, y = z^2$ 和平面 $x=0, z=1, z=2, y=0$ 所围成的闭区域.

2. 计算下列三重积分：

(1) $\iiint\limits_\Omega xy dx dy dz, \Omega$ 是以点 $(0,0,0),(1,0,0),(0,2,0),(0,0,3)$ 为顶点的四面体；

(2) $\iiint\limits_\Omega e^{3Rz^2-z^3} dV$, 其中 $\Omega: x^2+y^2+z^2 \leqslant 2Rz$；

(3) $\iiint\limits_\Omega z dx dy dz, \Omega$ 是由球面 $x^2+y^2+z^2=1$ 及平面 $z=0$ 所围成的上半球体；

(4) $\iiint\limits_\Omega z dx dy dz, \Omega$ 是由旋转抛物面 $z = \frac{1}{2}(x^2+y^2)$ 及平面 $z=1$ 所围成的闭区域；

(5) $\iiint\limits_\Omega z^2 dx dy dz, \Omega$ 是由椭球面 $\frac{x^2}{a^2} + \frac{y^2}{b^2} + \frac{z^2}{c^2} = 1$ 所围成的空间闭区域.

3. 利用柱面坐标计算下列三重积分：

(1) $\iiint\limits_\Omega y dx dy dz, \Omega$ 为半球体 $x^2+y^2+z^2 \leqslant 1, y \geqslant 0$；

(2) $\iiint\limits_\Omega x^2 dv, \Omega$ 是由曲面 $z = 2\sqrt{x^2+y^2}, x^2+y^2=1$ 与平面 $z=0$ 所围成的闭区域；

(3) $\iiint\limits_\Omega (x^2+y^2) dv, \Omega$ 是由曲面 $z^2 = x^2+y^2$ 及平面 $z=2$ 所围成的闭区域；

(4) $\iiint\limits_\Omega \sqrt{x^2+y^2} dv, \Omega$ 是由曲面 $z = 9-x^2-y^2$ 及平面 $z=0$ 所围成的闭区域.

*4.利用球面坐标计算下列三重积分:

(1) $\iiint\limits_{\Omega}(x^2 + y^2)\mathrm{d}x\mathrm{d}y\mathrm{d}z$, $\Omega$ 是由圆锥面 $z = \sqrt{x^2+y^2}$ 和上半球面 $z =$ $\sqrt{1-x^2-y^2}$ 所围成的闭区域;

(2) $\iiint\limits_{\Omega}(x^2 + y^2)\mathrm{d}x\mathrm{d}y\mathrm{d}z$,其中 $\Omega$ 由锥面 $x^2+y^2=z^2$ 与平面 $z=a(a>0)$ 所确定;

(3) $\iiint\limits_{\Omega}(x^2 + y^2 + z^2)\mathrm{d}x\mathrm{d}y\mathrm{d}z$,其中 $\Omega$ 为球体 $x^2+y^2+(z-1)^2\leqslant1$.

5.选用适当的坐标计算下列三重积分:

(1) $\iiint\limits_{\Omega}\sin z\,\mathrm{d}x\mathrm{d}y\mathrm{d}z$,其中 $\Omega$ 是由曲面 $z = \sqrt{x^2+y^2}$ 与平面 $z = \pi$ 所围成的闭区域;

(2) $\iiint\limits_{\Omega}\sqrt{x^2+y^2}\,\mathrm{d}v$, $\Omega$ 是由曲面 $x^2+y^2=16$ 及平面 $z=0,y+z=4$ 所围成的闭区域;

(3) $\iiint\limits_{\Omega}\dfrac{1}{\sqrt{x^2+y^2+z^2}}\mathrm{d}x\mathrm{d}y\mathrm{d}z$,其中 $\Omega$ 是由曲面 $z = \sqrt{x^2+y^2}$ 与平面 $z=1$ 所围成的闭区域;

(4) $I = \iiint\limits_{\Omega}(x^2 + y^2)\mathrm{d}v$, $\Omega$ 为平面曲线 $\begin{cases} y^2 = 2z \\ x = 0 \end{cases}$ 绕 $z$ 轴旋转一周而成的曲面与两平面 $z = 2, z = 8$ 所围成的区域.

6.选用适当的坐标计算下列三次积分:

(1) $\displaystyle\int_0^2 \mathrm{d}z\int_0^{\frac{\ln2}{2}} \mathrm{d}x\int_{\mathrm{e}^{2x}}^2 \dfrac{\mathrm{e}^{2y}}{\ln y}\mathrm{d}y$;

(2) $\displaystyle\int_{-1}^1 \mathrm{d}x\int_0^{\sqrt{1-x^2}} \mathrm{d}y\int_{\sqrt{x^2+y^2}}^1 z^3 \mathrm{d}z$;

# 8.4 重积分的应用

**元素法的推广**

有许多求总量的问题可以用定积分的元素法来处理.这种元素法也可推广到二重积分的应用中.如果所要计算的某个量 $U$ 对于闭区域 $D$ 具有可加性(就是说,当闭区域 $D$ 分成许多小闭区域时,所求量 $U$ 相应地分成许多部分量,且 $U$ 等于部分量之和),并且在闭区域 $D$ 内任取一个直径很小的闭区域 $\mathrm{d}\sigma$ 时,相应的部分量可近似地表示为 $f(x,y)\mathrm{d}\sigma$ 的形式,其中 $(x,y)$ 在 $\mathrm{d}\sigma$ 内,则称 $f(x,y)\mathrm{d}\sigma$ 为所求量 $U$ 的**元素**,记为 $\mathrm{d}U$,即

$$\mathrm{d}U = f(x,y)\mathrm{d}\sigma,$$

则在闭区域 $D$ 上积分得

$$U = \iint\limits_{D} f(x,y)\mathrm{d}\sigma,$$

这就是所求量的积分表达式.

## 8.4.1 几何应用

### *8.4.1.1 立体的体积

在定积分的几何应用中已经研究了旋转体以及平行截面面积为已知的立体的体积,而利用重积分可以计算更一般的立体的体积. 这是因为空间立体 $\Omega$ 总可以看作是若干个曲顶柱体的并或差,于是通过计算二重积分进而可求得 $\Omega$ 的体积;另外,由于 $\iiint\limits_{\Omega} \mathrm{d}v$ 也表示 $\Omega$ 的体积,因此通过三重积分也可求得空间立体的体积. 举例如下:

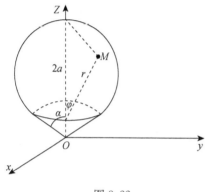

图 8-22

**例 1** 求半径为 $a$ 的球面与半顶角为 $\alpha$ 的内接锥面所围成的立体(如图 8-22)的体积.

**解** 设球面通过原点 $O$,球心在 $z$ 轴上,又内接锥面的顶点在原点 $O$,其轴与 $z$ 轴重合,则半径为 $a$ 的球面的直角方程为 $x^2 + y^2 + (z-a)^2 = a^2$,即 $x^2 + y^2 + z^2 = 2az$,而在球面坐标下的方程为 $r = 2a\cos\varphi$. 因此该立体所占区域 $\Omega$ 可表示为

$$0 \leqslant r \leqslant 2a\cos\varphi, \quad 0 \leqslant \varphi \leqslant \alpha, \quad 0 \leqslant \theta \leqslant 2\pi,$$

于是所求立体(图 8-22)的体积为

$$V = \iiint\limits_{\Omega} \mathrm{d}x\mathrm{d}y\mathrm{d}z = \iiint\limits_{\Omega} r^2 \sin\varphi \mathrm{d}r\mathrm{d}\varphi\mathrm{d}\theta$$

$$= \int_0^{2\pi} \mathrm{d}\theta \int_0^{\alpha} \mathrm{d}\varphi \int_0^{2a\cos\varphi} r^2 \sin\varphi \mathrm{d}r = 2\pi \int_0^{\alpha} \sin\varphi \mathrm{d}\varphi \int_0^{2a\cos\varphi} r^2 \mathrm{d}r$$

$$= \frac{16\pi a^3}{3} \int_0^{\alpha} \cos^3\varphi \sin\varphi \mathrm{d}\varphi = \frac{4\pi a^3}{3}(1 - \cos^4\alpha).$$

### 8.4.1.2 曲面的面积

设曲面 $S$ 由方程 $z = f(x,y)$ 给出,$D$ 为曲面 $S$ 在 $xOy$ 面上的投影区域,函数 $f(x,y)$ 在 $D$ 上具有连续偏导数 $f_x(x,y)$ 和 $f_y(x,y)$. 现求曲面的面积 $A$.

在区域 $D$ 内任取一点,并在区域 $D$ 内取一包含点 $P(x,y)$ 的小闭区域 $\mathrm{d}\sigma$(其面积也记为 $\mathrm{d}\sigma$). 在曲面 $S$ 上点 $M(x,y,f(x,y))$ 处作曲面 $S$ 的切平面 $T$(图 8-23),再作以小区域 $\mathrm{d}\sigma$ 的边界曲线为准线、母

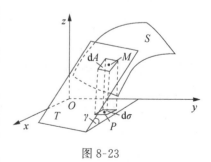

图 8-23

线平行于 $z$ 轴的柱面. 将含于柱面内的小块切平面的面积作为含于柱面内的小块曲面面积的近似值, 记为 $\mathrm{d}A$. 而由于切平面 $T$ 的法向量与 $z$ 轴所成的角为 $\gamma$, 所以

$$\mathrm{d}A = \frac{\mathrm{d}\sigma}{\cos\gamma} = \sqrt{1 + f_x^2(x,y) + f_y^2(x,y)}\,\mathrm{d}\sigma,$$

这就是曲面 $S$ 的**面积元素**. 于是曲面 $S$ 的面积为

$$A = \iint\limits_{D} \sqrt{1 + f_x^2(x,y) + f_y^2(x,y)}\,\mathrm{d}\sigma, \tag{8.10}$$

或

$$A = \iint\limits_{D} \sqrt{1 + \left(\frac{\partial z}{\partial x}\right)^2 + \left(\frac{\partial z}{\partial y}\right)^2}\,\mathrm{d}x\mathrm{d}y.$$

类似地, 当曲面方程为 $x = g(y,z)$ 或 $y = h(z,x)$, 则计算曲面面积的公式为

$$A = \iint\limits_{D_{yz}} \sqrt{1 + \left(\frac{\partial x}{\partial y}\right)^2 + \left(\frac{\partial x}{\partial z}\right)^2}\,\mathrm{d}y\mathrm{d}z,$$

或

$$A = \iint\limits_{D_{zx}} \sqrt{1 + \left(\frac{\partial y}{\partial z}\right)^2 + \left(\frac{\partial y}{\partial x}\right)^2}\,\mathrm{d}z\mathrm{d}x,$$

其中 $D_{yz}$ 是曲面 $x = g(y,z)$ 在 $yOz$ 面上的投影区域, $D_{zx}$ 是曲面 $y = h(z,x)$ 在 $zOx$ 面上的投影区域.

**例 2** 求球半径为 $a$, 高为 $h(0 < h < a)$ 的球冠的面积.

**解** 设球冠的方程为

$$z = \sqrt{a^2 - x^2 - y^2}, \quad (x,y) \in D,$$

其中 $D = \{(x,y) \mid x^2 + y^2 \leqslant 2ah - h^2\}$. 由公式 (8.10) 得球冠的面积

$$S = \iint\limits_{D} \sqrt{1 + z_x^2(x,y) + z_y^2(x,y)}\,\mathrm{d}x\mathrm{d}y = \iint\limits_{D} \frac{a}{\sqrt{a^2 - x^2 - y^2}}\,\mathrm{d}x\mathrm{d}y$$

$$= \int_0^{2\pi} \mathrm{d}\theta \int_0^{\sqrt{2ah-h^2}} \frac{a}{\sqrt{a^2 - \rho^2}}\rho\,\mathrm{d}\rho = 2\pi ah.$$

**例 3** 求旋转抛物面 $z = x^2 + y^2$ 位于 $0 \leqslant z \leqslant 9$ 之间的那一部分的面积.

**解** 设 $D = \{(x,y) \mid x^2 + y^2 \leqslant 9\}$, 由公式 (8.10) 知

$$S = \iint\limits_{D} \sqrt{1 + z_x^2(x,y) + z_y^2(x,y)}\,\mathrm{d}x\mathrm{d}y = \iint\limits_{D} \sqrt{1 + 4(x^2 + y^2)}\,\mathrm{d}x\mathrm{d}y$$

$$= \int_0^{2\pi} \mathrm{d}\theta \int_0^3 \sqrt{1 + 4\rho^2}\rho\,\mathrm{d}\rho = \frac{\pi}{6}(37\sqrt{37} - 1).$$

## *8.4.2 物理应用——质心、转动惯量、引力

### 8.4.2.1 质心

设有一平面薄片, 占有 $xOy$ 面上的闭区域 $D$, 在点 $P(x,y)$ 处的面密度为 $\mu(x,y)$, 假定 $\mu(x,y)$ 在 $D$ 上连续. 现在要求该薄片的质心坐标.

在闭区域 $D$ 上任取一点 $P(x,y)$ 及包含点 $P(x,y)$ 的一直径很小的闭区域 $d\sigma$(其面积也记为 $d\sigma$),则平面薄片对 $x$ 轴和对 $y$ 轴的力矩(仅考虑大小)元素分别为

$$dM_x=y\mu(x,y)d\sigma, \quad dM_y=x\mu(x,y)d\sigma.$$

平面薄片对 $x$ 轴和对 $y$ 轴的力矩分别为

$$M_x=\iint\limits_{D}y\mu(x,y)d\sigma, \quad M_y=\iint\limits_{D}x\mu(x,y)d\sigma.$$

设平面薄片的质心坐标为 $(\bar{x},\bar{y})$,平面薄片的质量为 $M$,则有

$$\bar{x}\cdot M=M_y, \quad \bar{y}\cdot M=M_x,$$

于是

$$\bar{x}=\frac{M_y}{M}=\frac{\iint\limits_{D}x\mu(x,y)d\sigma}{\iint\limits_{D}\mu(x,y)d\sigma}, \quad \bar{y}=\frac{M_x}{M}=\frac{\iint\limits_{D}y\mu(x,y)d\sigma}{\iint\limits_{D}\mu(x,y)d\sigma}.$$

如果平面薄片是均匀的,即面密度是常数,则平面薄片的**质心**(也称为**形心**)公式为

$$\bar{x}=\frac{\iint\limits_{D}x d\sigma}{\iint\limits_{D}d\sigma}, \quad \bar{y}=\frac{\iint\limits_{D}y d\sigma}{\iint\limits_{D}d\sigma}.$$

类似于平面上的薄片质心坐标公式,占有空间闭区域 $\Omega$、在点 $(x,y,z)$ 处的密度为 $\rho(x,y,z)$(假设 $\rho(x,y,z)$ 在 $\Omega$ 上连续)的物体的质心坐标是

$$\bar{x}=\frac{1}{M}\iiint\limits_{\Omega}x\rho(x,y,z)dv, \quad \bar{y}=\frac{1}{M}\iiint\limits_{\Omega}y\rho(x,y,z)dv, \quad \bar{z}=\frac{1}{M}\iiint\limits_{\Omega}z\rho(x,y,z)dv,$$

其中 $M=\iiint\limits_{\Omega}\rho(x,y,z)dv.$

**例4** 求均匀半球体的质心.

**解** 取半球体的对称轴为 $z$ 轴,原点取在球心上,又设球半径为 $a$,则半球体所占空间闭区可表示为

$$\Omega=\{(x,y,z)\mid x^2+y^2+z^2\leqslant a^2, z\geqslant 0\}.$$

显然,质心在 $z$ 轴上,故 $\bar{x}=\bar{y}=0$. 又 $\Omega:0\leqslant r\leqslant a, 0\leqslant\varphi\leqslant\dfrac{\pi}{2}, 0\leqslant\theta\leqslant 2\pi$. 所以

$$\iiint\limits_{\Omega}dv=\int_0^{\frac{\pi}{2}}d\varphi\int_0^{2\pi}d\theta\int_0^a r^2\sin\varphi dr$$

$$=\int_0^{\frac{\pi}{2}}\sin\varphi d\varphi\int_0^{2\pi}d\theta\int_0^a r^2 dr=\frac{2\pi a^3}{3},$$

$$\iiint\limits_{\Omega}z dv=\int_0^{\frac{\pi}{2}}d\varphi\int_0^{2\pi}d\theta\int_0^a r\cos\varphi\cdot r^2\sin\varphi dr$$

$$=\frac{1}{2}\int_0^{\frac{\pi}{2}}\sin 2\varphi d\varphi\int_0^{2\pi}d\theta\int_0^a r^3 dr=\frac{\pi a^4}{4},$$

由此得

$$\bar{z} = \frac{\iiint\limits_{\Omega} z\rho\mathrm{d}v}{\iiint\limits_{\Omega} \rho\mathrm{d}v} = \frac{\iiint\limits_{\Omega} z\mathrm{d}v}{\iiint\limits_{\Omega} \mathrm{d}v} = \frac{3a}{8},$$

故质心为 $\left(0,0,\dfrac{3a}{8}\right)$.

### 8.4.2.2　转动惯量

设有一平面薄片,占有 $xOy$ 面上的闭区域 $D$,在点 $P(x,y)$ 处的面密度为 $\mu(x,y)$,假定 $\mu(x,y)$ 在 $D$ 上连续. 现在要求该薄片对于 $x$ 轴的转动惯量和 $y$ 轴的转动惯量.

在闭区域 $D$ 上任取一点 $P(x,y)$ 及包含点 $P(x,y)$ 的一直径很小的闭区域 $\mathrm{d}\sigma$(其面积也记为 $\mathrm{d}\sigma$),则平面薄片对于 $x$ 轴的转动惯量和 $y$ 轴的转动惯量的元素分别为

$$\mathrm{d}I_x = y^2\mu(x,y)\mathrm{d}\sigma, \quad \mathrm{d}I_y = x^2\mu(x,y)\mathrm{d}\sigma,$$

积分以上式子可得整片平面薄片对于 $x$ 轴和 $y$ 轴的转动惯量分别为

$$I_x = \iint\limits_{D} y^2\mu(x,y)\mathrm{d}\sigma, \quad I_y = \iint\limits_{D} x^2\mu(x,y)\mathrm{d}\sigma.$$

**例 5**　求半径为 $a$ 的均匀半圆薄片(面密度为常量 $\mu$)对于其直径边的转动惯量.

**解**　取坐标系如图 8-24 所示,则薄片所占闭区域 $D$ 可表示为 $D = \{(x,y)\,|\,x^2 + y^2 \leqslant a^2, y \geqslant 0\}$,而所求转动惯量即半圆薄片对于 $x$ 轴的转动惯量 $I_x$ 为

$$
\begin{aligned}
I_x &= \iint\limits_{D} \mu y^2 \mathrm{d}\sigma = \mu\iint\limits_{D} \rho^2\sin^2\theta \cdot \rho\mathrm{d}\rho\mathrm{d}\theta \\
&= \mu\int_0^\pi \sin^2\theta\,\mathrm{d}\theta\int_0^a \rho^3\mathrm{d}\rho = \mu \cdot \frac{a^4}{4}\int_0^\pi \sin^2\theta\,\mathrm{d}\theta \\
&= \frac{1}{4}\mu a^4 \cdot \frac{\pi}{2} = \frac{1}{4}Ma^2,
\end{aligned}
$$

其中 $M = \dfrac{1}{2}\pi a^2\mu$ 为半圆薄片的质量.

类似地,占有空间有界闭区域 $\Omega$、在点 $(x,y,z)$ 处的密度为 $\rho(x,y,z)$ 的物体对于 $x,y,z$ 轴的转动惯量为

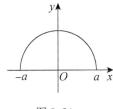

图 8-24

$$
\begin{cases}
I_x = \iiint\limits_{\Omega} (y^2 + z^2)\rho(x,y,z)\mathrm{d}v, \\[2mm]
I_y = \iiint\limits_{\Omega} (z^2 + x^2)\rho(x,y,z)\mathrm{d}v, \\[2mm]
I_z = \iiint\limits_{\Omega} (x^2 + y^2)\rho(x,y,z)\mathrm{d}v.
\end{cases}
$$

### 8.4.2.3　引力

下面讨论空间一物体对于物体外一点 $P_0(x_0,y_0,z_0)$ 处的单位质量的质点的引力

问题.

设物体占有空间有界闭区域 $\Omega$, 它在点 $(x,y,z)$ 处的密度为 $\rho(x,y,z)$, 并假定 $\rho(x,y,z)$ 在 $\Omega$ 上连续. 在物体内任取一点 $(x,y,z)$ 及包含该点的一直径很小的闭区域为 $\mathrm{d}v$(其体积也记为 $\mathrm{d}v$). 把这一小块物体的质量 $\rho\mathrm{d}v$ 近似地看作集中在点 $(x,y,z)$ 处. 这一小块物体对于点 $P_0(x_0,y_0,z_0)$ 处的单位质量的质点的引力近似地为

$$\mathrm{d}\boldsymbol{F}=(\mathrm{d}F_x,\mathrm{d}F_y,\mathrm{d}F_z)$$
$$=\Big(G\frac{\rho(x,y,z)(x-x_0)}{r^3}\mathrm{d}v,G\frac{\rho(x,y,z)(y-y_0)}{r^3}\mathrm{d}v,G\frac{\rho(x,y,z)(z-z_0)}{r^3}\mathrm{d}v\Big),$$

$$(8.11)$$

其中 $\mathrm{d}F_x,\mathrm{d}F_y,\mathrm{d}F_z$ 为引力元素 $\mathrm{d}F$ 在三个坐标轴上的分量, $G$ 为引力常数, 且

$$r=\sqrt{(x-x_0)^2+(y-y_0)^2+(z-z_0)^2},$$

将 $\mathrm{d}F_x,\mathrm{d}F_y,\mathrm{d}F_z$ 在 $\Omega$ 上分别积分, 即可得 $F_x,F_y,F_z$, 从而得引力 $\boldsymbol{F}=(F_x,F_y,F_z)$.

我们指出, 在具体计算引力时, 常常不是三个分量都须通过积分求出. 利用物体形状的对称性, 往往可凭常识判断出某个方向上的分量为零.

如果我们要考虑平面薄片对薄片外一点 $P_0(x_0,y_0,z_0)$ 处的单位质量质点的引力, 那么先设平面薄片占有 $xOy$ 平面($z=0$)上的有界闭区域为 $D$, 平面薄片的面密度为 $\mu(x,y)$, 且只要将(8.11)式中的体密度 $\rho(x,y,z)$ 换成面密度 $\mu(x,y)$, 将 $\Omega$ 上的三重积分换成 $D$ 上的二重积分, 即可得出相应的计算公式:

$$\boldsymbol{F}=(F_x,F_y,F_z)$$
$$=\Big(\iint_D\frac{G\mu(x,y)(x-x_0)}{r^3}\mathrm{d}\sigma,\iint_D\frac{G\mu(x,y)(y-y_0)}{r^3}\mathrm{d}\sigma,\iint_D\frac{G\mu(x,y)(0-z_0)}{r^3}\mathrm{d}\sigma\Big),$$

$$(8.12)$$

其中 $r=\sqrt{(x-x_0)^2+(y-y_0)^2+(0-z_0)^2}$.

**例 6**　求半径为 $R$ 的均匀圆盘 $x^2+y^2\leqslant R^2$, $z=0$(面密度常数为 $\mu$)对位于点 $M_0(0,0,a)$ 处单位质点的引力.

**解**　根据圆盘的对称性及质量分布的均匀性知

$$F_x=F_y=0,$$

故由(8.12)式得所求引力沿 $z$ 轴的分量为

$$F_z=\iint_D\frac{G(0-a)\mu}{[x^2+y^2+(0-a)^2]^{3/2}}\mathrm{d}\sigma=-Ga\mu\iint_D\frac{\mathrm{d}\sigma}{(x^2+y^2+a^2)^{3/2}}$$
$$=-Ga\mu\int_0^{2\pi}\mathrm{d}\theta\int_0^R\frac{\rho\mathrm{d}\rho}{(\rho^2+a^2)^{3/2}}=2\pi Ga\mu\Big(\frac{1}{\sqrt{R^2+a^2}}-\frac{1}{a}\Big).$$

故所求引力为 $F = \left( 0, 0, 2\pi Ga\mu \left( \dfrac{1}{\sqrt{R^2+a^2}} - \dfrac{1}{a} \right) \right)$.

### 习　题　8-4

\* 1. 利用三重积分计算由下列曲面所围成的立体的体积：

(1) $z = \sqrt{x^2+y^2}$ 及 $z = 2 - x^2 - y^2$；

(2) $z = x^2 + 2y^2$ 及 $z = 6 - 2x^2 - y^2$；

2. 求下列曲面的面积：

(1) 球面 $x^2 + y^2 + z^2 = a^2$ 含在圆柱面 $x^2 + y^2 = ax$ 内部的那部分；

(2) 平面 $3x + 2y + z = 1$ 被椭圆柱面 $2x^2 + y^2 = 1$ 截下的部分；

(3) 锥面 $z = \sqrt{x^2+y^2}$ 被柱面 $z^2 = 2x$ 截下的那部分.

\* 3. 求下列平面图形的形心：

(1) $D$ 是椭圆盘 $\dfrac{x^2}{a^2} + \dfrac{y^2}{b^2} \leqslant 1$ 位于第一象限的部分；

(2) $D$ 由 $y = \sqrt{2x}, x = a, y = 0$ 所围成 $(a>0)$；

(3) $D$ 由心形线 $\rho = 1 + \cos\varphi$ 所围成.

# 总　习　题　8

1. 填空题

(1) 设 $D: x^2 + y^2 \leqslant R^2$，则 $\displaystyle\iint\limits_{D} \left( \dfrac{x^2}{a^2} + \dfrac{y^2}{b^2} \right) \mathrm{d}x\mathrm{d}y = $ ＿＿＿＿＿＿；

(2) $\displaystyle\int_0^3 \mathrm{d}x \int_{\frac{\pi}{2}}^{\pi} |x-2| \sin y \, \mathrm{d}y = $ ＿＿＿＿＿＿；

(3) 交换二次积分次序后，$\displaystyle\int_0^2 \mathrm{d}y \int_{-\sqrt{2y-y^2}}^{\sqrt{2y-y^2}} f(x,y) \mathrm{d}x = $ ＿＿＿＿＿＿；

(4) 设 $\Omega$ 是由球面 $x^2 + y^2 + z^2 = 1$ 所围成的闭区域，则

$$\iiint\limits_{\Omega} \dfrac{x\ln(x^2+y^2+z^2+1)}{x^2+y^2+z^2+1} \mathrm{d}x\mathrm{d}y\mathrm{d}z = \underline{\qquad}；$$

(5) $\displaystyle\int_{-1}^1 \mathrm{d}x \int_{-\sqrt{1-x^2}}^{\sqrt{1-x^2}} \mathrm{d}y \int_{\sqrt{x^2+y^2}}^1 (x^2+y^2+z^2) \mathrm{d}z = $ ＿＿＿＿＿＿.

2. 选择题

(1) 设区域 $D = \{(x,y) \mid x^2 + y^2 \leqslant 2ax, a>0\}$，则 $\displaystyle\iint\limits_{D} (x^2+y^2) \mathrm{d}x\mathrm{d}y = ($ 　　$)$

A. $\displaystyle\int_{-a}^a \mathrm{d}y \int_0^{2a} (x^2+y^2) \mathrm{d}x$；

B. $\displaystyle\int_{-\sqrt{2ax-x^2}}^{\sqrt{2ax-x^2}} \mathrm{d}y \int_{-a}^a (x^2+y^2) \mathrm{d}x$；

C. $\int_0^{\frac{\pi}{2}} \mathrm{d}\theta \int_0^{2a\cos\theta} r^2 \mathrm{d}r$;　　　　　　　D. $\int_{-\frac{\pi}{2}}^{\frac{\pi}{2}} \mathrm{d}\theta \int_0^{2a\cos\theta} r^3 \mathrm{d}r$.

(2) 设函数 $f(x)$ 为连续奇函数, $g(x)$ 为连续偶函数, $D=\{(x,y)\,|\,0{\leqslant}x{\leqslant}1,-\sqrt{x}{\leqslant}y{\leqslant}\sqrt{x}\}$, 则正确的是(　　　)

A. $\iint\limits_D f(y)g(x)\mathrm{d}x\mathrm{d}y = 0$;　　　　　B. $\iint\limits_D f(x)g(y)\mathrm{d}x\mathrm{d}y = 0$;

C. $\iint\limits_D [f(x)+g(y)]\mathrm{d}x\mathrm{d}y = 0$;　　　D. $\iint\limits_D [f(y)+g(x)]\mathrm{d}x\mathrm{d}y = 0$.

(3) 设 $D$ 是 $xOy$ 平面上以 $(1,1),(-1,1),(-1,-1)$ 为顶点的区域, $D_1$ 是 $D$ 的第一象限部分, 则 $\iint\limits_D (x^3y^3+\cos x\sin y)\mathrm{d}x\mathrm{d}y = ($　　　$)$

A. $2\iint\limits_{D_1} \cos x\sin y\mathrm{d}x\mathrm{d}y$;　　　　B. $2\iint\limits_{D_1} x^3y^3\mathrm{d}x\mathrm{d}y$;

C. $4\iint\limits_{D_1} (x^3y^3+\cos x\sin y)\mathrm{d}x\mathrm{d}y$;　　D. 0.

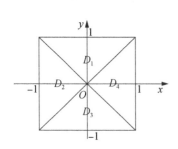

图 8-25

(4)(2009 考研) 正方形区域 $D=\{(x,y)\,|\,|x|{\leqslant}1,|y|{\leqslant}1\}$ 被其对角线划分为四个区域 $D_k(k=1,2,3,4)$, 如图 8-25 所示, $I_k = \iint\limits_{D_k} y\cos x\mathrm{d}x\mathrm{d}y$, 则 $\max\limits_{1{\leqslant}k{\leqslant}4}\{I_k\} = ($　　　$)$

A. $I_1$;　　　　　　B. $I_2$;

C. $I_3$;　　　　　　D. $I_4$.

(5)(2014 考研) 设 $f(x,y)$ 是连续函数, 则 $\int_0^1 \mathrm{d}y \int_{-\sqrt{1-y^2}}^{1-y} f(x,y)\mathrm{d}x = ($　　　$)$.

A. $\int_0^1 \mathrm{d}x \int_0^{x-1} f(x,y)\mathrm{d}y + \int_{-1}^0 \mathrm{d}x \int_0^{\sqrt{1-x^2}} f(x,y)\mathrm{d}y$;

B. $\int_0^1 \mathrm{d}x \int_0^{1-x} f(x,y)\mathrm{d}y + \int_{-1}^0 \mathrm{d}x \int_{-\sqrt{1-x^2}}^0 f(x,y)\mathrm{d}y$;

C. $\int_0^{\frac{\pi}{2}} \mathrm{d}\theta \int_0^{\frac{1}{\cos\theta+\sin\theta}} f(r\cos\theta,r\sin\theta)\mathrm{d}r + \int_{\frac{\pi}{2}}^{\pi} \mathrm{d}\theta \int_0^1 f(r\cos\theta,r\sin\theta)\mathrm{d}r$;

D. $\int_0^{\frac{\pi}{2}} \mathrm{d}\theta \int_0^{\frac{1}{\cos\theta+\sin\theta}} f(r\cos\theta,r\sin\theta)r\mathrm{d}r + \int_{\frac{\pi}{2}}^{\pi} \mathrm{d}\theta \int_0^1 f(r\cos\theta,r\sin\theta)r\mathrm{d}r$.

(6)(2015 考研) 设 $D$ 是第一象限由 $2xy=1,4xy=1,y=x,y=\sqrt{3}x$ 围成的平面区域, $f(x,y)$ 在 $D$ 上连续, 则 $\iint\limits_D f(x,y)\mathrm{d}x\mathrm{d}y = ($　　　$)$.

A. $\int_{\frac{\pi}{4}}^{\frac{\pi}{3}} d\theta \int_{\frac{1}{2\sin2\theta}}^{\frac{1}{\sin2\theta}} f(r\cos\theta, r\sin\theta) r dr$;　　　　B. $\int_{\frac{\pi}{4}}^{\frac{\pi}{3}} d\theta \int_{\frac{1}{\sqrt{2\sin2\theta}}}^{\frac{1}{\sqrt{\sin2\theta}}} f(r\cos\theta, r\sin\theta) r dr$;

C. $\int_{\frac{\pi}{4}}^{\frac{\pi}{3}} d\theta \int_{\frac{1}{2\sin2\theta}}^{\frac{1}{\sin2\theta}} f(r\cos\theta, r\sin\theta) dr$;　　　　D. $\int_{\frac{\pi}{4}}^{\frac{\pi}{3}} d\theta \int_{\frac{1}{\sqrt{2\sin2\theta}}}^{\frac{1}{\sqrt{\sin2\theta}}} f(r\cos\theta, r\sin\theta) dr$.

3. 计算下列二重积分：

(1) $\iint\limits_{D} (x+y) dxdy$, 其中 $D$ 是由 $x^2+y^2=2x$ 围成的闭区域；

(2) $\iint\limits_{D} \sqrt{x^2+y^2} dxdy$, 其中 $D$ 是由 $x^2+y^2=2y$ 围成的闭区域；

(3) $\iint\limits_{D} e^{\max(x^2,y^2)} dxdy$, $D=\{(x,y) \mid 0\leqslant x\leqslant1, 0\leqslant y\leqslant1\}$;

(4) (2001 考研) 求二重积分 $\iint\limits_{D} y(1+xe^{\frac{1}{2}(x^2+y^2)}) dxdy$ 的值, 其中 $D$ 是由 $y=x$, $y=-1, x=1$ 围成的闭区域.

4. 计算下列三重积分：

(1) $\iiint\limits_{\Omega} (x^2-2y^2+3z^2) dv$, 其中 $\Omega$ 是由球面 $x^2+y^2+z^2=1$ 所围成的闭区域；

(2) $I=\iiint\limits_{\Omega} (x+y+z)^2 dxdydz$, 其中 $\Omega: x^2+y^2+z^2\leqslant2az, a>0$;

(3) $\iiint\limits_{\Omega} \sqrt{x^2+y^2} dv$, $\Omega$ 由平面 $z=2, z=8$ 以及曲面 $S$ 围成, 其中 $S$ 是由曲线 $\begin{cases} y^2=2z, \\ x=0 \end{cases}$ 绕 $z$ 轴旋转所生成的旋转面；

(4) $\iiint\limits_{\Omega} \frac{1}{x^2+y^2+z^2} dv$, $\Omega$ 为曲线 $\begin{cases} x^2=2z, \\ y=0 \end{cases}$ 绕 $z$ 轴旋转一周生成的曲面与 $z=1$, $z=2$ 所围的立体区域；

(5) (2015 考研) $\iiint\limits_{\Omega} (x+2y+3z) dxdydz$, 其中 $\Omega$ 是由平面 $x+y+z=1$ 与三个坐标平面所围城的空间区域.

5. 求 $D=\{(x,y) \mid x^2+y^2\leqslant1\}$ 上的连续函数 $f(x,y)$, 使

$$f(x,y)=(x+y)^2-\frac{1}{2\pi}\iint\limits_{D} f(x,y) d\sigma.$$

6. 求 $\Omega=\{(x,y,z) \mid x^2+y^2+z^2\leqslant1, z\geqslant0\}$ 上的连续函数 $f(x,y,z)$, 使 $f(x,y,z)=x+y+4z\iiint\limits_{\Omega} f(x,y,z) dv-3$.

7. 设函数 $f(x)$ 在 $[0,1]$ 上连续，求证：$\int_0^1 \mathrm{d}y \int_0^y f(x^2 - 2x + 1)\mathrm{d}x = \dfrac{1}{2}\int_0^1 f(x)\mathrm{d}x.$

8. 设函数 $f'(x)$ 连续，求证：$\int_0^{\sqrt{2}} \mathrm{d}y \int_y^{\sqrt{4-y^2}} f'(x^2 + y^2)\mathrm{d}x = \dfrac{\pi}{8}(f(4) - f(0)).$

第 8 章部分习题答案

# 第 9 章

## 曲线积分与曲面积分

继重积分之后,这一章将介绍多元函数积分学的另一部分内容——曲线积分与曲面积分. 与重积分不同的是,曲线积分、曲面积分可以分为数量值函数的积分与向量值函数的积分,而数量值函数的曲线积分、曲面积分的概念与定积分、重积分的概念无本质区别,只是积分分别取在曲线和曲面上而已,且计算的基本途径也是将它们分别化为定积分与二重积分. 但向量值函数积分的定义与计算均与积分区域的"定向"有关,情况较为复杂. 下面根据问题的不同背景来研究这两类积分.

## 9.1 数量值函数的曲线积分
## (第一类曲线积分)

### 9.1.1 第一类曲线积分的概念与性质

**曲线形构件的质量** 设一曲线形构件所处的位置是在 $xOy$ 面内的一段曲线弧 $L$ 上,它的端点是 $A$ 与 $B$. 在 $L$ 上任一点 $(x,y)$ 处的线密度为 $\mu(x,y)$,求该曲线形构件的质量 $M$.

用点列 $M_1,M_2,\cdots,M_{n-1}$ 把曲线形构件 $L$ 分成 $n$ 个小段:$\Delta s_1,\Delta s_2,\cdots,\Delta s_n$,如图9-1所示,即第 $i$ 个小段曲线形构件的长度为 $\Delta s_i$($\Delta s_i$ 也表示弧长),任取 $(\xi_i,\eta_i)\in\Delta s_i$,则得第 $i$ 个小段构件的质量的近似值 $\mu(\xi_i,\eta_i)\Delta s_i$,所以整个曲线形构件的质量近似为 $M\approx\sum\limits_{i=1}^{n}\mu(\xi_i,\eta_i)\Delta s_i$. 令 $\lambda=\max(\Delta s_1,\Delta s_2,\cdots,\Delta s_n)\to 0$,则整个曲线形构件的质量为

$$M=\lim_{\lambda\to 0}\sum_{i=1}^{n}\mu(\xi_i,\eta_i)\Delta s_i.$$

这种和的极限在研究其他问题时也会遇到.

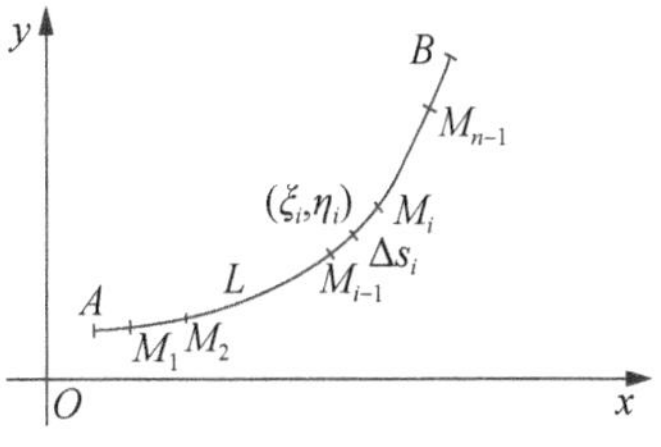

**定义** 设 $L$ 为 $xOy$ 平面内的一条光滑曲线弧,函数 $f(x,y)$ 在 $L$ 上有界. 在 $L$ 上任意插入一点列 $M_1,M_2,\cdots,$ $M_{n-1}$ 把 $L$ 分成 $n$ 个小弧段. 设第 $i$ 个小弧段的长度为 $\Delta s_i$,又 $(\xi_i,\eta_i)$ 为第 $i$ 个小弧段上任意取的一点,作乘积 $f(\xi_i,\eta_i)\Delta s_i(i=1,2,\cdots,n)$,并作和 $\sum\limits_{i=1}^{n}f(\xi_i,\eta_i)\Delta s_i$,如果当各小弧段长度的最大值 $\lambda\to 0$ 时,这和的极限总存在,则称此极限为数量值函数 $f(x,y)$ 在曲线弧 $L$ 上的**曲线积分**,记作 $\int_L f(x,y)\mathrm{d}s$,即

图 9-1

$$\int_L f(x,y)\mathrm{d}s = \lim_{\lambda \to 0} \sum_{i=1}^{n} f(\xi_i,\eta_i)\Delta s_i,$$

其中 $f(x,y)$ 称为**被积函数**,$L$ 称为**积分弧段**(或**积分曲线**),$\mathrm{d}s$ 称为**弧长元素**.

数量值函数的曲线积分也称为**第一类曲线积分**或**对弧长的曲线积分**(下文采用第一类曲线积分这一名称)

**闭曲线积分**  如果 $L$ 是闭曲线,那么函数 $f(x,y)$ 在闭曲线 $L$ 上的第一类曲线积分记作

$$\oint_L f(x,y)\mathrm{d}s.$$

类似地,可将上述曲线积分推广到空间曲线弧 $\Gamma$ 上的情形:

$$\int_{\Gamma} f(x,y,z)\mathrm{d}s = \lim_{\lambda \to 0} \sum_{i=1}^{n} f(\xi_i,\eta_i,\zeta_i)\Delta s_i.$$

根据对第一类曲线积分的定义,曲线形构件的质量就是曲线积分 $\int_L \mu(x,y)\mathrm{d}s$ 的值,其中 $\mu(x,y)$ 为线密度.

**曲线积分的存在性**  若 $f(x,y)$ 在光滑曲线弧 $L$ 上连续,则曲线积分 $\int_L f(x,y)\mathrm{d}s$ 是存在的.

以后我们总假定 $f(x,y)$ 在 $L$ 上是连续的.

**性质 1**  设 $c_1$、$c_2$ 为常数,则

$$\int_L (c_1 f(x,y) + c_2 g(x,y))\mathrm{d}s = c_1\int_L f(x,y)\mathrm{d}s + c_2\int_L g(x,y)\mathrm{d}s;$$

**性质 2**  若积分弧段 $L$ 可分成两段光滑曲线弧 $L_1$ 及 $L_2$,则

$$\int_L f(x,y)\mathrm{d}s = \int_{L_1} f(x,y)\mathrm{d}s + \int_{L_2} f(x,y)\mathrm{d}s;$$

**性质 3**  设在 $L$ 上 $f(x,y) \leqslant g(x,y)$,则

$$\int_L f(x,y)\mathrm{d}s \leqslant \int_L g(x,y)\mathrm{d}s.$$

特别地,有

$$\left|\int_L f(x,y)\mathrm{d}s\right| \leqslant \int_L |f(x,y)|\mathrm{d}s.$$

## 9.1.2  第一类曲线积分的计算方法

**定理**  设函数 $f(x,y)$ 在曲线弧 $L$ 上有定义且连续,$L$ 的参数方程为

$$\begin{cases} x = \varphi(t), \\ y = \psi(t) \end{cases} \quad (\alpha \leqslant t \leqslant \beta),$$

其中 $\varphi(t),\psi(t)$ 在 $[\alpha,\beta]$ 上具有一阶连续导数,且 $\varphi'^2(t) + \psi'^2(t) \neq 0$,则曲线积分 $\int_L f(x,y)\mathrm{d}s$ 存在,且

$$\int_L f(x,y)\mathrm{d}s = \int_\alpha^\beta f[\varphi(t),\psi(t)]\sqrt{\varphi'^2(t)+\psi'^2(t)}\mathrm{d}t.$$

【注】　定积分的下限 $\alpha$ 一定要小于上限 $\beta$，即 $\alpha \leqslant t \leqslant \beta$。

上述定理中的曲线弧 $L$ 是以参数方程给出的，可视为曲线积分的第一种情况，即情形(1)，下面给出其他情形：

(2) $L: y=y(x), a \leqslant x \leqslant b$，(以 $x$ 为参数)，则

$$\int_L f(x,y)\mathrm{d}s = \int_a^b f[x,y(x)]\sqrt{1+y'^2(x)}\mathrm{d}x;$$

(3) $L: x=x(y), c \leqslant y \leqslant d$ (以 $y$ 为参数)，则

$$\int_L f(x,y)\mathrm{d}s = \int_c^d f[x(y),y]\sqrt{1+x'^2(y)}\mathrm{d}y;$$

(4) $\Gamma: x=x(t), y=y(t), z=z(t), \alpha \leqslant t \leqslant \beta$ (以 $t$ 为参数)，则

$$\int_L f(x,y,z)\mathrm{d}s = \int_\alpha^\beta f[x(t),y(t),z(t)]\sqrt{x'^2(t)+y'^2(t)+z'^2(t)}\mathrm{d}t;$$

(5) $\Gamma: y=y(x), z=z(x), a \leqslant x \leqslant b$ (以 $x$ 为参数)，则

$$\int_L f(x,y,z)\mathrm{d}s = \int_a^b f[x,y(x),z(x)]\sqrt{1+y'^2(x)+z'^2(x)}\mathrm{d}x.$$

**例 1**　计算 $\int_L \sqrt{y}\mathrm{d}s$，其中 $L$ 是抛物线 $y=x^2$ 上点 $O(0,0)$ 与点 $B(1,1)$ 之间的一段弧.

**解**　因曲线 $L$ 的方程为 $y=x^2(0 \leqslant x \leqslant 1)$，于是

$$\int_L \sqrt{y}\mathrm{d}s = \int_0^1 \sqrt{x^2}\sqrt{1+(x^2)'^2}\mathrm{d}x = \int_0^1 x\sqrt{1+4x^2}\mathrm{d}x = \frac{1}{12}(5\sqrt{5}-1).$$

**例 2**　计算 $I = \int_L x\mathrm{d}s$，其中 $L$ 是圆周 $x^2+y^2=a^2$ 上从点 $A(0,a)$ 经点 $C(a,0)$ 到点 $B\left(\dfrac{a}{\sqrt{2}},-\dfrac{a}{\sqrt{2}}\right)$ 的一段.

**解法 1**　取 $y$ 为自变量，则 $L$ 的方程为 $x=\sqrt{a^2-y^2}$，其中 $-\dfrac{a}{\sqrt{2}} \leqslant y \leqslant a$，所以

$$I = \int_L x\mathrm{d}s = \int_{-\frac{a}{\sqrt{2}}}^a \sqrt{a^2-y^2}\sqrt{1+x'^2(y)}\mathrm{d}y$$

$$= \int_{-\frac{a}{\sqrt{2}}}^a \sqrt{a^2-y^2}\sqrt{1+\frac{(-y)^2}{a^2-y^2}}\mathrm{d}y = \frac{\sqrt{2}+1}{\sqrt{2}}a^2.$$

**解法 2**　因 $L$ 的参数方程为 $\begin{cases} x=a\cos t, \\ y=a\sin t, \end{cases} -\dfrac{\pi}{4} \leqslant t \leqslant \dfrac{\pi}{2}$，所以

$$I = \int_L x\mathrm{d}s = \int_{-\frac{\pi}{4}}^{\frac{\pi}{2}} a\cos t\sqrt{(-a\sin t)^2+(a\cos t)^2}\mathrm{d}t = \frac{\sqrt{2}+1}{\sqrt{2}}a^2.$$

**例 3**　计算曲线积分 $\int_\Gamma (x^2+y^2+z^2)\mathrm{d}s$，其中 $\Gamma$ 为螺旋线 $x=\cos t, y=\sin t, z=t$ 上

相应于 $t$ 从 $0$ 到 $2\pi$ 的一段弧.

**解** 在曲线 $\Gamma$ 上有 $x^2+y^2+z^2=(\cos t)^2+(\sin t)^2+(t)^2=1+t^2$,并且

$$ds=\sqrt{(-\sin t)^2+(\cos t)^2+1}\,dt=\sqrt{2}\,dt,$$

于是

$$\int_{\Gamma}(x^2+y^2+z^2)ds=\int_0^{2\pi}(1+t^2)\sqrt{2}\,dt$$
$$=\frac{2\sqrt{2}}{3}\pi(3+4\pi^2).$$

习 题 9-1

1.利用第一类曲线积分的定义证明:

$$\int_L f(x,y)ds\leqslant\int_L g(x,y)ds,$$

其中在 $L$ 上 $f(x,y)\leqslant g(x,y)$.

2.计算下列第一类曲线积分:

(1) $\displaystyle\int_L x\,ds$,$L$ 为抛物线 $y=2x^2-1$ 上介于 $x=0$ 与 $x=1$ 之间的一段弧;

(2) $\displaystyle\int_L\sqrt{R^2-x^2-y^2}\,ds$, $L$ 为上半圆弧 $x^2+y^2=Rx,y\geqslant 0$;

(3) $\displaystyle\int_{\Gamma}(x^2+y^2)z\,ds$,$\Gamma$ 为锥面螺旋线 $x=t\cos t,y=t\sin t,z=t$ 上相应于 $t$ 从 $0$ 变到 $1$ 的一段弧;

(4) $\displaystyle\int_{\Gamma}xyz\,ds$,这里 $\Gamma$ 是由点 $A(0,0,0),B(1,2,3),C(1,4,3)$ 组成的折线 $ABC$;

(5) $\displaystyle\oint_L(x^2+y^2)ds$,$L$ 是星形线 $x^{\frac{2}{3}}+y^{\frac{2}{3}}=a^{\frac{2}{3}}$ 一周;

(6) (1998 考研)$\displaystyle\oint_L(2xy+3x^2+4y^2)ds$,$L:\dfrac{x^2}{4}+\dfrac{y^2}{3}=1$,其周长为 $a$;

(7) $\displaystyle\oint_L e^{\sqrt{x^2+y^2}}\,ds$,$L$ 是圆周 $x^2+y^2=a^2$,直线 $y=x$ 及 $x$ 轴在第一象限内所围成的扇形的整个边界;

(8) $\displaystyle\oint_{\Gamma}|y|\,ds$,$\Gamma$ 为球面 $x^2+y^2+z^2=2$ 与平面 $x=y$ 的交线.

## 9.2 向量值函数在定向曲线上的积分(第二类曲线积分)

### 9.2.1 第二类曲线积分的概念与性质

**定向曲线及其切向量**

由于本节讨论的曲线积分的实际背景涉及曲线的走向,所以以平面曲线为例,先对

定向曲线加以说明.

当动点沿着曲线向前连续移动时,就形成了曲线的走向.一条曲线通常可以有两种走向,若将其中一种走向规定为正向,那么另一走向就是反向.带有确定走向的一条曲线称为**定向曲线**.当我们用 $L=\overset{\frown}{AB}$ 表示定向曲线时,前一字母(即 $A$)表示 $L$ 的起点,后一字母(即 $B$)表示 $L$ 的终点.定向曲线 $L$ 的反向曲线记为 $L^-$.对于定向曲线,$L$ 与 $L^-$ 代表着两条不同的曲线.对于参数方程给出的曲线,参数的每个值对应着曲线上的一个点,当参数增加时,曲线上的动点就走出了曲线的一种走向,而当参数减少时,曲线上的动点则走出了曲线的另一种走向.由此将定向曲线 $L=\overset{\frown}{AB}$ 的参数方程写作

$$\begin{cases} x=x(t), \\ y=y(t) \end{cases} \qquad t:a\to b. \tag{9.1}$$

这一写法表明,曲线 $L$ 从 $A$ 到 $B$ 的走向即为参数 $t$ 从 $a$ 到 $b$ 时动点的走向.起点 $A$ 对应 $t=a$,终点 $B$ 对应 $t=b$,此时 $a$ 未必小于 $b$.

定向曲线 $L=\overset{\frown}{AB}$ 的上述参数方程也可以表示为如下的向量形式:

$$r=r(t)=x(t)\boldsymbol{i}+y(t)\boldsymbol{j}, \quad t:a\to b, \tag{9.2}$$

其中 $r(t)$ 表示 $L$ 上对应参数 $t$ 的一点的向径.

对于任意一条光滑曲线,其上每一点处的切向量都可取两个可能的方向.但对定向光滑曲线,我们规定:**定向光滑曲线上各点处的切向量的方向总是与曲线的走向相一致.**

按此规定,如果定向光滑曲线 $L$ 由参数方程(9.1)给出,则当 $a<b$ 时,$L$ 在点 $M(x(t),y(t))$ 处的切向量为 $\tau=(x'(t),y'(t))$.事实上,此时对任何 $\Delta t>0$,$L$ 上的点 $N(x(t+\Delta t),y(t+\Delta t))$ 总是位于点 $M(x(t),y(t))$ 的前方,从而向量 $\dfrac{\overrightarrow{MN}}{\Delta t}$ 的方向指向 $L$ 的前方,即与 $L$ 上动点 $M$ 移动的走向相一致.从而当 $\Delta t\to 0$ 时,向量

$$\frac{\overrightarrow{MN}}{\Delta t}=\left(\frac{x(t+\Delta t)-x(t)}{\Delta t},\frac{y(t+\Delta t)-y(t)}{\Delta t}\right)$$

的极限 $(x'(t),y'(t))$ 就是定向曲线 $L$ 在 $M$ 点处的切向量.

而当 $a>b$ 时,则对任何 $\Delta t<0$,点 $N(x(t+\Delta t),y(t+\Delta t))$ 位于点 $M(x(t),y(t))$ 的后方,从而向量 $-\dfrac{\overrightarrow{MN}}{\Delta t}$ 与 $L$ 上动点 $M$ 的走向相一致,于是当 $\Delta t\to 0$ 时,它的极限 $(-x'(t),-y'(t))$ 给出了 $L$ 在 $M$ 点处的切向量.

由参数方程(9.1)式给出的定向光滑曲线在其上任一点处的**切向量**为

$$\tau=\pm(x'(t),y'(t)),$$

其中的正负号当 $a<b$ 时取正,$a>b$ 时取负.

对空间的定向曲线,也可作出类似的说明.

**变力沿曲线所作的功**　设一个质点在 $xOy$ 面内在变力

$$F(x,y)=P(x,y)\boldsymbol{i}+Q(x,y)\boldsymbol{j}$$

的作用下,从点 $A$ 沿光滑曲线弧 $L$ 移动到点 $B$,试求变力 $F(x,y)$ 所做的功(图 9-2).

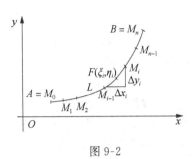

图 9-2

先用曲线弧 $L$ 上的点 $A=M_0,M_1,M_2,\cdots,M_{n-1}$，$M_n=B$ 把 $L$ 分成 $n$ 个小段. 设 $M_k=(x_k,y_k)(k=0,1,\cdots,n)$，取其中一个有向小弧段 $\overparen{M_{i-1}M_i}$ 来进行分析. 由于 $\overparen{M_{i-1}M_i}$ 光滑而且很短，可以用有向线段

$$\overrightarrow{M_{i-1}M_i}=(\Delta x_i)\boldsymbol{i}+(\Delta y_i)\boldsymbol{j}$$

来近似代替它，其中 $\Delta x_i=x_i-x_{i-1},\Delta y_i=y_i-y_{i-1}$. 在 $\overparen{M_{i-1}M_i}$ 上任取点 $(\xi_i,\eta_i)$，则此点处的力为

$$\boldsymbol{F}(\xi_i,\eta_i)=P(\xi_i,\eta_i)\boldsymbol{i}+Q(\xi_i,\eta_i)\boldsymbol{j},$$

可近似代替这小弧段上各点处的力. 这样变力 $\boldsymbol{F}(x,y)$ 沿有向小弧段 $\overparen{M_{i-1}M_i}$ 做的功 $\Delta W_i$ 可近似地等于恒力 $\boldsymbol{F}(\xi_i,\eta_i)$ 沿 $\overrightarrow{M_{i-1}M_i}$ 所做的功

$$\Delta W_i\approx\boldsymbol{F}(\xi_i,\eta_i)\overrightarrow{M_{i-1}M_i},$$

即

$$\Delta W_i\approx P(\xi_i,\eta_i)\Delta x_i+Q(\xi_i,\eta_i)\Delta y_i.$$

变力在 $L$ 上所做的功近似为

$$W=\sum_{i=1}^{n}\Delta W_i\approx\sum_{i=1}^{n}[P(\xi_i,\eta_i)\Delta x_i+Q(\xi_i,\eta_i)\Delta y_i].$$

变力在 $L$ 上所做的功的精确值为

$$W=\lim_{\lambda\to0}\sum_{i=1}^{n}[P(\xi_i,\eta_i)\Delta x_i+Q(\xi_i,\eta_i)\Delta y_i],$$

其中 $\lambda$ 是各小弧段长度的最大值.

**定义** 设 $L$ 为 $xOy$ 面内从点 $A$ 到点 $B$ 的一条光滑有向曲线弧，函数 $P(x,y)$，$Q(x,y)$ 在 $L$ 上有界. 在 $L$ 上沿 $L$ 的方向任意插入一点列 $M_1,M_2,\cdots,M_{n-1}$ 把 $L$ 分成 $n$ 个有向小弧段 $\overparen{M_{i-1}M_i}(i=1,2,\cdots,n;M_0=A,M_n=B)$，$M_i=(x_i,y_i)$，在第 $i$ 个小弧段上任意取一点 $(\xi_i,\eta_i)$. 如果当各小弧段的长度的最大值 $\lambda\to0$ 时，$\displaystyle\sum_{i=1}^{n}P(\xi_i,\eta_i)\Delta x_i$ 与 $\displaystyle\sum_{i=1}^{n}Q(\xi_i,\eta_i)\Delta y_i$ 的极限总存在，则称向量值函数 $\boldsymbol{F}(x,y)=P(x,y)\boldsymbol{i}+Q(x,y)\boldsymbol{j}$ 在**定向曲线弧 $L$ 上的积分存在**，记为

$$\int_L\boldsymbol{F}(x,y)\cdot\boldsymbol{dr},$$

即

$$\int_L\boldsymbol{F}(x,y)\cdot\boldsymbol{dr}=\int_LP(x,y)\mathrm{d}x+\int_LQ(x,y)\mathrm{d}y,\tag{9.3}$$

其中

$$\int_LP(x,y)\mathrm{d}x=\lim_{\lambda\to0}\sum_{i=1}^{n}P(\xi_i,\eta_i)\Delta x_i,$$

$$\int_L Q(x,y)\mathrm{d}y = \lim_{\lambda \to 0} \sum_{i=1}^n Q(\xi_i, \eta_i)\Delta y_i,$$

$$\mathbf{d}r = \mathrm{d}x\mathbf{i} + \mathrm{d}y\mathbf{j},$$

且把 $P(x,y), Q(x,y)$ 称为**被积函数**, $L$ 称为**积分弧段**(或**积分曲线**), $\mathrm{d}r$ 称为**定向弧元素**.

向量值函数在定向曲线弧上的积分也称为**第二类曲线积分**或**对坐标的曲线积分**(下文中采用第二类曲线积分这一名称).

如果 $L$ 是封闭曲线,则此时曲线积分可采用形如 $\oint_L$ 的积分号.

上述定义可以类似地推广到积分弧段为空间有向曲线弧 $\Gamma$ 的情形:

$$\int_\Gamma P(x,y,z)\mathrm{d}x = \lim_{\lambda \to 0} \sum_{i=1}^n P(\xi_i, \eta_i, \zeta_i)\Delta x_i,$$

$$\int_\Gamma Q(x,y,z)\mathrm{d}y = \lim_{\lambda \to 0} \sum_{i=1}^n Q(\xi_i, \eta_i, \zeta_i)\Delta y_i,$$

$$\int_\Gamma R(x,y,z)\mathrm{d}z = \lim_{\lambda \to 0} \sum_{i=1}^n R(\xi_i, \eta_i, \zeta_i)\Delta z_i.$$

第二类曲线积分(9.3)的右端通常简记为

$$\int_L P(x,y)\mathrm{d}x + Q(x,y)\mathrm{d}y. \tag{9.4}$$

类似地,把

$$\int_\Gamma P(x,y,z)\mathrm{d}x + \int_\Gamma Q(x,y,z)\mathrm{d}y + \int_\Gamma R(x,y,z)\mathrm{d}z$$

简记为

$$\int_\Gamma P(x,y,z)\mathrm{d}x + Q(x,y,z)\mathrm{d}y + R(x,y,z)\mathrm{d}z. \tag{9.5}$$

**曲线积分的存在性** 当函数 $P(x,y), Q(x,y)$ 在定向光滑曲线弧 $L$ 上连续时,第二类曲线积分 $\int_L P(x,y)\mathrm{d}x$ 及 $\int_L Q(x,y)\mathrm{d}y$ 是存在的. 以后总假定 $P(x,y), Q(x,y)$ 在 $L$ 上是连续的.

**性质 1** 设 $\alpha, \beta$ 为常数,则

$$\int_L [\alpha\mathbf{F}_1(x,y) + \beta\mathbf{F}_2(x,y)] \cdot \mathbf{d}r = \alpha\int_L \mathbf{F}_1(x,y) \cdot \mathbf{d}r + \beta\int_L \mathbf{F}_2(x,y) \cdot \mathbf{d}r.$$

**性质 2** 如果把 $L$ 分成 $L_1$ 和 $L_2$,则

$$\int_L \mathbf{F}(x,y) \cdot \mathbf{d}r = \int_{L_1} \mathbf{F}(x,y) \cdot \mathbf{d}r + \int_{L_2} \mathbf{F}(x,y) \cdot \mathbf{d}r.$$

**性质 3** 设 $L$ 是有向曲线弧, $L^-$ 是 $L$ 的反向曲线弧,则

$$\int_{L^-} \mathbf{F}(x,y) \cdot \mathbf{d}r = -\int_L \mathbf{F}(x,y) \cdot \mathbf{d}r.$$

### 9.2.2 第二类曲线积分的计算方法

**定理** 设 $P(x,y)$，$Q(x,y)$ 是定义在光滑有向曲线弧 $L$ 上的连续函数，$L$ 的参数方程为

$$\begin{cases} x=\varphi(t), \\ y=\psi(t), \end{cases}$$

当参数 $t$ 单调地由 $t_1$ 变到 $t_2$ 时，点 $M(x,y)$ 从 $L$ 的起点 $A$ 沿 $L$ 运动到终点 $B$. $\varphi(t)$，$\psi(t)$ 在以 $t_1$ 及 $t_2$ 为端点的闭区间上具有一阶连续导数，同时 $\varphi'^2(t)+\psi'^2(t)\neq 0$，则曲线积分 $\int_L P(x,y)\mathrm{d}x+Q(x,y)\mathrm{d}y$ 存在，且

$$\int_L P(x,y)\mathrm{d}x+Q(x,y)\mathrm{d}y = \int_{t_1}^{t_2}\{P[\varphi(t),\psi(t)]\varphi'(t)+Q[\varphi(t),\psi(t)]\psi'(t)\}\mathrm{d}t.$$

$$(9.6)$$

**【注】** 下限 $t_1$ 对应于 $L$ 的起点 $A$，上限 $t_2$ 对应于 $L$ 的终点 $B$，$t_1$ 不一定小于 $t_2$.

证明略.

若空间曲线 $\Gamma$ 由参数方程 $\begin{cases} x=\varphi(t), \\ y=\psi(t), \\ z=\omega(t) \end{cases}$ 给出，那么曲线积分为

$$\int_\Gamma P(x,y,z)\mathrm{d}x+Q(x,y,z)\mathrm{d}y+R(x,y,z)\mathrm{d}z = \int_{t_1}^{t_2}\{P[\varphi(t),\psi(t),\omega(t)]\varphi'(t)$$
$$+Q[\varphi(t),\psi(t),\omega(t)]\psi'(t)+R[\varphi(t),\psi(t),\omega(t)]\omega'(t)\}\mathrm{d}t,$$

其中下限 $t_1$ 对应于 $\Gamma$ 的起点，上限 $t_2$ 对应于 $\Gamma$ 的终点.

**例1** 计算 $\int_L 2xy\mathrm{d}x+x^2\mathrm{d}y$，其中 $L$ 为

(1)从点 $O(0,0)$ 沿抛物线 $y=x^2$ 到点 $B(1,1)$；

(2)从点 $O(0,0)$ 沿直线到点 $A(1,0)$ 处，然后再从点 $A$ 沿直线到点 $B(1,1)$ 处.

**解** (1) 沿抛物线 $y=x^2$，$x$：$0\to 1$(图 9-3)，故

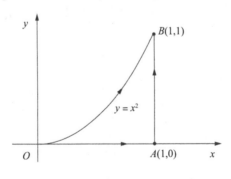

图 9-3

$$\int_L 2xy\mathrm{d}x + x^2\mathrm{d}y = \int_0^1 (2x \cdot x^2 + x^2 \cdot 2x)\mathrm{d}x = 4\int_0^1 x^3\mathrm{d}x = 1.$$

(2) 在线段 $OA$ 上，$y=0$，$x:0\to1$；在线段 $AB$ 上，$x=1$，$y:0\to1$（图 9-3），所以

$$\int_L 2xy\mathrm{d}x + x^2\mathrm{d}y = \int_{OA} 2xy\mathrm{d}x + x^2\mathrm{d}y + \int_{AB} 2xy\mathrm{d}x + x^2\mathrm{d}y$$

$$= \int_0^1 (2x \cdot 0 + x^2 \cdot 0)\mathrm{d}x + \int_0^1 (2y \cdot 0 + 1)\mathrm{d}y$$

$$= 0 + 1 = 1.$$

**例 2**　计算曲线积分 $I = \int_L xy\mathrm{d}x + (y-x)\mathrm{d}y$，其中 $L$ 分别为（图 9-4）：

(1) 沿直线段 $OA$；

(2) 沿曲线 $y=x^3$ 由 $O$ 到 $A$.

**解**　(1) 沿直线段 $OA$ 有：$y=x$，$x:0\to1$，故

$$I = \int_{OA} xy\mathrm{d}x + (y-x)\mathrm{d}y = \int_0^1 x^2\mathrm{d}x = \frac{1}{3}.$$

(2) 沿曲线 $y=x^3$ 由 $O$ 到 $A$ 有 $y=x^3$，$x:0\to1$，所以

$$I = \int_L xy\mathrm{d}x + (y-x)\mathrm{d}y = \int_0^1 [x^4 + (x^3 - x)3x^2]\mathrm{d}x = -\frac{1}{20}.$$

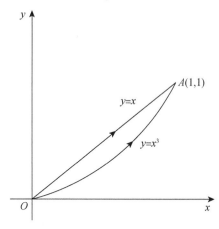

图 9-4

**例 3**　计算 $I = \oint_L \dfrac{(x+y)\mathrm{d}x - (x-y)\mathrm{d}y}{x^2 + y^2}$，其中 $L: x^2 + y^2 = R^2$（逆时针方向）.

**解**　因 $L$ 的参数方程为 $\begin{cases} x = R\cos t, \\ y = R\sin t, \end{cases}$ 参数 $t:0\to2\pi$，所以有

$$I = \oint_L \frac{(x+y)\mathrm{d}x - (x-y)\mathrm{d}y}{x^2 + y^2}$$

$$= \frac{1}{R^2} \int_0^{2\pi} \left[ (R\cos t + R\sin t)(-R\sin t) - (R\cos t - R\sin t)(R\cos t) \right] \mathrm{d}t$$

$$= \frac{1}{R^2} \int_0^{2\pi} (-R^2)\mathrm{d}t = -2\pi.$$

**例 4**  计算 $I = \oint_\Gamma x^2 y\mathrm{d}x + y^2 z\mathrm{d}y + z^2 x\mathrm{d}z$,其中 $\Gamma$ 为曲面 $z = x^2 + y^2$ 与 $x^2 + y^2 + z^2 = 6$ 的交线,方向为从 $z$ 轴的正向看去是顺时针.

**解**  求解 $\begin{cases} z = x^2 + y^2, \\ x^2 + y^2 + z^2 = 6, \\ z \geqslant 0, \end{cases}$ 得 $z = 2$,所以 $\Gamma$ 的方程为 $\begin{cases} z = 2, \\ x^2 + y^2 = 2, \end{cases}$ 其参数方程为

$$\begin{cases} x = \sqrt{2}\cos t, \\ y = \sqrt{2}\sin t, \\ z = 2, \end{cases}$$

参数 $t : 0 \to -2\pi$. 因此

$$I = \oint_\Gamma x^2 y\mathrm{d}x + y^2 z\mathrm{d}y + z^2 x\mathrm{d}z$$

$$= \int_0^{-2\pi} \left[ 2\cos^2 t \sqrt{2}\sin t(-\sqrt{2}\sin t) + 4\sin^2 t \sqrt{2}\cos t + 0 \right] \mathrm{d}t$$

$$= \int_0^{-2\pi} (-\sin^2 2t + 4\sqrt{2}\sin^2 t \cos t)\mathrm{d}t = \pi.$$

第二类曲线积分

### 9.2.3 两类曲线积分之间的关系

设有向曲线弧 $L$ 的参数方程为

$$\begin{cases} x = \varphi(t), \\ y = \psi(t). \end{cases}$$

当参数 $t$ 单调地由 $t_1$ 变到 $t_2$ 时,点 $M(x, y)$ 从 $L$ 的起点 $A$ 沿 $L$ 运动到终点 $B$,则有如下第二类曲线积分的计算公式(9.6):

$$\int_L P(x, y)\mathrm{d}x + Q(x, y)\mathrm{d}y = \int_{t_1}^{t_2} \{P[\varphi(t), \psi(t)]\varphi'(t) + Q[\varphi(t), \psi(t)]\psi'(t)\}\mathrm{d}t.$$

又曲线弧 $L$ 在点 $M(\varphi(t), \psi(t))$ 处的切向量为

$$\tau = \varphi'(t)\boldsymbol{i} + \psi'(t)\boldsymbol{j},$$

其指向与参数 $t$ 的增长方向一致,它的方向余弦为

$$\cos\alpha = \frac{\varphi'(t)}{\sqrt{\varphi'^2(t) + \psi'^2(t)}}, \quad \cos\beta = \frac{\psi'(t)}{\sqrt{\varphi'^2(t) + \psi'^2(t)}}.$$

由第一类曲线积分的计算公式可得

$$\int_L [P(x,y)\cos\alpha + Q(x,y)\cos\beta] \mathrm{d}s$$

$$= \int_{t_1}^{t_2} \left\{ P[\varphi(t),\psi(t)] \frac{\varphi'(t)}{\sqrt{\varphi'^2(t)+\psi'^2(t)}} \right.$$

$$\left. + Q[\varphi(t),\psi(t)] \frac{\psi'(t)}{\sqrt{\varphi'^2(t)+\psi'^2(t)}} \right\} \sqrt{\varphi'^2(t)+\psi'^2(t)} \mathrm{d}t$$

$$= \int_{t_1}^{t_2} \{ P[\varphi(t),\psi(t)]\varphi'(t) + Q[\varphi(t),\psi(t)]\psi'(t) \} \mathrm{d}t ,$$

由此可见,平面曲线 $L$ 上的两类曲线积分之间有如下联系:

$$\int_L P\mathrm{d}x + Q\mathrm{d}y = \int_L (P\cos\alpha + Q\cos\beta)\mathrm{d}s, \qquad (9.7)$$

其中 $\alpha(x,y),\beta(x,y)$ 为有向曲线弧 $L$ 在点 $(x,y)$ 处的切向量的方向角.

类似地,空间曲线 $\Gamma$ 上的两类曲线积分之间有如下联系:

$$\int_\Gamma P\mathrm{d}x + Q\mathrm{d}y + R\mathrm{d}z = \int_\Gamma [P\cos\alpha + Q\cos\beta + R\cos\gamma]\mathrm{d}s, \qquad (9.8)$$

其中 $\alpha(x,y,z),\beta(x,y,z),\gamma(x,y,z)$ 为有向曲线弧 $\Gamma$ 在点 $(x,y,z)$ 处的切向量的方向角.

**例 5** 设 $L$ 是圆周 $x^2+y^2=2x$(取逆时针方向),计算 $\oint_L -y\mathrm{d}x+x\mathrm{d}y$.

**解法 1** 圆周 $L$ 的参数方程为 $\begin{cases} x=1+\cos t, \\ y=\sin t, \end{cases} t:0\to2\pi$,则

$$\oint_L -y\mathrm{d}x+x\mathrm{d}y = \oint_L -y\mathrm{d}x+(x-1)\mathrm{d}y + \oint_L \mathrm{d}y$$

$$= \int_0^{2\pi} (\sin^2 t + \cos^2 t)\mathrm{d}t + \oint_L \mathrm{d}y$$

$$= 2\pi + 0 = 2\pi.$$

**解法 2** 因圆周 $L$ 的参数方程为 $\begin{cases} x=1+\cos t, \\ y=\sin t, \end{cases} t:0\to2\pi$,于是 $L$ 的正向单位切向量是 $\boldsymbol{\tau}=(x'(t),y'(t))=(-\sin t,\cos t)=(-y,x-1)$. 根据两类曲线积分之间的关系得

$$\oint_L -y\mathrm{d}x+x\mathrm{d}y = \oint_L -y\mathrm{d}x+(x-1)\mathrm{d}y + \oint_L \mathrm{d}y$$

$$= \oint_L [(-y)^2+(x-1)^2]\mathrm{d}s + 0 = 2\pi.$$

**习 题 9-2**

1. 设 $L$ 为 $xOy$ 平面内 $x$ 轴上从点 $(a,0)$ 到点 $(b,0)$ 的一段直线,证明

$$\int_L P(x,y)\mathrm{d}x = \int_a^b P(x,0)\mathrm{d}x.$$

2.把第二类曲线积分 $\int_L P\mathrm{d}x+Q\mathrm{d}y$ 化成第一类曲线积分,其中 $L$ 是

(1) 在 $xOy$ 平面上从点 $(0,0)$ 沿直线到点 $(1,1)$;

(2) 从点 $(0,0)$ 沿抛物线 $y=x^2$ 到点 $(1,1)$;

(3) 沿上半圆周 $x^2+y^2=2x$ 从点 $(0,0)$ 到点 $(1,1)$.

3.把第二类曲线积分 $\int_\Gamma P\mathrm{d}x+Q\mathrm{d}y+R\mathrm{d}z$ 化成第一类曲线积分,其中 $\Gamma$ 为

(1) 从点 $(0,0,0)$ 到点 $\left(\dfrac{\sqrt{2}}{2},\dfrac{\sqrt{2}}{2},1\right)$ 的直线段;

(2) 从点 $(0,0,0)$ 经过圆弧 $x=t$, $y=t$, $z=1-\sqrt{1-2t^2}$ $\left(t:0\rightarrow\dfrac{\sqrt{2}}{2}\right)$ 到点 $\left(\dfrac{\sqrt{2}}{2},\dfrac{\sqrt{2}}{2},1\right)$ 的弧段.

4.计算下列第二类曲线积分:

(1) $\int_L x^2 y\mathrm{d}x+xy^2\mathrm{d}y$,其中 $L$ 是抛物线 $y=x^2$ 上从点 $A(-1,1)$ 到点 $B(1,1)$ 的一段弧;

(2) $\int_L (y^2-1)\mathrm{d}x+x^2 y\mathrm{d}y$, $L$ 是 $4x+y^2=4$ 上从 $A(1,0)$ 到 $B(0,2)$ 的一段弧;

(3) $\oint_L \dfrac{\mathrm{d}x}{y}+\dfrac{\mathrm{d}y}{x}$,设 $L$ 是由直线 $y=1$, $x=4$ 及抛物线 $y=\sqrt{x}$ 所围成的闭曲线取逆时针方向;

(4) $\int_L (2xy+3x\sin x)\mathrm{d}x+(x^2-ye^y)\mathrm{d}y$,其中 $L$ 是摆线 $x=t-\sin t$, $y=1-\cos t$ 上从 $O(0,0)$ 到 $A(\pi,2)$ 一段有向弧;

(5) $\int_L 3x^2 y\mathrm{d}x-x^3\mathrm{d}y$,其中 $L$ 是从点 $(0,0)$ 经过点 $(1,0)$ 到点 $(1,1)$ 的折线段;

(6) $I=\int_L (12xy+e^y)\mathrm{d}x-(\cos y-xe^y)\mathrm{d}y$,其中 $L$ 从点 $(-1,1)$ 沿曲线 $y=x^2$ 到点 $(0,0)$,再沿直线 $y=0$ 到点 $(2,0)$;

(7) $\int_\Gamma x^3\mathrm{d}x+3zy^2\mathrm{d}y-x^2 y\mathrm{d}z$,其中 $\Gamma$ 是从点 $A(3,2,1)$ 到点 $B(0,0,0)$ 的直线段 $AB$;

(8) $\int_\Gamma y\mathrm{d}x+z\mathrm{d}y+x\mathrm{d}z$,其中 $\Gamma$ 是从点 $A(2,0,0)$ 到点 $B(3,4,5)$ 再到点 $C(3,4,0)$ 的一条折线.

# 9.3　格林公式及其应用

## 9.3.1　格林公式

英国数学家格林(Green)在1852年建立了平面区域上的二重积分与沿这个区域边界的第二类曲线积分之间的联系,得出了著名的格林公式.格林公式是微积分基本公式

在二重积分情形下的推广,它不仅给计算第二类曲线积分带来一种新的方法,更重要的是它揭示了定向曲线积分与路径无关的条件,在积分理论的发展中起着十分重要的作用.

在给出格林公式之前,先介绍一些与平面区域有关的基本概念.

**单连通区域与复连通区域**

设 $D$ 为一平面区域,如果 $D$ 内任一闭曲线所围的有界区域都属于 $D$,则称 $D$ 为平面**单连通区域**,否则称为**复连通区域**.通俗地讲,平面单连通区域就是没有"洞"的区域,复连通区域是含有"洞"的区域,如图 9-5 所示.例如,$xOy$ 面上的圆盘 $\{(x,y)\mid x^2+y^2<1\}$ 及上半平面 $\{(x,y)\mid y>0\}$ 都是单连通区域;而圆环 $\{(x,y)\mid 1<x^2+y^2<2\}$ 及去心圆盘 $\{(x,y)\mid 0<x^2+y^2<2\}$ 都是复连通区域.

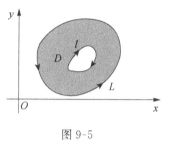

图 9-5

对平面区域 $D$ 的边界曲线 $L$,我们规定 **$L$ 的正向**如下:当观察者沿 $L$ 的这个方向行走时,$D$ 内在他近处的那一部分总在他的左边.

**定理 1**　设闭区域 $D$ 由分段光滑曲线 $L$ 所围成,函数 $P(x,y),Q(x,y)$ 在 $D$ 上具有一阶连续偏导数,则有

$$\iint\limits_{D}\left(\frac{\partial Q}{\partial x}-\frac{\partial P}{\partial y}\right)\mathrm{d}x\mathrm{d}y=\oint_{L}P\mathrm{d}x+Q\mathrm{d}y,\tag{9.9}$$

其中 $L$ 是 $D$ 的取正向的边界曲线.

公式(9.9)称为**格林公式**:

**证**　根据区域 $D$ 的不同形状,分三种情形来证明:

(1)若区域 $D$ 既是 $X$ 型区域又是 $Y$ 型区域(如图 9-6).这时区域 $D$ 可表示为

$$a\leqslant x\leqslant b,\varphi_1(x)\leqslant y\leqslant\varphi_2(x)$$

或

$$c\leqslant y\leqslant d,\psi_1(y)\leqslant x\leqslant\psi_2(y),$$

这里 $y=\varphi_1(x),y=\varphi_2(x)$ 分别为曲线 $\overparen{ACB}$、$\overparen{AEB}$ 的方程.而 $x=\psi_1(y),x=\psi_2(y)$ 则分别是曲线 $\overparen{CAE}$、$\overparen{CBE}$ 的方程.于是

$$\iint\limits_{D}\frac{\partial P}{\partial y}\mathrm{d}x\mathrm{d}y=\int_a^b\left(\int_{\varphi_1(x)}^{\varphi_2(x)}\frac{\partial P(x,y)}{\partial y}\mathrm{d}y\right)\mathrm{d}x$$

$$=\int_a^b P[x,\varphi_2(x)]\mathrm{d}x-\int_a^b P[x,\varphi_1(x)]\mathrm{d}x$$

$$=\int_{\overparen{AEB}}P(x,y)\mathrm{d}x-\int_{\overparen{ACB}}P(x,y)\mathrm{d}x$$

$$=\int_{\overparen{AEB}}P(x,y)\mathrm{d}x+\int_{\overparen{BCA}}P(x,y)\mathrm{d}x$$

$$=-\oint_{L}P(x,y)\mathrm{d}x,$$

即

$$-\iint\limits_{D}\frac{\partial P}{\partial y}\mathrm{d}x\mathrm{d}y=\oint_{L}P(x,y)\mathrm{d}x.$$

同理可证得

$$\iint_D \frac{\partial Q}{\partial x}\mathrm{d}x\mathrm{d}y = \oint_L Q(x,y)\mathrm{d}y.$$

将上述两式相加即得

$$\iint_D \left(\frac{\partial Q}{\partial x} - \frac{\partial P}{\partial y}\right)\mathrm{d}x\mathrm{d}y = \oint_L P\mathrm{d}x + Q\mathrm{d}y.$$

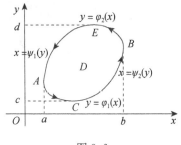

图 9-6　　　　　　　　　　　　　　　　图 9-7

（2）若区域 $D$ 是由一条按段光滑的闭曲线围成（如图 9-7）.则先用几段光滑曲线将 $D$ 分成有限个既是 $X$ 型又是 $Y$ 型的子区域,然后逐块按步骤（1）得到相应的格林公式,并相加即可.

（3）若区域 $D$ 为复连通区域,亦可通过补线的办法把区域转化为步骤（2）的情况来处理.关于（2）,（3）的详细过程由学生自行完成.

格林公式沟通了沿闭曲线的积分与二重积分之间的联系.为了便于记忆,公式（9.9）也可写成下述形式:

$$\iint_D \begin{vmatrix} \dfrac{\partial}{\partial x} & \dfrac{\partial}{\partial y} \\ P & Q \end{vmatrix}\mathrm{d}x\mathrm{d}y = \oint_L P\mathrm{d}x + Q\mathrm{d}y.$$

下面说明格林公式的一个简单应用.

在公式（9.9）中,取 $P=-y,Q=x$,即得

$$2\iint_D \mathrm{d}x\mathrm{d}y = \oint_L x\mathrm{d}y - y\mathrm{d}x \quad 或 \quad A = \iint_D \mathrm{d}x\mathrm{d}y = \frac{1}{2}\oint_L x\mathrm{d}y - y\mathrm{d}x. \tag{9.10}$$

根据公式（9.10）,容易求出平面区域 $D$ 的面积 $A$.

**例1**　计算曲线积分 $I = \int_L \left(1 - \frac{y^2}{x^2}\cos\frac{y}{x}\right)\mathrm{d}x + \left(\sin\frac{y}{x} + \frac{y}{x}\cos\frac{y}{x}\right)\mathrm{d}y$,其中 $L$ 为圆 $(x-2)^2 + (y-2)^2 = 2$ 的正向.

**解**　因

$$\frac{\partial P}{\partial y} = \frac{\partial}{\partial y}\left(1 - \frac{y^2}{x^2}\cos\frac{y}{x}\right) = -\frac{2y}{x^2}\cos\frac{y}{x} + \frac{y^2}{x^3}\sin\frac{y}{x},$$

$$\frac{\partial Q}{\partial x} = \frac{\partial}{\partial x}\left(\sin\frac{y}{x} + \frac{y}{x}\cos\frac{y}{x}\right) = -\frac{2y}{x^2}\cos\frac{y}{x} + \frac{y^2}{x^3}\sin\frac{y}{x}.$$

显然,在圆 $(x-2)^2 + (y-2)^2 \leq 2$ 内,有 $\frac{\partial P}{\partial y} \equiv \frac{\partial Q}{\partial x}$,故

$$I = \int_L P\mathrm{d}x + Q\mathrm{d}y = 0.$$

**例2** 计算 $\iint_D \mathrm{e}^{-y^2}\mathrm{d}x\mathrm{d}y$，其中 $D$ 是以 $O(0,0),A(1,1)$，$B(0,1)$ 为顶点的三角形闭区域(图 9-8)．

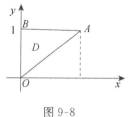

**解法1** $\iint_D \mathrm{e}^{-y^2}\mathrm{d}x\mathrm{d}y = \int_0^1 \mathrm{e}^{-y^2}\mathrm{d}y\int_0^y \mathrm{d}x = \int_0^1 y\mathrm{e}^{-y^2}\mathrm{d}y = \frac{1}{2}(1-\mathrm{e}^{-1})$．

图 9-8

**解法2** 令 $P=0,Q=x\mathrm{e}^{-y^2}$，则 $\frac{\partial Q}{\partial x}-\frac{\partial P}{\partial y}=\mathrm{e}^{-y^2}$．因此，由公式(9.9)有

$$\iint_D \mathrm{e}^{-y^2}\mathrm{d}x\mathrm{d}y = \int_{OA+AB+BO} x\mathrm{e}^{-y^2}\mathrm{d}y = \int_{OA} x\mathrm{e}^{-y^2}\mathrm{d}y = \int_0^1 x\mathrm{e}^{-x^2}\mathrm{d}x = \frac{1}{2}(1-\mathrm{e}^{-1}).$$

**例3** 计算 $I = \int_L \frac{(x-y)\mathrm{d}x+(x+y)\mathrm{d}y}{x^2+y^2}$，其中 $L$ 是曲线 $y=x^2-2$ 从点 $A(-2,2)$ 到点 $B(2,2)$ 的一段(图 9-9)．

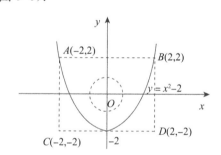

图 9-9

**解法1** 记 $P(x,y)=\frac{x-y}{x^2+y^2}, Q(x,y)=\frac{x+y}{x^2+y^2}$，当 $(x,y)\neq(0,0)$ 时，有

$$\frac{\partial Q(x,y)}{\partial x}=\frac{y^2-x^2-2xy}{(x^2+y^2)^2}=\frac{\partial P(x,y)}{\partial y}.$$

令 $L_1$ 是折线段 $A(-2,2)\rightarrow C(-2,-2)\rightarrow D(2,-2)\rightarrow B(2,2)$，则根据格林公式易知

$$I = \int_L \frac{(x-y)\mathrm{d}x+(x+y)\mathrm{d}y}{x^2+y^2} = \int_{L_1} \frac{(x-y)\mathrm{d}x+(x+y)\mathrm{d}y}{x^2+y^2}$$

$$= \int_2^{-2} \frac{-2+y}{4+y^2}\mathrm{d}y + \int_{-2}^2 \frac{x+2}{x^2+4}\mathrm{d}x + \int_{-2}^2 \frac{2+y}{4+y^2}\mathrm{d}y$$

$$= 6\int_{-2}^2 \frac{1}{4+y^2}\mathrm{d}y = \frac{3}{2}\pi.$$

**解法2** 令 $L_1$ 是直线段 $A(-2,2)\rightarrow B(2,2)$，$L_2$ 是圆周 $x^2+y^2=r^2$(取逆时针方向)，$r$ 足够小．由于当 $(x,y)\neq(0,0)$ 时，有

$$\frac{\partial}{\partial x}\left(\frac{x+y}{x^2+y^2}\right)=\frac{y^2-x^2-2xy}{(x^2+y^2)^2}=\frac{\partial}{\partial y}\left(\frac{x-y}{x^2+y^2}\right),$$

所以由格林公式得

$$
\begin{aligned}
I &= \int_L \frac{(x-y)\mathrm{d}x + (x+y)\mathrm{d}y}{x^2+y^2} \\
&= \int_{L_1} \frac{(x-y)\mathrm{d}x + (x+y)\mathrm{d}y}{x^2+y^2} + \int_{L_2} \frac{(x-y)\mathrm{d}x + (x+y)\mathrm{d}y}{x^2+y^2} \\
&= \int_{-2}^{2} \frac{x-2}{x^2+4}\mathrm{d}x + \frac{1}{r^2}\int_{L_2} (x-y)\mathrm{d}x + (x+y)\mathrm{d}y \\
&= -\frac{\pi}{2} + 2\pi = \frac{3}{2}\pi.
\end{aligned}
$$

格林公式

### 9.3.2　平面上定向曲线积分与路径无关的条件

从 9.2 节例 2 可看出:尽管积分曲线 $L$ 的起点与终点都相同,但沿不同的路径,其曲线积分也不同,即曲线积分与路径有关.若积分与路径无关的话,就可大大简化曲线积分的计算.那么在什么条件下,曲线积分只与起点、终点有关而与路径无关呢? 本节将讨论这个问题.

**曲线积分与路径无关**

设 $G$ 是一个区域,$P(x,y)$,$Q(x,y)$ 在区域 $G$ 内具有一阶连续偏导数,如果对于 $G$ 内任意指定的两个点 $A$,$B$ 以及 $G$ 内从点 $A$ 到点 $B$ 的任意两条曲线 $L_1$,$L_2$,等式

$$
\int_{L_1} P\mathrm{d}x + Q\mathrm{d}y = \int_{L_2} P\mathrm{d}x + Q\mathrm{d}y
$$

恒成立,则称曲线积分 $\int_L P\mathrm{d}x + Q\mathrm{d}y$ 在 $G$ 内**与路径无关**,否则称**与路径有关**.

设曲线积分 $\int_L P\mathrm{d}x + Q\mathrm{d}y$ 在 $G$ 内与路径无关,$L_1$ 和 $L_2$ 是 $G$ 内任意两条从点 $A$ 到点 $B$ 的曲线,则有

$$
\int_{L_1} P\mathrm{d}x + Q\mathrm{d}y = \int_{L_2} P\mathrm{d}x + Q\mathrm{d}y.
$$

因为

$$
\int_{L_1} P\mathrm{d}x + Q\mathrm{d}y = \int_{L_2} P\mathrm{d}x + Q\mathrm{d}y \Leftrightarrow \int_{L_1} P\mathrm{d}x + Q\mathrm{d}y - \int_{L_2} P\mathrm{d}x + Q\mathrm{d}y = 0
$$

$$
\Leftrightarrow \int_{L_1} P\mathrm{d}x + Q\mathrm{d}y + \int_{L_2^-} P\mathrm{d}x + Q\mathrm{d}y = 0 \Leftrightarrow \oint_{L_1+L_2^-} P\mathrm{d}x + Q\mathrm{d}y = 0,
$$

所以有以下结论:

曲线积分 $\int_L P\mathrm{d}x + Q\mathrm{d}y$ 在 $G$ 内与路径无关相当于沿 $G$ 内任意闭曲线 $L$ 的曲线积分 $\oint_L P\mathrm{d}x + Q\mathrm{d}y$ 等于零.

**定理 2**　设区域 $G$ 是一个单连通域,函数 $P(x,y),Q(x,y)$ 在 $G$ 内具有一阶连续偏导数,则曲线积分 $\int_L P\mathrm{d}x + Q\mathrm{d}y$ 在 $G$ 内 与路径无关(或沿 $G$ 内任意闭曲线的曲线积分为零)的充分必要条件是等式

$$\frac{\partial P}{\partial y} = \frac{\partial Q}{\partial x} \tag{9.11}$$

在 $G$ 内恒成立.

**证　充分性**　若 $\dfrac{\partial P}{\partial y} = \dfrac{\partial Q}{\partial x}$,则 $\dfrac{\partial Q}{\partial x} - \dfrac{\partial P}{\partial y} = 0$,由格林公式,对任意闭曲线 $L$,有

$$\oint_L P\mathrm{d}x + Q\mathrm{d}y = \iint\limits_D \left( \frac{\partial Q}{\partial x} - \frac{\partial P}{\partial y} \right)\mathrm{d}x\mathrm{d}y = 0.$$

**必要性**　用反证法,假设存在一点 $M_0 \in G$,使 $\dfrac{\partial Q}{\partial x} - \dfrac{\partial P}{\partial y} = \eta \neq 0$. 不妨设 $\eta > 0$,则由 $\dfrac{\partial Q}{\partial x} - \dfrac{\partial P}{\partial y}$ 的连续性,在 $G$ 内存在 $M_0$ 为圆心、以 $\delta$ 为半径的一个邻域 $U(M_0, \delta)$,使在此邻域内 $\dfrac{\partial Q}{\partial x} - \dfrac{\partial P}{\partial y} > \dfrac{\eta}{2}$,于是沿圆邻域 $U(M_0, \delta)$ 边界 $l$ 的闭曲线积分

$$\oint_l P\mathrm{d}x + Q\mathrm{d}y = \iint\limits_{U(M_0, \delta)} \left( \frac{\partial Q}{\partial x} - \frac{\partial P}{\partial y} \right)\mathrm{d}x\mathrm{d}y \geqslant \frac{\eta}{2} \cdot \pi\delta^2 > 0,$$

这与闭曲线积分为零相矛盾,因此 $\dfrac{\partial Q}{\partial x} - \dfrac{\partial P}{\partial y} = 0$ 在 $G$ 内处处成立,证毕.

**【注】**　定理要求,区域 $G$ 是单连通区域,且函数 $P(x,y),Q(x,y)$ 在 $G$ 内具有一阶连续偏导数. 如果这两个条件之一不能满足,那么定理的结论不能保证成立.

破坏函数 $P(x,y),Q(x,y)$ 及 $\dfrac{\partial P}{\partial y},\dfrac{\partial Q}{\partial x}$ 连续性条件的点称为**奇点**.

**例 4**　计算 $\int_L 2xy\mathrm{d}x + x^2\mathrm{d}y$,其中 $L$ 为抛物线 $y = x^2$ 上从 $O(0,0)$ 到 $B(1,1)$ 的一段弧.

**解**　因为在整个 $xOy$ 平面内都有 $\dfrac{\partial P}{\partial y} = \dfrac{\partial Q}{\partial x} = 2x$,所以在整个 $xOy$ 面内,积分 $\int_L 2xy\mathrm{d}x + x^2\mathrm{d}y$ 与路径无关. 现设一个点 $A(1,0)$,于是 有

$$\int_L 2xy\mathrm{d}x + x^2\mathrm{d}y = \int_{OA} 2xy\mathrm{d}x + x^2\mathrm{d}y + \int_{AB} 2xy\mathrm{d}x + x^2\mathrm{d}y = \int_0^1 1^2\mathrm{d}y = 1.$$

此时可以更清楚的解释 9.2 节例 1 中(1)与(2)的结果相同的原因了.

### 9.3.3　二元函数的全微分求积

二元函数 $u(x,y)$ 的全微分为 $\mathrm{d}u(x,y) = u_x(x,y)\mathrm{d}x + u_y(x,y)\mathrm{d}y$,而表达式 $P(x,y)\mathrm{d}x + Q(x,y)\mathrm{d}y$ 与函数的全微分有相同的结构,那么在什么条件下表达式 $P(x,y)\mathrm{d}x + Q(x,y)\mathrm{d}y$ 是某个二元函数 $u(x,y)$ 的全微分呢? 当这样的二元函数存在

时怎样求出这个二元函数呢?

**定理 3** 设区域 $G$ 是一个单连通区域,函数 $P(x,y),Q(x,y)$ 在 $G$ 内具有一阶连续偏导数,则 $P(x,y)\mathrm{d}x+Q(x,y)\mathrm{d}y$ 在 $G$ 内为某一函数 $u(x,y)$ 的全微分的充分必要条件是

$$\frac{\partial P}{\partial y}=\frac{\partial Q}{\partial x}$$

在 $G$ 内恒成立.

**证 必要性** 假设存在某一函数 $u(x,y)$,使得

$$\mathrm{d}u=P(x,y)\mathrm{d}x+Q(x,y)\mathrm{d}y,$$

则必有

$$\frac{\partial P}{\partial y}=\frac{\partial}{\partial y}\left(\frac{\partial u}{\partial x}\right)=\frac{\partial^2 u}{\partial x\partial y}, \quad \frac{\partial Q}{\partial x}=\frac{\partial}{\partial x}\left(\frac{\partial u}{\partial y}\right)=\frac{\partial^2 u}{\partial y\partial x},$$

因为 $P,Q$ 具有一阶连续偏导数,所以 $\dfrac{\partial^2 u}{\partial x\partial y},\dfrac{\partial^2 u}{\partial y\partial x}$ 连续,因此

$$\frac{\partial^2 u}{\partial x\partial y}=\frac{\partial^2 u}{\partial y\partial x},$$

即

$$\frac{\partial P}{\partial y}=\frac{\partial Q}{\partial x}.$$

**充分性** 因为在 $G$ 内 $\dfrac{\partial P}{\partial y}=\dfrac{\partial Q}{\partial x}$,所以积分

$$\int_L P(x,y)\mathrm{d}x+Q(x,y)\mathrm{d}y$$

在 $G$ 内与路径无关. 而在 $G$ 内从点 $(x_0,y_0)$ 到点 $(x,y)$ 的曲线积分可表示为

$$u(x,y)=\int_{(x_0,y_0)}^{(x,y)}P(x,y)\mathrm{d}x+Q(x,y)\mathrm{d}y,$$

即 $u(x,y)=\displaystyle\int_{y_0}^{y}Q(x_0,y)\mathrm{d}y+\int_{x_0}^{x}P(x,y)\mathrm{d}x$,所以

$$\frac{\partial u}{\partial x}=\frac{\partial}{\partial x}\int_{y_0}^{y}Q(x_0,y)\mathrm{d}y+\frac{\partial}{\partial x}\int_{x_0}^{x}P(x,y)\mathrm{d}x=P(x,y).$$

类似地有 $\dfrac{\partial u}{\partial y}=Q(x,y)$,从而 $\mathrm{d}u=P(x,y)\mathrm{d}x+Q(x,y)\mathrm{d}y$,即 $P(x,y)\mathrm{d}x+Q(x,y)\mathrm{d}y$ 是某一函数的全微分,证毕.

**求原函数的公式:**

$$u(x,y)=\int_{(x_0,y_0)}^{(x,y)}P(x,y)\mathrm{d}x+Q(x,y)\mathrm{d}y, \tag{9.12}$$

$$u(x,y)=\int_{x_0}^{x}P(x,y_0)\mathrm{d}x+\int_{y_0}^{y}Q(x,y)\mathrm{d}y,$$

$$u(x,y)=\int_{y_0}^{y}Q(x_0,y)\mathrm{d}y+\int_{x_0}^{x}P(x,y)\mathrm{d}x.$$

**例 5**　验证 $(e^x \cos y + 2xy^2)dx + (2x^2y - e^x \sin y)dy$ 是某个函数的全微分,并求出一个这样的函数.

**解法 1**　因为函数 $e^x \cos y + 2xy^2$,$2x^2y - e^x \sin y$ 在 $\mathbf{R}^2$ 上存在一阶连续偏导数,且

$$\frac{\partial(e^x \cos y + 2xy^2)}{\partial y} = 4xy - e^x \sin y = \frac{\partial(2x^2y - e^x \sin y)}{\partial x},$$

所以微分形式 $(e^x \cos y + 2xy^2)dx + (2x^2y - e^x \sin y)dy$ 是某个函数的全微分,它的一个原函数是

$$u(x,y) = \int_{(0,0)}^{(x,y)} (e^x \cos y + 2xy^2)dx + (2x^2y - e^x \sin y)dy$$

$$= \int_0^x e^x dx + \int_0^y (2x^2y - e^x \sin y)dy = x^2y^2 + e^x \cos y - 1.$$

**解法 2**　利用不定积分法求原函数,设

$$du(x,y) = (e^x \cos y + 2xy^2)dx + (2x^2y - e^x \sin y)dy,$$

则

$$\frac{\partial u(x,y)}{\partial x} = e^x \cos y + 2xy^2,$$

两边对变量 $x$ 积分得

$$u(x,y) = e^x \cos y + x^2y^2 + g(y),$$

于是

$$\frac{\partial u(x,y)}{\partial y} = 2x^2y - e^x \sin y + g'(y).$$

又因为 $\dfrac{\partial u(x,y)}{\partial y} = 2x^2y - e^x \sin y$,所以比较 $\dfrac{\partial u(x,y)}{\partial y}$ 的两个表达式,得 $g'(y) = 0$,即 $g(y) = C$,所以

$$u(x,y) = e^x \cos y + x^2y^2 + C,$$

取 $C = 0$ 即为其中一个原函数.

**例 6**　求解微分方程 $\left(xy^2 - \dfrac{y^3}{3} + 2x\right)dx + (x^2y - xy^2 - 3y)dy = 0.$

**解**　令 $P(x,y) = xy^2 - \dfrac{y^3}{3} + 2x$,$Q(x,y) = x^2y - xy^2 - 3y$,则

$$\frac{\partial Q}{\partial x} = 2xy - y^2 = \frac{\partial P}{\partial y},$$

所以方程是全微分方程. 取 $x_0 = 0$,$y_0 = 0$,由公式(9.12)得

$$u(x,y) = \int_{(0,0)}^{(x,y)} \left(xy^2 - \frac{y^3}{3} + 2x\right)dx + (x^2y - xy^2 - 3y)dy$$

$$= \int_0^x (2x)dx + \int_0^y (x^2y - xy^2 - 3y)dy$$

$$= x^2 + \frac{1}{2}x^2y^2 - \frac{1}{3}xy^3 - \frac{3}{2}y^2,$$

于是,方程的通解为

$$x^2 + \frac{1}{2}x^2y^2 - \frac{1}{3}xy^3 - \frac{3}{2}y^2 = C.$$

## 习　题　9-3

1. 设 $L$ 是圆周 $x^2 + y^2 = 2x$(取逆时针方向),利用 Green 公式计算 $\oint_L -y\mathrm{d}x + x\mathrm{d}y$.

2. 利用第二类曲线积分,求下列曲线所围成的图形的面积:

(1)椭圆 $x = a\cos\theta, y = b\sin\theta$;

(2)曲线 $x = \cos\theta, y = \sin^3\theta$;

(3)圆 $x^2 + y^2 = 2ax$.

3. 利用格林公式,计算下列曲线积分:

(1) $\int_L (y^2 - 1)\mathrm{d}x + x^2y\mathrm{d}y$,其中 $L$ 是 $4x + y^2 = 4$ 上从 $A(1,0)$ 到 $B(0,2)$ 的一段弧;

(2) $\oint_L (2xy - 2y)\mathrm{d}x + (x^2 - 4x)\mathrm{d}y$,其中 $L$ 为圆周 $x^2 + y^2 = 1$ 取逆时针方向;

(3) $I = \oint_L y^2 x\mathrm{d}y - x^2 y\mathrm{d}x$,其中 $L$ 是圆周 $x^2 + y^2 = a^2$,顺时针方向;

(4) $\oint_L \dfrac{x\mathrm{d}y - y\mathrm{d}x}{x^2 + y^2}$,其中 $L$ 为一条无重点、分段光滑且不经过原点的连续闭曲线,$L$ 的方向为逆时针方向;

(5) $\int_L (2xy + 3x\sin x)\mathrm{d}x + (x^2 - ye^y)\mathrm{d}y$,其中 $L$ 是摆线 $x = t - \sin t, y = 1 - \cos t$ 上从 $O(0,0)$ 到 $A(\pi,2)$ 一段有向弧.

4. 证明下列曲线积分在整个 $xOy$ 面内与路径无关,并计算积分值:

(1) $\int_{(1,0)}^{(2,1)} (2xy - y^4 + 3)\mathrm{d}x + (x^2 - 4xy^3)\mathrm{d}y$;

(2) $\int_{(0,0)}^{(4,8)} e^{-x}\sin y\mathrm{d}x - e^{-x}\cos y\mathrm{d}y$;

(3) $\int_{(0,0)}^{(a,b)} \dfrac{\mathrm{d}x + \mathrm{d}y}{1 + (x+y)^2}$.

5. 验证下列 $P(x,y)\mathrm{d}x + Q(x,y)\mathrm{d}y$ 在整个 $xOy$ 面内是某个函数 $u(x,y)$ 的全微分,并求出这样的一个 $u(x,y)$:

(1) $x^2 y\mathrm{d}y + xy^2\mathrm{d}x$;

(2) $(1 - 2xy - y^2)\mathrm{d}x - (x+y)^2\mathrm{d}y$;

(3) $(3x^2 y + xe^x)\mathrm{d}x + (x^3 - y\sin y)\mathrm{d}y$;

(4) $(6xy + 2y^2)\mathrm{d}x + (3x^2 + 4xy)\mathrm{d}y$;

(5) $(e^x\cos y + 2xy^2)\mathrm{d}x + (2x^2 y - e^x\sin y)\mathrm{d}y$.

6.验证下列微分方程是全微分方程,并求其通解:

(1) $\sin x\sin 2y\mathrm{d}x - 2\cos x\cos 2y\mathrm{d}y = 0$;

(2) $(x^2 - y)\mathrm{d}x - (x + \sin^2 y)\mathrm{d}y = 0$.

7. 求 $a$ 值,使曲线积分 $\int_L (1 + y^3)\mathrm{d}x + (2x + y)\mathrm{d}y$ 最小,其中 $L$ 是正弦曲线 $y = a\sin x$ 上从 $O(0,0)$ 到 $A(\pi, 0)$ 一段有向弧.

8. 已知曲线积分 $\int_L xy^2\mathrm{d}x + yf(x)\mathrm{d}y$ 与路径无关,其中 $f(x)$ 具有一阶连续导数,且 $f(0) = 0$. 求 $\int_{(0,0)}^{(2,2)} xy^2\mathrm{d}x + yf(x)\mathrm{d}y$ 的值.

9. 证明: $\oint_L \dfrac{x - y}{x^2 + y^2}\mathrm{d}x + \dfrac{x + y}{x^2 + y^2}\mathrm{d}y = 2\pi$,$L$ 是椭圆: $\dfrac{x^2}{a^2} + \dfrac{y^2}{b^2} = 1$ 的正方向的边界光滑闭曲线.

# 9.4 数量值函数的曲面积分
# (第一类曲面积分)

## 9.4.1 第一类曲面积分的概念与性质

**物质曲面的质量问题** 设 $\Sigma$ 为面密度非均匀的物质曲面,其面密度为 $\rho(x, y, z)$,求其质量 $M$.

把曲面 $\Sigma$ 分成 $n$ 个小块: $\Delta S_1, \Delta S_2, \cdots, \Delta S_n$($\Delta S_i$ 也代表曲面的面积),在 $\Delta S_i$ 上任取一点 $(\xi_i, \eta_i, \zeta_i)$,则质量 $M$ 的近似值为

$$\sum_{i=1}^{n} \rho(\xi_i, \eta_i, \zeta_i)\Delta S_i,$$

设 $\lambda$ 是各小块曲面 $\Delta S_i$ 的直径的最大值,当 $\lambda \to 0$ 时,若面密度函数 $\rho(x, y, z)$ 在曲面 $\Sigma$ 上连续,那么对上式取极限可得质量 $M$ 的精确值,即有

$$M = \lim_{\lambda \to 0} \sum_{i=1}^{n} \rho(\xi_i, \eta_i, \zeta_i)\Delta S_i.$$

**定义** 设曲面 $\Sigma$ 是光滑的,函数 $f(x, y, z)$ 在 $\Sigma$ 上有界,把 $\Sigma$ 任意分成 $n$ 小块 $\Delta S_1, \Delta S_2, \cdots, \Delta S_n$($\Delta S_i$ 也代表曲面的面积),在 $\Delta S_i$ 上任取一点 $(\xi_i, \eta_i, \zeta_i)$,作乘积 $f(\xi_i, \eta_i, \zeta_i)\Delta S_i (i = 1, 2, \cdots, n)$,并作和 $\sum_{i=1}^{n} f(\xi_i, \eta_i, \zeta_i)\Delta S_i$. 如果当各小块曲面的直径的最大值 $\lambda \to 0$ 时,极限 $\lim\limits_{\lambda \to 0} \sum_{i=1}^{n} f(\xi_i, \eta_i, \zeta_i)\Delta S_i$ 总存在,则称此极限为数量值函数 $f(x, y, z)$ 在曲面 $\Sigma$ 上的**曲面积分**,记为 $\iint\limits_{\Sigma} f(x, y, z)\mathrm{d}S$,即

$$\iint\limits_{\Sigma} f(x, y, z)\mathrm{d}S = \lim_{\lambda \to 0} \sum_{i=1}^{n} f(\xi_i, \eta_i, \zeta_i)\Delta S_i, \tag{9.13}$$

其中 $f(x,y,z)$ 称为**被积函数**, $\Sigma$ 称为**积分曲面**, $\mathrm{d}S$ 称为曲面的**面积元素**.

数量值函数的曲面积分也称为**第一类曲面积分**或**对面积的曲面积分**(下文中采用第一类曲面积分这一名称).

如果 $\Sigma$ 为封闭曲面,常将 $\iint\limits_{\Sigma} f(x,y,z)\mathrm{d}S$ 写成 $\oiint\limits_{\Sigma} f(x,y,z)\mathrm{d}S.$

类似定积分的存在条件,若函数 $f(x,y,z)$ 在光滑曲面 $\Sigma$ 上连续,则曲面积分 $\iint\limits_{\Sigma} f(x,y,z)\mathrm{d}S$ 是存在的,今后总假定 $f(x,y,z)$ 在 $\Sigma$ 上连续.

根据上述定义,本节开始提到的面密度为连续函数 $\rho(x,y,z)$ 的光滑曲面 $\Sigma$ 的质量 $M$ 可表示为 $\rho(x,y,z)$ 在 $\Sigma$ 上对面积的曲面积分

$$M = \iint\limits_{\Sigma} \rho(x,y,z)\mathrm{d}S.$$

曲面积分有以下性质:

(1) 设 $c_1,c_2$ 为常数,则

$$\iint\limits_{\Sigma} [c_1 f(x,y,z)+c_2 g(x,y,z)]\mathrm{d}S = c_1\iint\limits_{\Sigma} f(x,y,z)\mathrm{d}S + c_2\iint\limits_{\Sigma} g(x,y,z)\mathrm{d}S;$$

(2) 若曲面 $\Sigma$ 可分成两片光滑曲面 $\Sigma_1$ 及 $\Sigma_2$,则我们规定函数在 $\Sigma$ 上对面积的曲面积分等于函数在光滑的各片曲面上对面积的曲面积分之和

$$\iint\limits_{\Sigma_1+\Sigma_2} f(x,y,z)\mathrm{d}S = \iint\limits_{\Sigma_1} f(x,y,z)\mathrm{d}S + \iint\limits_{\Sigma_2} f(x,y,z)\mathrm{d}S;$$

(3) 设在曲面 $\Sigma$ 上, $f(x,y,z)\leqslant g(x,y,z)$,则

$$\iint\limits_{\Sigma} f(x,y,z)\mathrm{d}S \leqslant \iint\limits_{\Sigma} g(x,y,z)\mathrm{d}S;$$

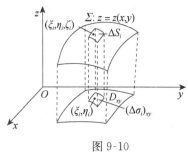

图 9-10

(4) $\iint\limits_{\Sigma}\mathrm{d}S = A$,其中 $A$ 为曲面 $\Sigma$ 的面积.

### 9.4.2　第一类曲面积分的计算方法

如果光滑曲面 $\Sigma$ 由方程 $z=z(x,y)$ 给出, $\Sigma$ 在 $xOy$ 面上的投影区域为 $D_{xy}$(图 9-10),设函数 $z=z(x,y)$ 在 $D_{xy}$ 上具有连续的偏导数,函数 $f(x,y,z)$ 在曲面 $\Sigma$ 上连续,那么由 8.4 节可知,曲面 $\Sigma$ 的面积元素为 $\mathrm{d}S=\sqrt{1+z_x^2(x,y)+z_y^2(x,y)}\,\mathrm{d}\sigma$,而在 $xOy$ 平面上 $\mathrm{d}\sigma=\mathrm{d}x\mathrm{d}y$,所以得

$$\mathrm{d}S=\sqrt{1+z_x^2(x,y)+z_y^2(x,y)}\,\mathrm{d}x\mathrm{d}y, \tag{9.14}$$

因此光滑曲面 $\Sigma$ 的面密度为 $f(x,y,z)$ 时,其质量元素为

$$f[x,y,z(x,y)]\mathrm{d}S=f[x,y,z(x,y)]\sqrt{1+z_x^2(x,y)+z_y^2(x,y)}\,\mathrm{d}x\mathrm{d}y,$$

根据元素法,曲面 $\Sigma$ 的质量为

$$M = \iint\limits_{D_{xy}} f[x,y,z(x,y)] \sqrt{1+z_x^2(x,y)+z_y^2(x,y)} \mathrm{d}x\mathrm{d}y,$$

即

$$\iint\limits_{\Sigma} f(x,y,z)\mathrm{d}S = \iint\limits_{D_{xy}} f[x,y,z(x,y)] \sqrt{1+z_x^2(x,y)+z_y^2(x,y)} \mathrm{d}x\mathrm{d}y. \quad (9.15)$$

所以说,曲面积分的计算是把曲面积分化为二重积分来实现的.即设曲面 $\Sigma$ 由方程 $z=z(x,y)$ 给出,$\Sigma$ 在 $xOy$ 面上的投影区域为 $D_{xy}$,函数 $z=z(x,y)$ 在 $D_{xy}$ 上具有连续偏导数,被积函数 $f(x,y,z)$ 在 $\Sigma$ 上连续,则

$$\iint\limits_{\Sigma} f(x,y,z)\mathrm{d}S = \iint\limits_{D_{xy}} f[x,y,z(x,y)] \sqrt{1+z_x^2(x,y)+z_y^2(x,y)} \mathrm{d}x\mathrm{d}y.$$

如果积分曲面 $\Sigma$ 的方程为 $y=y(z,x)$,$D_{zx}$ 为 $\Sigma$ 在 $zOx$ 面上的投影区域,则函数 $f(x,y,z)$ 在 $\Sigma$ 上的第一类曲面积分为

$$\iint\limits_{\Sigma} f(x,y,z)\mathrm{d}S = \iint\limits_{D_{zx}} f[x,y(z,x),z] \sqrt{1+y_z^2(z,x)+y_x^2(z,x)} \mathrm{d}z\mathrm{d}x.$$

如果积分曲面 $\Sigma$ 的方程为 $x=x(y,z)$,$D_{yz}$ 为 $\Sigma$ 在 $yOz$ 面上的投影区域,则函数 $f(x,y,z)$ 在 $\Sigma$ 上的第一类曲面积分为

$$\iint\limits_{\Sigma} f(x,y,z)\mathrm{d}S = \iint\limits_{D_{yz}} f[x(y,z),y,z] \sqrt{1+x_y^2(y,z)+x_z^2(y,z)} \mathrm{d}y\mathrm{d}z.$$

**例 1**　计算 $I = \iint\limits_{\Sigma} xyz(y^2z^2+z^2x^2+x^2y^2)\mathrm{d}S$,其中曲面 $\Sigma$ 是球面 $x^2+y^2+z^2 = a^2$ 在第一卦限中的部分.

**解**　由于 $z=\sqrt{a^2-x^2-y^2}$,所以 $D=\{(x,y)\,|\,x^2+y^2 \leqslant a^2, x \geqslant 0, y \geqslant 0\}$,且计算得 $\mathrm{d}S = \dfrac{a}{\sqrt{a^2-x^2-y^2}}\mathrm{d}x\mathrm{d}y$,由公式(9.15)得

$$\begin{aligned}
I &= \iint\limits_{\Sigma} xyz(y^2z^2+z^2x^2+x^2y^2)\mathrm{d}S \\
&= 3\iint\limits_{\Sigma} xyzx^2y^2\mathrm{d}S = 3\iint\limits_{D} xy \sqrt{a^2-x^2-y^2}\,x^2y^2 \frac{a}{\sqrt{a^2-x^2-y^2}}\mathrm{d}x\mathrm{d}y \\
&= 3a\iint\limits_{D} x^3y^3\mathrm{d}x\mathrm{d}y = 3a\int_0^{\frac{\pi}{2}} \mathrm{d}\theta \int_0^a r^3\cos^3\theta r^3\sin^3\theta r\,\mathrm{d}r \\
&= \frac{a^9}{32}.
\end{aligned}$$

**例 2**　计算 $I = \oiint\limits_{\Sigma} (x^2+y^2+z^2)\mathrm{d}S$,其中 $\Sigma$ 是球面 $x^2+y^2+z^2 = 2az(a>0)$.

**解**　曲面 $\Sigma$ 可向平面 $xOy$ 投影,这时 $\Sigma$ 需分为上、下两片 $\Sigma_1$ 和 $\Sigma_2$,$\Sigma_1: z=a+\sqrt{a^2-x^2-y^2}$,$\Sigma_2: z=a-\sqrt{a^2-x^2-y^2}$.它们在 $xOy$ 面上的投影区域均为 $D: x^2+y^2 \leqslant a^2$,

且

$$I = \oiint_{\Sigma}(x^2 + y^2 + z^2)\mathrm{d}S$$

$$= \iint_{\Sigma_1}(x^2 + y^2 + z^2)\mathrm{d}S + \iint_{\Sigma_2}(x^2 + y^2 + z^2)\mathrm{d}S$$

$$= \iint_{\Sigma_1}2az\,\mathrm{d}S + \iint_{\Sigma_2}2az\,\mathrm{d}S,$$

在 $\Sigma_1$ 上,$\mathrm{d}S = \sqrt{1 + z_x^2 + z_y^2}\,\mathrm{d}x\mathrm{d}y = \dfrac{a}{\sqrt{a^2 - x^2 - y^2}}\mathrm{d}x\mathrm{d}y$,故

$$\iint_{\Sigma_1}2az\,\mathrm{d}S = 2a\iint_{D}\left(a + \sqrt{a^2 - x^2 - y^2}\right)\frac{a}{\sqrt{a^2 - x^2 - y^2}}\mathrm{d}x\mathrm{d}y$$

$$= 2a^3\iint_{D}\frac{1}{\sqrt{a^2 - x^2 - y^2}}\mathrm{d}x\mathrm{d}y + 2a^2\iint_{D}\mathrm{d}x\mathrm{d}y$$

$$= 2a^3\int_0^{2\pi}\mathrm{d}\theta\int_0^a\frac{r\mathrm{d}r}{\sqrt{a^2 - r^2}} + 2a^2 \cdot \pi a^2$$

$$= 4\pi a^4 + 2\pi a^4 = 6\pi a^4,$$

同理可计算得 $\displaystyle\iint_{\Sigma_2}2az\,\mathrm{d}S = 4\pi a^4 - 2\pi a^4 = 2\pi a^4$,于是

$$I = \oiint_{\Sigma}(x^2 + y^2 + z^2)\mathrm{d}S = 6\pi a^4 + 2\pi a^4 = 8\pi a^4.$$

第一类曲面积分

## 习　题　9-4

1. 计算 $\displaystyle\iint_{\Sigma}(x^2 + y^2)\mathrm{d}S$,其中 $\Sigma$ 是:

(1)锥面 $z = \sqrt{x^2 + y^2}$ 及平面 $z = 2$ 所围成的区域的整个边界曲面;

(2)上半球面 $z = \sqrt{4 - x^2 - y^2}$;

2. 计算下列第一类曲面积分:

(1)$\displaystyle\oiint_{\Sigma}xy\mathrm{d}S$,其中 $\Sigma$ 是由平面 $x = 0, y = 0, z = 1$ 及 $z = x + y$ 围成空间区域的边界曲面;

(2)$\displaystyle\iint_{\Sigma}z\mathrm{d}S$,其中 $\Sigma$ 为锥面 $z = \sqrt{x^2 + y^2}$ 夹在平面 $z = 0$ 和 $z = 1$ 之间的部分;

(3) $\displaystyle\oiint_{\Sigma} z\,\mathrm{d}S$, 其中 $\Sigma$ 是圆柱面 $x^2+y^2=1$, 平面 $z=0$ 和 $z=1+x$ 所围立体的表面;

(4) $\displaystyle\iint_{\Sigma}(x+y+z)\,\mathrm{d}S$, 其中 $\Sigma$ 是球面 $x^2+y^2+z^2=a^2$ 上 $z\geqslant h(0<h<a)$ 的部分;

(5) $\displaystyle\iint_{\Sigma}(xy+yz+zx)\,\mathrm{d}S$, 其中 $\Sigma$ 是锥面 $z=\sqrt{x^2+y^2}$ 含在圆柱面 $x^2+y^2=2x$ 内的部分;

(6) $\displaystyle\iint_{\Sigma}\left|\dfrac{xy}{z}\right|\,\mathrm{d}S$, 其中 $\Sigma$ 是介于平面 $z=1$ 与 $z=2$ 之间的旋转抛物面 $z=\dfrac{1}{2}(x^2+y^2)$.

# 9.5　向量值函数在定向曲面上的积分(第二类曲面积分)

## 9.5.1　第二类曲面积分的概念与性质

**定向曲面及其法向量**　空间曲面有双侧与单侧之分,通常我们遇到的曲面都是双侧的. 例如将 $xOy$ 面置于水平位置时,由显式方程 $z=z(x,y)$ 表示的曲面存在上侧与下侧. 根据问题研究的需要,要在双侧曲面上选定某一侧,这种选定了侧的双侧曲面称为**定向曲面**. 对于定向曲面我们规定,定向曲面上任一点处法向量的方向总是指向曲面取定的一侧.

假如在空间直角坐标系中,$x$ 轴,$y$ 轴,$z$ 轴的正向分别指向前方、右方、上方,那么当光滑曲面 $\Sigma$ 的方程由 $z=z(x,y)$ 给出时,$\Sigma$ 取上侧就意味着 $\Sigma$ 上点 $(x,y,z(x,y))$ 处的法向量朝上,即 $\cos\gamma>0$,$\Sigma$ 取下侧,则有 $\cos\gamma<0$,其中 $\boldsymbol{n}=(\cos\alpha,\cos\beta,\cos\gamma)$ 为曲面 $\Sigma$ 上点 $(x,y,z)$ 处的**单位法向量**. 类似地,如果曲面的方程为 $y=y(z,x)$,则曲面分为左侧与右侧. $\Sigma$ 取右侧,则 $\cos\beta>0$,$\Sigma$ 取左侧,则 $\cos\beta<0$. 如果曲面的方程为 $x=x(y,z)$,则曲面分为前侧与后侧,$\Sigma$ 取前侧,则 $\cos\alpha>0$,$\Sigma$ 取后侧,则 $\cos\alpha<0$. 对闭曲面有内侧与外侧之分.

设 $\Sigma$ 是定向曲面,在 $\Sigma$ 上取一小块曲面 $\Delta S$,把 $\Delta S$ 投影到 $xOy$ 面上得一投影区域,这一投影区域的面积记为 $(\Delta\sigma)_{xy}$. 假定 $\Delta S$ 上各点处的法向量与 $z$ 轴的夹角 $\gamma$ 的余弦 $\cos\gamma$ 有相同的符号(即 $\cos\gamma$ 都是正的或都是负的). 我们规定 $\Delta S$ 在 $xOy$ 面上的投影 $(\Delta S)_{xy}$ 为

$$(\Delta S)_{xy}=\begin{cases}(\Delta\sigma)_{xy}, & \cos\gamma>0,\\ -(\Delta\sigma)_{xy}, & \cos\gamma<0,\\ 0 & \cos\gamma\equiv0,\end{cases} \tag{9.16}$$

其中 $\cos\gamma\equiv0$ 也就是 $(\Delta\sigma)_{xy}=0$ 的情形,类似地,可以定义 $\Delta S$ 在 $yOz$ 面及在 $zOx$ 面上的投影 $(\Delta S)_{yz}$ 及 $(\Delta S)_{zx}$,下面定义对坐标的曲面积分的概念.

**定义**　设 $\Sigma$ 是一光滑的定向曲面,函数 $P(x,y,z)$,$Q(x,y,z)$,$R(x,y,z)$ 在 $\Sigma$ 上有界,把 $\Sigma$ 任意分成 $n$ 块小曲面 $\Delta S_i$($\Delta S_i$ 同时也表示第 $i$ 小块曲面的面积),在 $xOy$ 面上的投影为 $(\Delta S_i)_{xy}$,$(\xi_i,\eta_i,\zeta_i)$ 是 $\Delta S_i$ 上任意取定的一点. 如果当各小块曲面的直径的最

大值 $\lambda \to 0$ 时，$\sum\limits_{i=1}^{n} R(\xi_i,\eta_i,\zeta_i)(\Delta S_i)_{xy}$ 的极限总存在，同时 $\sum\limits_{i=1}^{n} Q(\xi_i,\eta_i,\zeta_i)(\Delta S_i)_{zx}$、

$\sum\limits_{i=1}^{n} P(\xi_i,\eta_i,\zeta_i)(\Delta S_i)_{yz}$ 的极限都存在，则称向量值函数

$$\boldsymbol{F}(x,y,z)=P(x,y,z)\boldsymbol{i}+Q(x,y,z)\boldsymbol{j}+R(x,y,z)\boldsymbol{k}$$

**在定向曲面 $\Sigma$ 上的积分存在**，记为 $\iint\limits_{\Sigma}\boldsymbol{F}(x,y,z)\cdot \mathbf{d}S$，即

$$\iint\limits_{\Sigma}F(x,y,z)\cdot \mathbf{d}S=\iint\limits_{\Sigma}P(x,y,z)\mathrm{d}y\mathrm{d}z+\iint\limits_{\Sigma}Q(x,y,z)\mathrm{d}z\mathrm{d}x+\iint\limits_{\Sigma}R(x,y,z)\mathrm{d}x\mathrm{d}y,$$

(9.17)

其中

$$\iint\limits_{\Sigma}P(x,y,z)\mathrm{d}y\mathrm{d}z=\lim_{\lambda\to 0}\sum_{i=1}^{n}P(\xi_i,\eta_i,\zeta_i)(\Delta S_i)_{yz},$$

$$\iint\limits_{\Sigma}Q(x,y,z)\mathrm{d}z\mathrm{d}x=\lim_{\lambda\to 0}\sum_{i=1}^{n}Q(\xi_i,\eta_i,\zeta_i)(\Delta S_i)_{zx},$$

$$\iint\limits_{\Sigma}R(x,y,z)\mathrm{d}x\mathrm{d}y=\lim_{\lambda\to 0}\sum_{i=1}^{n}R(\xi_i,\eta_i,\zeta_i)(\Delta S_i)_{xy},$$

$$\mathbf{d}S=\mathrm{d}y\mathrm{d}z\boldsymbol{i}+\mathrm{d}z\mathrm{d}x\boldsymbol{j}+\mathrm{d}x\mathrm{d}y\boldsymbol{k},$$

且把 $P(x,y,z),Q(x,y,z),R(x,y,z)$ 称为**被积函数**，$\Sigma$ 称为**定向积分曲面**，dS 称为**定向曲面元素**.

如果 $\Sigma$ 是封闭曲面，则此时曲面积分可采用形如 $\oiint\limits_{\Sigma}$ 的积分记号.

向量值函数在定向曲面上的积分也称为**第二类曲面积分**或称为**对坐标的曲面积分**（下文中均采用第二类曲面积分这一名称）.

**第二类曲面积分的存在性**　当 $P(x,y,z),Q(x,y,z),R(x,y,z)$ 在定向光滑曲面 $\Sigma$ 上连续时，第二类曲面积分是存在的，以后我们总假定 $P,Q,R$ 在 $\Sigma$ 上是连续的.

第二类曲面积分(9.17)的简记形式为

$$\iint\limits_{\Sigma}P(x,y,z)\mathrm{d}y\mathrm{d}z+Q(x,y,z)\mathrm{d}z\mathrm{d}x+R(x,y,z)\mathrm{d}x\mathrm{d}y. \tag{9.18}$$

**第二类曲面积分性质**　第二类曲面积分具有与第二类曲线积分类似的一些性质.

**性质 1**　若 $\Sigma$ 能分成 $\Sigma_1$ 和 $\Sigma_2$，则

$$\iint\limits_{\Sigma}P\mathrm{d}y\mathrm{d}z+Q\mathrm{d}z\mathrm{d}x+R\mathrm{d}x\mathrm{d}y$$

$$=\iint\limits_{\Sigma_1}P\mathrm{d}y\mathrm{d}z+Q\mathrm{d}z\mathrm{d}x+R\mathrm{d}x\mathrm{d}y+\iint\limits_{\Sigma_2}P\mathrm{d}y\mathrm{d}z+Q\mathrm{d}z\mathrm{d}x+R\mathrm{d}x\mathrm{d}y.$$

**性质 2**　设 $\Sigma$ 是定向曲面，$\Sigma^-$ 表示与 $\Sigma$ 取相反侧的定向曲面，则

$$\iint\limits_{\Sigma^-} P\mathrm{d}y\mathrm{d}z + Q\mathrm{d}z\mathrm{d}x + R\mathrm{d}x\mathrm{d}y = -\iint\limits_{\Sigma} P\mathrm{d}y\mathrm{d}z + Q\mathrm{d}z\mathrm{d}x + R\mathrm{d}x\mathrm{d}y.$$

## 9.5.2 第二类曲面积分的计算方法

设曲面 $\Sigma$ 由方程 $z = z(x, y)$ 给出, $\Sigma$ 在 $xOy$ 面上的投影区域为 $D_{xy}$, 函数 $z = z(x, y)$ 在 $D_{xy}$ 上具有一阶连续偏导数, 被积函数 $R(x, y, z)$ 在 $\Sigma$ 上连续, 则有

$$\iint\limits_{\Sigma} R(x, y, z)\mathrm{d}x\mathrm{d}y = \pm \iint\limits_{D_{xy}} R[x, y, z(x, y)]\mathrm{d}x\mathrm{d}y, \tag{9.19}$$

其中当 $\Sigma$ 取上侧时, 公式 (9.19) 中的 "$\pm$" 取 "$+$", 当 $\Sigma$ 取下侧时, "$\pm$" 取 "$-$".

这是因为, 按第二类曲面积分的定义, 有

$$\iint\limits_{\Sigma} R(x, y, z)\mathrm{d}x\mathrm{d}y = \lim_{\lambda \to 0} \sum_{i=1}^{n} R(\xi_i, \eta_i, \zeta_i)(\Delta S_i)_{xy}.$$

当 $\Sigma$ 取上侧时, $\cos\gamma > 0$, 所以 $(\Delta S_i)_{xy} = (\Delta\sigma_i)_{xy}$. 又因当 $(\xi_i, \eta_i, \zeta_i) \in \Sigma$ 时 $\zeta_i = z(\xi_i, \eta_i)$, 从而有

$$\sum_{i=1}^{n} R(\xi_i, \eta_i, \zeta_i)(\Delta S_i)_{xy} = \sum_{i=1}^{n} R[\xi_i, \eta_i, z(\xi_i, \eta_i)](\Delta\sigma_i)_{xy},$$

令 $\lambda \to 0$, 对上式两端取极限得到

$$\iint\limits_{\Sigma} R(x, y, z)\mathrm{d}x\mathrm{d}y = \lim_{\lambda \to 0} \sum_{i=1}^{n} R(\xi_i, \eta_i, \zeta_i)(\Delta S_i)_{xy}$$

$$= \lim_{\lambda \to 0} \sum_{i=1}^{n} R[\xi_i, \eta_i, z(\xi_i, \eta_i)](\Delta\sigma_i)_{xy} = \iint\limits_{D_{xy}} R[x, y, z(x, y)]\mathrm{d}x\mathrm{d}y.$$

同理当 $\Sigma$ 取下侧时, $\cos\gamma < 0$, 那么 $(\Delta S_i)_{xy} = -(\Delta\sigma_i)_{xy}$, 所以有

$$\iint\limits_{\Sigma} R(x, y, z)\mathrm{d}x\mathrm{d}y = -\iint\limits_{D_{xy}} R[x, y, z(x, y)]\mathrm{d}x\mathrm{d}y,$$

即得公式 (9.19).

类似地, 如果 $\Sigma$ 由方程 $x = x(y, z)$ 给出, 则有

$$\iint\limits_{\Sigma} P(x, y, z)\mathrm{d}y\mathrm{d}z = \pm \iint\limits_{D_{yz}} P[x(y, z), y, z]\mathrm{d}y\mathrm{d}z. \tag{9.20}$$

如果 $\Sigma$ 由方程 $y = y(z, x)$ 给出, 则有

$$\iint\limits_{\Sigma} Q(x, y, z)\mathrm{d}z\mathrm{d}x = \pm \iint\limits_{D_{zx}} Q[x, y(z, x), z]\mathrm{d}z\mathrm{d}x. \tag{9.21}$$

**例 1** 计算曲面积分 $\oiint\limits_{\Sigma} (x+y)\mathrm{d}y\mathrm{d}z + (y+z)\mathrm{d}z\mathrm{d}x + (z+x)\mathrm{d}x\mathrm{d}y$, 其中 $\Sigma$ 是以原点为中心、边长为 $a$ 的正方体的整个表面的外侧.

**解** 把定向曲面 $\Sigma$ 分为以下六块侧面, 分别记为

上侧 $\Sigma_1 : z = \dfrac{a}{2} \left( |x| \leqslant \dfrac{a}{2}, |y| \leqslant \dfrac{a}{2} \right)$, 下侧 $\Sigma_2 : z = -\dfrac{a}{2} \left( |x| \leqslant \dfrac{a}{2}, |y| \leqslant \dfrac{a}{2} \right)$;

前侧 $\Sigma_3 : x = \dfrac{a}{2}\left(|y| \leqslant \dfrac{a}{2}, |z| \leqslant \dfrac{a}{2}\right)$，后侧 $\Sigma_4 : x = -\dfrac{a}{2}\left(|y| \leqslant \dfrac{a}{2}, |z| \leqslant \dfrac{a}{2}\right)$；

右侧 $\Sigma_5 : y = \dfrac{a}{2}\left(|z| \leqslant \dfrac{a}{2}, |x| \leqslant \dfrac{a}{2}\right)$，左侧 $\Sigma_6 : y = -\dfrac{a}{2}\left(|z| \leqslant \dfrac{a}{2}, |x| \leqslant \dfrac{a}{2}\right)$.

而除 $\Sigma_3$ 和 $\Sigma_4$ 外，其余四个侧面在 $yOz$ 面上的投影为零，因此

$$\oiint_{\Sigma}(x+y)\mathrm{d}y\mathrm{d}z = \iint_{\Sigma_3}(x+y)\mathrm{d}y\mathrm{d}z + \iint_{\Sigma_4}(x+y)\mathrm{d}y\mathrm{d}z$$

$$= \iint_{D_{yz}}\left(\frac{a}{2}+y\right)\mathrm{d}y\mathrm{d}z + \iint_{D_{yz}}\left(-\frac{a}{2}+y\right)(-1)\mathrm{d}y\mathrm{d}z$$

$$= a\iint_{D_{yz}}\mathrm{d}y\mathrm{d}z = a^3.$$

类似地，可得

$$\oiint_{\Sigma}(y+z)\mathrm{d}z\mathrm{d}x = \oiint_{\Sigma}(z+x)\mathrm{d}x\mathrm{d}y = a^3,$$

所以

$$\oiint_{\Sigma}(x+y)\mathrm{d}y\mathrm{d}z + (y+z)\mathrm{d}z\mathrm{d}x + (z+x)\mathrm{d}x\mathrm{d}y = 3a^3.$$

### 9.5.3　两类曲面积分之间的联系

设积分曲面 $\Sigma$ 由方程 $z = z(x,y)$ 给出的，$\Sigma$ 在 $xOy$ 面上的投影区域为 $D_{xy}$，函数 $z = z(x,y)$ 在 $D_{xy}$ 上具有一阶连续偏导数，被积函数 $R(x,y,z)$ 在 $\Sigma$ 上连续.

如果 $\Sigma$ 取上侧，则由公式 (9.19) 得

$$\iint_{\Sigma}R(x,y,z)\mathrm{d}x\mathrm{d}y = \iint_{D_{xy}}R[x,y,z(x,y)]\mathrm{d}x\mathrm{d}y. \tag{9.22}$$

另一方面，因上述有向曲面 $\Sigma$ 的法向量的方向余弦为

$$\cos\alpha = \frac{-z_x}{\sqrt{1+z_x^2+z_y^2}}, \quad \cos\beta = \frac{-z_y}{\sqrt{1+z_x^2+z_y^2}}, \quad \cos\gamma = \frac{1}{\sqrt{1+z_x^2+z_y^2}},$$

因此由第一类曲面积分的计算公式（即公式 (9.18)）得

$$\iint_{\Sigma}R(x,y,z)\cos\gamma\mathrm{d}S = \iint_{D_{xy}}R[x,y,z(x,y)]\mathrm{d}x\mathrm{d}y, \tag{9.23}$$

由 (9.22) 和 (9.23) 可得

$$\iint_{\Sigma}R(x,y,z)\mathrm{d}x\mathrm{d}y = \iint_{\Sigma}R(x,y,z)\cos\gamma\mathrm{d}S.$$

如果 $\Sigma$ 取下侧，则有

$$\iint_{\Sigma}R(x,y,z)\mathrm{d}x\mathrm{d}y = -\iint_{D_{xy}}R[x,y,z(x,y)]\mathrm{d}x\mathrm{d}y,$$

但这时 $\cos\gamma = \dfrac{-1}{\sqrt{1+z_x^2+z_y^2}}$，因此仍有

$$\iint\limits_{\Sigma} R(x,y,z)\mathrm{d}x\mathrm{d}y = \iint\limits_{\Sigma} R(x,y,z)\cos\gamma\mathrm{d}S,$$

类似地,可推得

$$\iint\limits_{\Sigma} P(x,y,z)\mathrm{d}y\mathrm{d}z = \iint\limits_{\Sigma} P(x,y,z)\cos\alpha\mathrm{d}S,$$

$$\iint\limits_{\Sigma} Q(x,y,z)\mathrm{d}z\mathrm{d}x = \iint\limits_{\Sigma} Q(x,y,z)\cos\beta\mathrm{d}S,$$

综上所述,得

$$\iint\limits_{\Sigma} P\mathrm{d}y\mathrm{d}z + Q\mathrm{d}z\mathrm{d}x + R\mathrm{d}x\mathrm{d}y = \iint\limits_{\Sigma}(P\cos\alpha + Q\cos\beta + R\cos\gamma)\mathrm{d}S, \qquad (9.24)$$

其中 $\cos\alpha,\cos\beta,\cos\gamma$ 是有向曲面 $\Sigma$ 在点 $(x,y,z)$ 处的法向量的方向余弦. 公式 (9.24)
就表示了两类曲面积分之间的联系.

由 (9.24) 式容易推出第二类曲面积分的另一计算公式,此公式具有广泛的应用.

若积分曲面 $\Sigma$ 的方程为 $z=z(x,y)$(不论取上侧还是下侧),则

$$\iint\limits_{\Sigma} P\mathrm{d}y\mathrm{d}z + Q\mathrm{d}z\mathrm{d}x + R\mathrm{d}x\mathrm{d}y = \iint\limits_{\Sigma}[P(-z_x) + Q(-z_y) + R]\mathrm{d}x\mathrm{d}y. \qquad (9.24)'$$

这是因为

$$\iint\limits_{\Sigma}(P\cos\alpha + Q\cos\beta + R\cos\gamma)\mathrm{d}S = \iint\limits_{\Sigma}\left(P\frac{\cos\alpha}{\cos\gamma} + Q\frac{\cos\beta}{\cos\gamma} + R\right)\cos\gamma\mathrm{d}S$$

$$= \iint\limits_{\Sigma}[P(-z_x) + Q(-z_y) + R]\mathrm{d}x\mathrm{d}y.$$

关于 $\Sigma$ 的方程为 $x=x(y,z)$ 或 $y=y(z,x)$ 时,其结果由学生自行推出.

**例 2**　计算曲面积分 $I = \iint\limits_{\Sigma} z\mathrm{d}y\mathrm{d}z + x^2\mathrm{d}x\mathrm{d}y$,其中 $\Sigma$ 是曲面 $z=\dfrac{1}{2}(x^2+y^2)$ 介于平
面 $z=0$ 及 $z=2$ 之间的部分的下侧.

**解法 1**　$\Sigma$ 在 $xOy$ 面上的投影区域为 $D_{xy}:x^2+y^2\leqslant 4$,由 $z=\dfrac{1}{2}(x^2+y^2)$ 得 $z_x=x$,
$z_y=y$,于是由 (9.24)′ 式得

$$I = \iint\limits_{\Sigma} z\mathrm{d}y\mathrm{d}z + x^2\mathrm{d}x\mathrm{d}y = \iint\limits_{\Sigma}[z\cdot(-z_x) + x^2]\mathrm{d}x\mathrm{d}y$$

$$= -\iint\limits_{D_{xy}}\left[-x\cdot\frac{1}{2}(x^2+y^2) + x^2\right]\mathrm{d}x\mathrm{d}y = -\iint\limits_{D_{xy}} x^2\mathrm{d}x\mathrm{d}y$$

$$= -4\int_0^{\frac{\pi}{2}}\cos^2\theta\mathrm{d}\theta\int_0^2 r^3\mathrm{d}r = -4\pi.$$

【注】　上述计算中 $\displaystyle\iint\limits_{x^2+y^2\leqslant 4}\frac{x}{2}(x^2+y^2)\mathrm{d}x\mathrm{d}y = 0.$

**解法 2**　$\Sigma$ 在 $xOy$ 面上的投影区域为 $D_{xy}:x^2+y^2\leqslant 4$,由 $z=\dfrac{1}{2}(x^2+y^2)$ 得 $z_x=x$,

$z_y = y$，且 $dS = \sqrt{1 + {z_x}^2 + {z_y}^2}\,dxdy = \sqrt{1 + x^2 + y^2}\,dxdy$. 于是 $\Sigma$ 上任意一点处的单位法向量为

$$\boldsymbol{e}_n = (\cos\alpha, \cos\beta, \cos\gamma) = (z_x, z_y, -1)/\sqrt{1 + {z_x}^2 + {z_y}^2}$$
$$= (x, y, -1)/\sqrt{1 + x^2 + y^2},$$

由两类曲面积分之间的关系，可得

$$I = \iint\limits_{\Sigma} z\,dydz + x^2\,dxdy = \iint\limits_{\Sigma} \frac{zx - x^2}{\sqrt{1 + x^2 + y^2}}\,dS,$$
$$= \iint\limits_{D_{xy}} \left[ x \cdot \frac{1}{2}(x^2 + y^2) - x^2 \right]dxdy = -\iint\limits_{D_{xy}} x^2\,dxdy$$
$$= -4\int_0^{\frac{\pi}{2}} \cos^2\theta\,d\theta \int_0^2 r^3\,dr = -4\pi.$$

## 习　题　9-5

1. 当 $\Sigma$ 是 $xOy$ 面内的一个闭区域时，曲面积分 $\iint\limits_{\Sigma} R(x, y, z)\,dxdy$ 与二重积分有什么关系？

2. 计算下列曲面积分：

(1) $\iint\limits_{\Sigma} z\,dxdy$，其中 $\Sigma$ 是旋转抛物面 $z = x^2 + y^2$ 在平面 $z = 0$ 及 $z = 1$ 之间的部分的下侧；

(2) $\oiint\limits_{\Sigma} (y + z - x)\,dydz + (z + x - y)\,dzdx + (x + y - z)\,dxdy$，其中 $\Sigma$ 是球面 $x^2 + y^2 + z^2 = 1$ 的外侧；

(3) $\iint\limits_{\Sigma} x\,dydz + y\,dzdx + (z^2 - 2z)\,dxdy$，其中 $\Sigma$ 为锥面 $z = \sqrt{x^2 + y^2}$ 被平面 $z = 0$ 和 $z = 1$ 所截得部分的下侧；

(4) $\iint\limits_{\Sigma} zx\,dydz + xy\,dzdx + yz\,dxdy$，其中 $\Sigma$ 是圆柱面 $x^2 + y^2 = 1$ 上位于第一卦限的 $0 \leqslant z \leqslant 1$ 部分的前侧；

(5) $\oiint\limits_{\Sigma} \frac{e^z}{\sqrt{x^2 + y^2}}\,dxdy$，其中 $\Sigma$ 是由圆锥面 $z = \sqrt{x^2 + y^2}$ 与平面 $z = 1, z = 2$ 围成的立体表面外侧；

(6) $\iint\limits_{\Sigma} x^2\,dydz + y^2\,dzdx + z^2\,dxdy$，$\Sigma$ 是抛物面 $z = x^2 + y^2$ 被平面 $z = 1$ 所截下的有限部分的下侧；

(7) $I = \iint\limits_{\Sigma} (x - y)\,dydz + (y - z)\,dzdx + (z - x)\,dxdy$. $\Sigma$ 为锥面 $z = \sqrt{x^2 + y^2}$ $(0 \leqslant$

$z \leqslant 2$)的下侧；

(8) $\oiint\limits_{\Sigma} 2zx \mathrm{d}y\mathrm{d}z + yz \mathrm{d}z\mathrm{d}x - z^2 \mathrm{d}x\mathrm{d}y$，其中 $\Sigma$ 是由圆锥面 $z = \sqrt{x^2 + y^2}$ 与球面 $z =$

$\sqrt{2 - x^2 - y^2}$ 围成的立体表面外侧.

3. 把第二类曲面积分 $\iint\limits_{\Sigma} P \mathrm{d}y\mathrm{d}z + Q \mathrm{d}z\mathrm{d}x + R \mathrm{d}x\mathrm{d}y$ 化成第一类曲面积分：

(1) $\Sigma$ 为坐标面 $x = 0$ 被柱面 $|y| + |z| = 1$ 所截的部分，并取前侧；

(2) $\Sigma$ 为平面 $z + x = 1$ 被柱面 $x^2 + y^2 = 1$ 所截的部分，并取下侧；

(3) $\Sigma$ 为平面 $3x + 2y + z = 1$ 位于第一卦限的部分，并取上侧；

(4) $\Sigma$ 为抛物面 $y = 2x^2 + z^2$ 被平面 $y = 2$ 所截的部分，并取左侧.

# 9.6　高斯公式　*通量与散度

## 9.6.1　高斯公式

**定理 1**　设空间闭区域 $\Omega$ 是由分片光滑的闭曲面 $\Sigma$ 所围成，函数 $P(x, y, z)$，$Q(x, y, z)$，$R(x, y, z)$ 在 $\Omega$ 上具有一阶连续偏导数，则有

$$\iiint\limits_{\Omega} \left( \frac{\partial P}{\partial x} + \frac{\partial Q}{\partial y} + \frac{\partial R}{\partial z} \right) \mathrm{d}v = \oiint\limits_{\Sigma} P \mathrm{d}y\mathrm{d}z + Q \mathrm{d}z\mathrm{d}x + R \mathrm{d}x\mathrm{d}y, \tag{9.25}$$

或

$$\iiint\limits_{\Omega} \left( \frac{\partial P}{\partial x} + \frac{\partial Q}{\partial y} + \frac{\partial R}{\partial z} \right) \mathrm{d}v = \oiint\limits_{\Sigma} (P\cos\alpha + Q\cos\beta + R\cos\gamma) \mathrm{d}S, \tag{9.25}'$$

这里 $\Sigma$ 是 $\Omega$ 的整个边界曲面的外侧，$\cos\alpha, \cos\beta, \cos\gamma$ 是 $\Sigma$ 在点 $(x, y, z)$ 处的法向量的方向余弦，公式(9.25)称为**高斯（Gauss）公式**.

**证**　设 $\Omega$ 是一柱体，下边界曲面为 $\Sigma_1 : z = z_1(x, y)$，取下侧；上边界曲面为 $\Sigma_2 : z = z_2(x, y)$，取上侧；侧面为柱面 $\Sigma_3$，取外侧，见图 9-11.

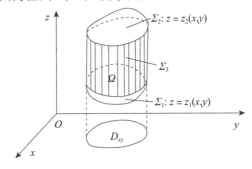

图 9-11

根据三重积分的计算方法，有

$$\iiint\limits_{\Omega} \frac{\partial R}{\partial z} \mathrm{d}v = \iint\limits_{D_{xy}} \mathrm{d}x\mathrm{d}y \int_{z_1(x,y)}^{z_2(x,y)} \frac{\partial R}{\partial z} \mathrm{d}z$$

$$= \iint\limits_{D_{xy}} \{R(x,y,z_2(x,y)) - R(x,y,z_1(x,y))\} \mathrm{d}x\mathrm{d}y.$$

另一方面,有

$$\iint\limits_{\Sigma_1} R(x,y,z)\mathrm{d}x\mathrm{d}y = -\iint\limits_{D_{xy}} R(x,y,z_1(x,y))\mathrm{d}x\mathrm{d}y,$$

$$\iint\limits_{\Sigma_2} R(x,y,z)\mathrm{d}x\mathrm{d}y = \iint\limits_{D_{xy}} R(x,y,z_2(x,y))\mathrm{d}x\mathrm{d}y,$$

$$\iint\limits_{\Sigma_3} R(x,y,z)\mathrm{d}x\mathrm{d}y = 0,$$

以上三式相加,得

$$\oiint\limits_{\Sigma} R(x,y,z)\mathrm{d}x\mathrm{d}y = \iint\limits_{D_{xy}} \{R(x,y,z_2(x,y)) - R(x,y,z_1(x,y))\}\mathrm{d}x\mathrm{d}y,$$

所以

$$\iiint\limits_{\Omega} \frac{\partial R}{\partial z} \mathrm{d}v = \oiint\limits_{\Sigma} R(x,y,z)\mathrm{d}x\mathrm{d}y.$$

类似地有

$$\iiint\limits_{\Omega} \frac{\partial P}{\partial x} \mathrm{d}v = \oiint\limits_{\Sigma} P(x,y,z)\mathrm{d}y\mathrm{d}z.$$

$$\iiint\limits_{\Omega} \frac{\partial Q}{\partial y} \mathrm{d}v = \oiint\limits_{\Sigma} Q(x,y,z)\mathrm{d}z\mathrm{d}x.$$

把以上三式两端分别相加,即得高斯公式(9.25).

**例 1** 利用高斯公式计算曲面积分 $\oiint\limits_{\Sigma}(x+y)\mathrm{d}y\mathrm{d}z + (y+z)\mathrm{d}z\mathrm{d}x + (z+x)\mathrm{d}x\mathrm{d}y$,
其中 $\Sigma$ 是以原点为中心、边长为 $a$ 的正方体的整个表面的外侧.

**解** 因 $P=x+y, Q=y+z, R=z+x, \frac{\partial P}{\partial x}=\frac{\partial Q}{\partial y}=\frac{\partial R}{\partial z}=1$,故由高斯公式得

$$\oiint\limits_{\Sigma}(x+y)\mathrm{d}y\mathrm{d}z + (y+z)\mathrm{d}z\mathrm{d}x + (z+x)\mathrm{d}x\mathrm{d}y = \iiint\limits_{\Omega}(1+1+1)\mathrm{d}v = 3a^3.$$

**例 2** 计算 $I = \iint\limits_{\Sigma} x^2\mathrm{d}y\mathrm{d}z + y^2\mathrm{d}z\mathrm{d}x + z^2\mathrm{d}x\mathrm{d}y$,其中 $\Sigma$ 为锥面 $x^2+y^2=z^2$ 介于平面 $z=0$ 及 $z=h(h>0)$ 之间的部分的下侧.

**解**　所给的 $\Sigma$ 不是封闭的,因此若要利用高斯公式,必须补一个顶面 $\Sigma_1: z = h(x^2 + y^2 \leqslant h^2)$,并取上侧,则 $\Sigma$ 与 $\Sigma_1$ 一起构成一个闭曲面,记它们所围成的空间闭区域为 $\Omega$,由高斯公式得

$$\oiint\limits_{\Sigma + \Sigma_1} x^2 \mathrm{d}y\mathrm{d}z + y^2 \mathrm{d}z\mathrm{d}x + z^2 \mathrm{d}x\mathrm{d}y = \iiint\limits_{\Omega} (2x + 2y + 2z)\mathrm{d}v,$$

注意到 $\iiint\limits_{\Omega} 2x\mathrm{d}v = \iiint\limits_{\Omega} 2y\mathrm{d}v = 0$,并利用"截面法"计算 $\iiint\limits_{\Omega} 2z\mathrm{d}v$,故有

$$\iiint\limits_{\Omega} (2x + 2y + 2z)\mathrm{d}v$$

$$= \iiint\limits_{\Omega} 2z\mathrm{d}v = \int_0^h \mathrm{d}z \iint\limits_{D_z} 2z\mathrm{d}x\mathrm{d}y = \int_0^h 2z \cdot \pi z^2 \mathrm{d}z$$

$$= \frac{1}{2}\pi h^4,$$

而

$$\iint\limits_{\Sigma_1} x^2 \mathrm{d}y\mathrm{d}z + y^2 \mathrm{d}z\mathrm{d}x + z^2 \mathrm{d}x\mathrm{d}y$$

$$= \iint\limits_{\Sigma_1} z^2 \mathrm{d}x\mathrm{d}y = \iint\limits_{D_{xy}} h^2 \mathrm{d}x\mathrm{d}y = \pi h^4,$$

因此

$$I = \iint\limits_{\Sigma} x^2 \mathrm{d}y\mathrm{d}z + y^2 \mathrm{d}z\mathrm{d}x + z^2 \mathrm{d}x\mathrm{d}y = \frac{1}{2}\pi h^4 - \pi h^4 = -\frac{1}{2}\pi h^4.$$

**例 3**　设函数 $u(x, y, z)$ 和 $v(x, y, z)$ 在闭区域 $\Omega$ 上具有一阶及二阶连续偏导数,证明

$$\iiint\limits_{\Omega} u \Delta v \mathrm{d}x\mathrm{d}y\mathrm{d}z = \oiint\limits_{\Sigma} u \frac{\partial v}{\partial \boldsymbol{n}} \mathrm{d}S - \iiint\limits_{\Omega} \left( \frac{\partial u}{\partial x} \frac{\partial v}{\partial x} + \frac{\partial u}{\partial y} \frac{\partial v}{\partial y} + \frac{\partial u}{\partial z} \frac{\partial v}{\partial z} \right) \mathrm{d}x\mathrm{d}y\mathrm{d}z,$$

其中 $\Sigma$ 是闭区域 $\Omega$ 的整个边界曲面,$\dfrac{\partial v}{\partial \boldsymbol{n}}$ 为函数 $v(x, y, z)$ 沿 $\Sigma$ 的外法线方向的方向导数,符号 $\Delta = \dfrac{\partial}{\partial x^2} + \dfrac{\partial}{\partial y^2} + \dfrac{\partial}{\partial z^2}$,称为**拉普拉斯算子**.这个公式称为**格林第一公式**.

**证**　因为方向导数

$$\frac{\partial v}{\partial \boldsymbol{n}} = \frac{\partial v}{\partial x}\cos\alpha + \frac{\partial v}{\partial y}\cos\beta + \frac{\partial v}{\partial z}\cos\gamma,$$

其中 $\cos\alpha, \cos\beta, \cos\gamma$ 是 $\Sigma$ 上点 $(x, y, z)$ 处的外法向量的方向余弦.于是曲面积分

$$\oiint\limits_{\Sigma} u \frac{\partial v}{\partial \boldsymbol{n}} \mathrm{d}S = \oiint\limits_{\Sigma} u \left( \frac{\partial v}{\partial x}\cos\alpha + \frac{\partial v}{\partial y}\cos\beta + \frac{\partial v}{\partial z}\cos\gamma \right) \mathrm{d}S$$

$$= \oiint\limits_{\Sigma} \left[ \left( u \frac{\partial v}{\partial x} \right)\cos\alpha + \left( u \frac{\partial v}{\partial y} \right)\cos\beta + \left( u \frac{\partial v}{\partial z} \right)\cos\gamma \right] \mathrm{d}S.$$

利用高斯公式,即得

$$\oiint_{\Sigma} u\, \frac{\partial v}{\partial \boldsymbol{n}}\mathrm{d}S = \iiint_{\Omega}\left[\frac{\partial}{\partial x}\left(u\,\frac{\partial v}{\partial x}\right)+\frac{\partial}{\partial y}\left(u\,\frac{\partial v}{\partial y}\right)+\frac{\partial}{\partial z}\left(u\,\frac{\partial v}{\partial z}\right)\right]\mathrm{d}x\mathrm{d}y\mathrm{d}z$$

$$= \iiint_{\Omega}u\Delta v\mathrm{d}x\mathrm{d}y\mathrm{d}z + \iiint_{\Omega}\left(\frac{\partial u}{\partial x}\frac{\partial v}{\partial x}+\frac{\partial u}{\partial y}\frac{\partial v}{\partial y}+\frac{\partial u}{\partial z}\frac{\partial v}{\partial z}\right)\mathrm{d}x\mathrm{d}y\mathrm{d}z,$$

将上式右端第二个积分移至左端便得所要证明的等式.

### 9.6.2 ＊通量与散度

将高斯公式

$$\iiint_{\Omega}\left(\frac{\partial P}{\partial x}+\frac{\partial Q}{\partial y}+\frac{\partial R}{\partial z}\right)\mathrm{d}v = \oiint_{\Sigma}(P\cos\alpha + Q\cos\beta + R\cos\gamma)\mathrm{d}S,$$

改写成

$$\iiint_{\Omega}\left(\frac{\partial P}{\partial x}+\frac{\partial Q}{\partial y}+\frac{\partial R}{\partial z}\right)\mathrm{d}v = \oiint_{\Sigma}v_n\mathrm{d}S,$$

其中 $v_n = \boldsymbol{v}\cdot\boldsymbol{n} = P\cos\alpha + Q\cos\beta + R\cos\gamma$, $\boldsymbol{n} = (\cos\alpha,\cos\beta,\cos\gamma)$ 是 $\Sigma$ 在点 $(x,y,z)$ 处的单位法向量.

公式的右端可解释为单位时间内离开闭区域 $\Omega$ 的流体的总质量,左端可解释为分布在 $\Omega$ 内的源头在单位时间内所产生的流体的总质量.

设 $\Omega$ 的体积为 $V$,由高斯公式得

$$\frac{1}{V}\iiint_{\Omega}\left(\frac{\partial P}{\partial x}+\frac{\partial Q}{\partial y}+\frac{\partial R}{\partial z}\right)\mathrm{d}v = \frac{1}{V}\oiint_{\Sigma}v_n\mathrm{d}S,$$

其左端表示 $\Omega$ 内源头在单位时间单位体积内所产生的流体质量的平均值.

由积分中值定理得

$$\left.\left(\frac{\partial P}{\partial x}+\frac{\partial Q}{\partial y}+\frac{\partial R}{\partial z}\right)\right|_{(\xi,\eta,\zeta)} = \frac{1}{V}\oiint_{\Sigma}v_n\mathrm{d}S.$$

令 $\Omega$ 缩向一点 $M(x,y,z)$ 得

$$\frac{\partial P}{\partial x}+\frac{\partial Q}{\partial y}+\frac{\partial R}{\partial z} = \lim_{\Omega\to M}\frac{1}{V}\oiint_{\Sigma}v_n\mathrm{d}S,$$

上式左端称为 $v$ 在点 $M$ 的散度,记为 $\mathrm{div}v$,即

$$\mathrm{div}v = \frac{\partial P}{\partial x}+\frac{\partial Q}{\partial y}+\frac{\partial R}{\partial z}.$$

其左端表示单位时间单位体积内所产生的流体质量.

一般地,设某向量场由

$$A(x,y,z) = P(x,y,z)\boldsymbol{i} + Q(x,y,z)\boldsymbol{j} + R(x,y,z)\boldsymbol{k}$$

给出,其中 $P,Q,R$ 具有一阶连续偏导数,$\Sigma$ 是场内的一片有向曲面,$\boldsymbol{n}$ 是 $\Sigma$ 上点 $(x,y,z)$ 处的单位法向量,则 $\iint_{\Sigma}\boldsymbol{A}\cdot\boldsymbol{n}\mathrm{d}S$ 称为向量场 $A$ 通过曲面 $\Sigma$ 向着指定侧的**通量**(或**流量**),而 $\dfrac{\partial P}{\partial x}+\dfrac{\partial Q}{\partial y}+\dfrac{\partial R}{\partial z}$ 称为向量场 $A$ 的**散度**,记为 $\mathrm{div}A$,即

$$\mathrm{div}A = \frac{\partial P}{\partial x} + \frac{\partial Q}{\partial y} + \frac{\partial R}{\partial z}.$$

高斯公式的另一形式为

$$\iiint\limits_{\Omega} \mathrm{div}A\,\mathrm{d}v = \oiint\limits_{\Sigma} \boldsymbol{A} \cdot \boldsymbol{n}\mathrm{d}S$$

或

$$\iiint\limits_{\Omega} \mathrm{div}A\,\mathrm{d}v = \oiint\limits_{\Sigma} A_n\mathrm{d}S,$$

其中 $\Sigma$ 是空间闭区域 $\Omega$ 的边界曲面,而

$$A_n = \boldsymbol{A} \cdot \boldsymbol{n} = P\cos\alpha + Q\cos\beta + R\cos\gamma,$$

是向量 $A$ 在曲面 $\Sigma$ 的外侧法向量上的投影.

## 习 题 9-6

1.利用高斯公式计算 $I = \iint\limits_{S} xyz(y^2z^2 + z^2x^2 + x^2y^2)\mathrm{d}S$ ,其中 $S$ 是球面 $x^2+y^2+z^2 = a^2$ 在第一卦限中的部分.

2.利用 Gauss 公式计算曲面积分 $I = \iint\limits_{S} x\mathrm{d}y\mathrm{d}z + y\mathrm{d}z\mathrm{d}x + z\mathrm{d}x\mathrm{d}y$ ,其中 $S$ 为旋转抛物面 $z=x^2+y^2$ 介于 $z=0$ 和 $z=1$ 之间的部分,取上侧.

3.根据高斯公式计算曲面积分 $I = \iint\limits_{S} x^2\mathrm{d}y\mathrm{d}z + y^2\mathrm{d}z\mathrm{d}x + z^2\mathrm{d}x\mathrm{d}y$ ,其中 $S$ 取外侧,且

(1) $S: \dfrac{x^2}{a^2} + \dfrac{y^2}{b^2} + \dfrac{z^2}{c^2} = 1$ ;

(2) $S: (x-1)^2 + (y-2)^2 + (z-3)^2 = 4$ .

*4.求下列向量场 $A$ 的散度:

(1) $A = y^2\boldsymbol{i} + xy\boldsymbol{j} + xz\boldsymbol{k}$ ;

(2) $A = xy\boldsymbol{i} + \cos(xy)\boldsymbol{j} + \cos(xz)\boldsymbol{k}$ .

# *9.7 斯托克斯公式 环流量与旋度

## 9.7.1 斯托克斯公式

**定理 1** 设 $\Gamma$ 为分段光滑的空间有向闭曲线, $\Sigma$ 是以 $\Gamma$ 为边界的分片光滑的有向曲面, $\Gamma$ 的正向与 $\Sigma$ 的侧符合右手规则,函数 $P(x,y,z)$ , $Q(x,y,z)$ , $R(x,y,z)$ 在曲面 $\Sigma$(连同边界)上具有一阶连续偏导数,则有

$$\iint\limits_{\Sigma}\left(\frac{\partial R}{\partial y} - \frac{\partial Q}{\partial z}\right)\mathrm{d}y\mathrm{d}z + \left(\frac{\partial P}{\partial z} - \frac{\partial R}{\partial x}\right)\mathrm{d}z\mathrm{d}x + \left(\frac{\partial Q}{\partial x} - \frac{\partial P}{\partial y}\right)\mathrm{d}x\mathrm{d}y = \oint_{\Gamma} P\mathrm{d}x + Q\mathrm{d}y + R\mathrm{d}z,$$

$$(9.26)$$

公式(9.26)称为**斯托克斯(Stokes)公式**.

记忆方式

$$\iint_{\Sigma} \begin{vmatrix} \mathrm{d}y\mathrm{d}z & \mathrm{d}z\mathrm{d}x & \mathrm{d}x\mathrm{d}y \\ \dfrac{\partial}{\partial x} & \dfrac{\partial}{\partial y} & \dfrac{\partial}{\partial z} \\ P & Q & R \end{vmatrix} = \oint_{\Gamma} P\mathrm{d}x + Q\mathrm{d}y + R\mathrm{d}z,$$

或

$$\iint_{\Sigma} \begin{vmatrix} \cos\alpha & \cos\beta & \cos\gamma \\ \dfrac{\partial}{\partial x} & \dfrac{\partial}{\partial y} & \dfrac{\partial}{\partial z} \\ P & Q & R \end{vmatrix} \mathrm{d}S = \oint_{\Gamma} P\mathrm{d}x + Q\mathrm{d}y + R\mathrm{d}z,$$

其中 $\boldsymbol{n} = (\cos\alpha, \cos\beta, \cos\gamma)$ 为有向曲面 $\Sigma$ 的单位法向量.

如果 $\Sigma$ 是 $xOy$ 面上的一块平面闭区域,斯托克斯公式将变成什么? 请读者考虑.

**例 1** 利用斯托克斯公式计算曲线积分 $I = \oint_{\Gamma} - y^2 \mathrm{d}x + x\mathrm{d}y + z^2 \mathrm{d}z$,其中 $\Gamma$ 为平面 $y + z = 2$ 与柱面 $x^2 + y^2 = 1$ 的交线,若从 $z$ 轴正向看去,$\Gamma$ 取逆时针方向.

**解** 取 $\Sigma$ 为平面 $y + z = 2$ 的上侧被 $\Gamma$ 所围的部分,由斯托克斯公式,

$$I = \oint_{\Gamma} - y^2 \mathrm{d}x + x\mathrm{d}y + z^2 \mathrm{d}z = \iint_{\Sigma} \begin{vmatrix} \mathrm{d}y\mathrm{d}z & \mathrm{d}z\mathrm{d}x & \mathrm{d}x\mathrm{d}y \\ \dfrac{\partial}{\partial x} & \dfrac{\partial}{\partial y} & \dfrac{\partial}{\partial z} \\ - y^2 & x & z^2 \end{vmatrix}$$

$$= \iint_{\Sigma} (1 + 2y)\mathrm{d}x\mathrm{d}y = \iint_{D_{xy}} (1 + 2y)\mathrm{d}x\mathrm{d}y,$$

其中 $D_{xy}$ 为圆 $x^2 + y^2 \leqslant 1$,注意到 $\displaystyle\iint_{D_{xy}} 2y\mathrm{d}\sigma = 0$,故

$$I = \iint_{D_{xy}} \mathrm{d}x\mathrm{d}y = \pi.$$

**例 2** 利用斯托克斯公式计算曲线积分

$$I = \oint_{\Gamma} (y^2 - z^2)\mathrm{d}x + (z^2 - x^2)\mathrm{d}y + (x^2 - y^2)\mathrm{d}z,$$

其中 $\Gamma$ 是用平面 $x + y + z = \dfrac{3}{2}$ 截立方体 $0 \leqslant x \leqslant 1, 0 \leqslant y \leqslant 1, 0 \leqslant z \leqslant 1$ 的表面所得的截痕,若从 $x$ 轴的正向看去取逆时针方向.

**解** 取 $\Sigma$ 为平面 $x + y + z = \dfrac{3}{2}$ 的上侧被 $\Gamma$ 所围成的部分,$\Sigma$ 的单位法向量 $\boldsymbol{n} = \dfrac{1}{\sqrt{3}}(1, 1, 1)$,即 $\cos\alpha = \cos\beta = \cos\gamma = \dfrac{1}{\sqrt{3}}$,$\mathrm{d}S = \sqrt{1^2 + 1^2 + 1^2}\,\mathrm{d}x\mathrm{d}y$,用斯托克斯公式得

$$I = \iint\limits_{\Sigma} \begin{vmatrix} \dfrac{1}{\sqrt{3}} & \dfrac{1}{\sqrt{3}} & \dfrac{1}{\sqrt{3}} \\ \dfrac{\partial}{\partial x} & \dfrac{\partial}{\partial y} & \dfrac{\partial}{\partial z} \\ y^2 - x^2 & z^2 - x^2 & x^2 - y^2 \end{vmatrix} \mathrm{d}S = -\frac{4}{\sqrt{3}} \iint\limits_{\Sigma} (x + y + z) \mathrm{d}S$$

$$= -\frac{4}{\sqrt{3}} \cdot \frac{3}{2} \iint\limits_{\Sigma} \mathrm{d}S = -2\sqrt{3} \iint\limits_{D_{xy}} \sqrt{3}\,\mathrm{d}x\mathrm{d}y,$$

其中 $D_{xy}$ 为 $\Sigma$ 在 $xOy$ 平面上的投影区域,于是

$$I = -6 \iint\limits_{D_{xy}} \mathrm{d}x\mathrm{d}y = -6 \cdot \frac{3}{4} = -\frac{9}{2}.$$

### 9.7.2　环流量与旋度

由向量场 $\boldsymbol{A}(x,y,z) = (P(x,y,z), Q(x,y,z), R(x,y,z))$ 所确定的向量场

$$\left(\frac{\partial R}{\partial y} - \frac{\partial Q}{\partial z}\right)\boldsymbol{i} + \left(\frac{\partial P}{\partial z} - \frac{\partial R}{\partial x}\right)\boldsymbol{j} + \left(\frac{\partial Q}{\partial x} - \frac{\partial P}{\partial y}\right)\boldsymbol{k},$$

称为向量场 $\boldsymbol{A}$ 的**旋度**,记为 **rotA**,即

$$\mathbf{rotA} = \left(\frac{\partial R}{\partial y} - \frac{\partial Q}{\partial z}\right)\boldsymbol{i} + \left(\frac{\partial P}{\partial z} - \frac{\partial R}{\partial x}\right)\boldsymbol{j} + \left(\frac{\partial Q}{\partial x} - \frac{\partial P}{\partial y}\right)\boldsymbol{k}.$$

旋度的记忆法

$$\mathbf{rotA} = \begin{vmatrix} \boldsymbol{i} & \boldsymbol{j} & \boldsymbol{k} \\ \dfrac{\partial}{\partial x} & \dfrac{\partial}{\partial y} & \dfrac{\partial}{\partial z} \\ P & Q & R \end{vmatrix}.$$

斯托克斯公式的另一形式:

$$\iint\limits_{\Sigma} \mathbf{rotA} \cdot \boldsymbol{n}\,\mathrm{d}S = \oint_{\Gamma} \boldsymbol{A} \cdot \boldsymbol{\tau}\,\mathrm{d}s, \text{或} \iint\limits_{\Sigma} (\mathbf{rotA})_n \mathrm{d}S = \oint_{\Gamma} A_{\tau}\,\mathrm{d}s,$$

其中 $\boldsymbol{n}$ 是曲面 $\Sigma$ 上点 $(x,y,z)$ 处的单位法向量,$\boldsymbol{\tau}$ 是 $\Sigma$ 的正向边界曲线 $\Gamma$ 上点 $(x,y,z)$ 处的单位切向量.

沿有向闭曲线 $\Gamma$ 的曲线积分

$$\oint_{\Gamma} P\,\mathrm{d}x + Q\,\mathrm{d}y + R\,\mathrm{d}z = \oint_{\Gamma} A_{\tau}\,\mathrm{d}s,$$

称为向量场 $A$ 沿有向闭曲线 $\Gamma$ 的**环流量**.

上述斯托克斯公式可叙述为:向量场 $A$ 沿有向闭曲线 $\Gamma$ 的环流量等于向量场 $A$ 的旋度场通过 $\Gamma$ 所张的曲面 $\Sigma$ 的通量.

$$^{*}习　题　9\text{-}7$$

1. $\oint_{\Gamma} z^2\,\mathrm{d}x + x^2\,\mathrm{d}y + y^2\,\mathrm{d}z$,其中 $\Gamma$ 是球面 $x^2 + y^2 + z^2 = 4$ 位于第一卦限那部分的

正向边界线.

2.$\oint_{\Gamma} x^2 z \mathrm{d}x + xy^2 \mathrm{d}y + z^2 \mathrm{d}z$,其中 $\Gamma$ 是抛物面 $z = 1 - x^2 - y^2$ 位于第一卦限那部分的正向边界线.

3.计算曲线积分 $\oint_{\Gamma} y^2 \mathrm{d}x + z^2 \mathrm{d}y + x^2 \mathrm{d}z$,其中 $\Gamma$ 是空间曲线 $\begin{cases} x^2 + y^2 + z^2 = R^2, \\ x^2 + y^2 = Rx, \end{cases}$ $(R > 0, z \geqslant 0)$,从 $x$ 轴正向看去取逆时针方向.

4.计算 $I = \oint_{\Gamma} y \mathrm{d}x + z \mathrm{d}y + x \mathrm{d}z$,其中 $\Gamma$ 是球面 $x^2 + y^2 + z^2 = 4z$ 与平面 $x + z = 2$ 的交线,从 $z$ 轴正向看去为逆时针方向.

5.用斯托克斯公式计算 9.2 节的例 4.

6.求下列向量场 $A$ 的旋度:

(1)$A = x^2 \sin y \boldsymbol{i} + y^2 \sin z \boldsymbol{j} + z^2 \sin x \boldsymbol{k}$;

(2)$A = (z + \sin y)\boldsymbol{i} - (z - x \cos y)\boldsymbol{j}$.

# 总 习 题 9

1.填空题

(1)第二类曲线积分 $\int_{\Gamma} P \mathrm{d}x + Q \mathrm{d}y + R \mathrm{d}z$ 化成第一类曲线积分是_____,其中 $\alpha$, $\beta, \gamma$ 为有向曲线弧 $\Gamma$ 在点 $(x, y, z)$ 处的_____的方向角;

(2)第二类曲面积分 $\iint_{\Sigma} P \mathrm{d}y\mathrm{d}z + Q \mathrm{d}z\mathrm{d}x + R \mathrm{d}x\mathrm{d}y$ 化成第一类曲面积分是_____,其中 $\alpha, \beta, \gamma$ 为有向曲面 $\Sigma$ 在点 $(x, y, z)$ 处的_____的方向角;

(3)(2006 考研)设 $\Sigma$ 为锥面 $z = \sqrt{x^2 + y^2}$ $(0 \leqslant z \leqslant 1)$下侧,则
$$\iint_{\Sigma} x \mathrm{d}y\mathrm{d}z + 2y \mathrm{d}z\mathrm{d}x + 3(z - 1)\mathrm{d}x\mathrm{d}y = \underline{\qquad};$$

(4)(2008 考研)设曲面 $\Sigma$ 为 $z = \sqrt{4 - x^2 - y^2}$ 的上侧,则 $\iint_{\Sigma} xy \mathrm{d}y\mathrm{d}z + x \mathrm{d}z\mathrm{d}x + x^2 \mathrm{d}x\mathrm{d}y = \underline{\qquad}$;

(5)(2007 考研)设曲面 $\Sigma : |x| + |y| + |z| = 1$. 则 $\oiint_{\Sigma} (x + |y|) \mathrm{d}s = \underline{\qquad}$.

(6)(2012 考研)设 $\Sigma$ 为 $\{(x, y, z) \mid x + y + z = 1, x \geqslant 0, y \geqslant 0, z \geqslant 0\}$,则 $\iint_{\Sigma} y^2 \mathrm{d}S = \underline{\qquad}$.

2.选择题

(1)设 $L$ 是上半椭圆周 $x^2 + 4y^2 = 1 (y \geqslant 0)$,$L_1$ 是四分之一椭圆周 $x^2 + 4y^2 = 1 (x \geqslant 0, y \geqslant 0)$,则(    ).

A. $\int_L (x+y)\mathrm{d}s = 2\int_{L_1} (x+y)\mathrm{d}s$;　　　　B. $\int_L xy\mathrm{d}s = 2\int_{L_1} xy\mathrm{d}s$;

C. $\int_L x^2\mathrm{d}s = 2\int_{L_1} y^2\mathrm{d}s$;　　　　D. $\int_L (x+y)^2\mathrm{d}s = 2\int_{L_1} (x^2+y^2)\mathrm{d}s$.

(2)(2013 考研) 设 $L_1:x^2+y^2=1$,$L_2:x^2+y^2=2$,$L_3:x^2+2y^2=2$,$L_4:2x^2+y^2=2$ 为四条逆时针方向的平面曲线,记 $I_i = \oint_{L_i} \left(y+\dfrac{y^3}{6}\right)\mathrm{d}x + \left(2x-\dfrac{x^3}{3}\right)\mathrm{d}y(i=1,2,3,4)$, 则 $\max(I_1,I_2,I_3,I_4) = ($ 　　 $)$.

A. $I_1$;　　　　B. $I_2$;　　　　C. $I_3$;　　　　D. $I_4$.

(3)设曲面 $\Sigma$ 是上半球面:$x^2+y^2+z^2=R^2 (z\geqslant 0)$,曲面 $\Sigma_1$ 是 $\Sigma$ 在第一卦限中的部分,则有( 　　 ).

A. $\iint_\Sigma x\mathrm{d}S = 4\iint_{\Sigma_1} x\mathrm{d}S$;　　　　B. $\iint_\Sigma y\mathrm{d}S = 4\iint_{\Sigma_1} x\mathrm{d}S$;

C. $\iint_\Sigma z\mathrm{d}S = 4\iint_{\Sigma_1} x\mathrm{d}S$;　　　　D. $\iint_\Sigma xyz\mathrm{d}S = 4\iint_{\Sigma_1} xyz\mathrm{d}S$.

3.设 $L$ 是正向圆周 $x^2+y^2=a^2$,计算曲线积分:

(1)$\oint_L \dfrac{\mathrm{d}s}{x^2+y^2}$;　　　(2)$\oint_L \dfrac{\mathrm{d}x+\mathrm{d}y}{x^2+y^2}$.

4.设 $\Gamma$ 是空间曲线 $\begin{cases} x^2+2y^2=2, \\ z=1+y, \end{cases}$ 从 $z$ 轴正向看去取逆时针方向,计算下列曲线积分:

(1)$\oint_\Gamma x^2\mathrm{d}s$;　　　(2)$\oint_\Gamma (x^2+y^2+z^2)\mathrm{d}s$;　　　(3)$\oint_\Gamma x^2\mathrm{d}x + y^2\mathrm{d}y + z^2\mathrm{d}z$.

5.计算 $I = \oint_L [(x+\sqrt{y})\sqrt{x^2+y^2} + x^2+y^2]\mathrm{d}s$,其中 $L$ 是圆周 $x^2+(y-1)^2=1$.

6.确定 $a$ 值,使 $\oint_L \dfrac{x\mathrm{d}x-ay\mathrm{d}y}{x^2+4y^2}=0$,其中 $L$ 是不过原点的任何简单光滑闭曲线.

7.计算 $I = \iint_S (x+y+z+a)^2\mathrm{d}S$,其中 $S$ 为球面 $(x-a)^2+(y-a)^2+(z-a)^2=a^2$.

8.计算曲线积分 $\oint_\Gamma (x^2+y^2)\mathrm{d}s$,其中 $\Gamma$ 是圆 $\begin{cases} x^2+y^2+z^2=R^2, \\ x+y+z=0. \end{cases}$

9.(2007 考研)计算 $I = \iint_\Sigma xz\mathrm{d}y\mathrm{d}z + 2zy\mathrm{d}z\mathrm{d}x + 3xy\mathrm{d}x\mathrm{d}y$,其中曲面 $\Sigma$ 是 $z=1-x^2-\dfrac{y^2}{4}(0\leqslant z\leqslant 1)$ 的上侧.

10.(2014 考研)设 $\Sigma$ 为曲面 $z = x^2 + y^2 (z \leqslant 1)$ 的上侧,计算

$$\iint\limits_{\Sigma} (x-1)^3 \mathrm{d}y\mathrm{d}z + (y-1)^3 \mathrm{d}z\mathrm{d}x + (z-1)\mathrm{d}x\mathrm{d}y.$$

11.(2016 考研)设有界区域 $\Omega$ 由平面 $2x + y + 2z = 2$ 与三个坐标平面围成,$\Sigma$ 为 $\Omega$ 整个外表面的外侧,计算曲面积分 $\iint\limits_{\Sigma} (x^2 + 1)\mathrm{d}y\mathrm{d}z - 2y\mathrm{d}z\mathrm{d}x + 3z\mathrm{d}x\mathrm{d}y.$

第 9 章部分习题答案

# 第10章

# 无 穷 级 数

在中学数学里学习过等差数列和等比数列的前有限项和的计算问题,很自然的我们会考虑一个一般无穷数列的所有(无穷多)项的和的问题,此为常数项级数要研究的主要问题.在第2和第3章中还学习了用较简单的一次函数(微分)和$n$次多项式(泰勒公式)来近似代替较复杂的函数.自然会想,如果用无穷多个多项式的和来表示一个较复杂的函数会怎样? 此为函数项级数要研究的主要内容.

本章10.1节先简单介绍数项级数的基本概念,然后10.2节给出正项级数、交错级数以及任意项级数收敛的判定方法.10.3~10.5节是函数项级数的内容,其中第三节介绍幂级数的基本概念和收敛域的计算方法,10.4节介绍如何将一个满足一定条件的函数展开为幂级数.10.5节介绍使用傅里叶级数来逼近周期震荡的函数.

## 10.1 数项级数的概念和性质

### 10.1.1 常数项级数的概念

在很多学科中都会遇到无穷多个量相加的问题.比如,可以用圆内接正多边形逼近圆的面积,如图 10-1 所示.

依次作出圆内接正 $3 \times 2^n (n=0,1,2,\cdots)$ 边形,设 $S_0$ 表示内接正三角形面积,$S_1$ 表示正三角形三个边上增加的三个等腰三角形面积之和,即圆的内接正六边形去掉中间的内接正三角形后的面积,$S_k$ 表示边数增加到第 $k$ 次时相应增加的面积,则圆内接正 $3 \times 2^n$ 边形面积为

$$S_0 + S_1 + \cdots + S_n.$$

图 10-1

当 $n \rightarrow \infty$ 时,这个和趋近于圆的面积 $S$,即

$$S = S_0 + S_1 + S_2 + \cdots + S_n + \cdots,$$

此时就会遇到和式中有无穷多个量相加的问题.

一般的,设有数列

$$u_1, \quad u_2, \quad u_3, \quad \cdots, \quad u_n, \quad \cdots, \tag{10.1}$$

将数列(10.1)的各项依次用加号连接起来的表达式

$$u_1 + u_2 + u_3 + \cdots + u_n + \cdots, \tag{10.2}$$

称为**常数项无穷级数**,简称**数项级数**或**级数**,记为 $\displaystyle\sum_{n=1}^{\infty} u_n$ ,即

$$\sum_{n=1}^{\infty} u_n = u_1 + u_2 + u_3 + \cdots + u_n + \cdots,$$

其中第 $n$ 项 $u_n$ 称为级数的**一般项**. 称级数(10.2)的前 $n$ 项和

$$S_n = \sum_{k=1}^{n} u_k = u_1 + u_2 + u_3 + \cdots + u_n$$

为级数(10.2)的**部分和**.

**【注】** 部分和是有限项的和,一定可以计算出来,而对于一个无穷级数来说,"和"就未必存在了. 比如,级数 $1+1-1+1-1+\cdots$,很明显偶数项的代数和为 $0$,而奇数项的代数和却为 $1$.

让部分和的 $n$ 分别取 $1,2,3,\cdots$,可以构造一个新的数列

$$S_1 = u_1,$$
$$S_2 = S_1 + u_2 = u_1 + u_2,$$
$$\cdots\cdots$$
$$S_n = S_{n-1} + u_n = u_1 + u_2 + u_3 + \cdots + u_n,$$
$$\cdots\cdots$$

我们称此数列为级数(10.2)的**部分和数列**. 由构造方法不难看出,部分和数列与级数是完全对应的关系,即给出一个级数,由其一般项可以构造一个唯一的部分和数列. 相反的,给定一个数列(部分和数列),由相邻两项之差可以唯一确定一个级数中的每一项. 因此,可以根据部分和数列有没有极限,来引入级数(10.2)的收敛与发散的概念.

**定义** 若级数 $\sum_{n=1}^{\infty} u_n$ 的部分和数列 $\{S_n\}$ 有极限 $S$,即 $\lim_{n\to\infty} S_n = S$,则称级数 $\sum_{n=1}^{\infty} u_n$ 收敛,此时称极限 $S$ 为**级数的和**,记为

$$S = \sum_{n=1}^{\infty} u_n = u_1 + u_2 + u_3 + \cdots + u_n + \cdots,$$

若 $\{S_n\}$ 极限不存在,则称级数 $\sum_{n=1}^{\infty} u_n$ **发散**.

当级数收敛时,称

$$r_n = S - S_n = u_{n+1} + u_{n+2} + \cdots$$

为级数的**余项**. 显然有

$$\lim_{n\to\infty} r_n = 0.$$

**例1** 讨论**等比级数**(或**几何级数**)

$$\sum_{n=0}^{\infty} aq^n = a + aq + aq^2 + \cdots + aq^n + \cdots \quad (a \neq 0, q \text{ 为公比})$$

的敛散性.

**解** (1)若 $q \neq 1$,则部分和为

$$S_n = a + aq + aq^2 + \cdots + aq^{n-1} = \frac{a(1-q^n)}{1-q},$$

所以当 $|q| < 1$ 时,由于 $\lim\limits_{n \to \infty} q^n = 0$,从而部分和数列的极限 $\lim\limits_{n \to \infty} S_n = \dfrac{a}{1-q}$,因此等比级数收敛,其和为 $\dfrac{a}{1-q}$.

而当 $|q| > 1$ 时,由于 $\lim\limits_{n \to \infty} q^n = \infty$,从而部分和数列的极限 $\lim\limits_{n \to \infty} S_n = \infty$,所以等比级数发散.

(2) 若 $|q| = 1$,则当 $q = 1$ 时,$S_n = na \to \infty$,因此等比级数发散;当 $q = -1$ 时,级数

$$a - a + a - a + \cdots + (-1)^{n-1}a + \cdots$$

有两种情况:当 $n$ 为奇数时,$S_n = a$;当 $n$ 为偶数时,$S_n = 0$,从而 $\lim\limits_{n \to \infty} S_n$ 不存在,即等比级数发散.

综上所述,当 $|q| < 1$ 时,等比级数收敛到 $\dfrac{a}{1-q}$,当 $|q| \geqslant 1$ 时,等比级数发散.

等比级数的收敛性对后续其他级数的敛散性判别有重要参考意义.

**例 2**　判别下列级数的敛散性:

(1) $\sum\limits_{n=1}^{\infty} \ln \dfrac{n+1}{n}$;(2) $\sum\limits_{n=1}^{\infty} \dfrac{1}{n(n+1)}$

**解**　(1) 因为

$$\begin{aligned}
S_n &= \ln \frac{2}{1} + \ln \frac{3}{2} + \ln \frac{4}{3} + \cdots + \ln \frac{n+1}{n} \\
&= (\ln 2 - \ln 1) + (\ln 3 - \ln 2) + \cdots + (\ln(n+1) - \ln n) \\
&= \ln(n+1),
\end{aligned}$$

由于 $S_n \to \infty (n \to \infty)$,所以级数 (1) 发散.

(2) 因为

$$\begin{aligned}
S_n &= \frac{1}{1 \cdot 2} + \frac{1}{2 \cdot 3} + \frac{1}{3 \cdot 4} + \cdots + \frac{1}{n \cdot (n+1)} \\
&= \left(1 - \frac{1}{2}\right) + \left(\frac{1}{2} - \frac{1}{3}\right) + \left(\frac{1}{3} - \frac{1}{4}\right) + \cdots + \left(\frac{1}{n} - \frac{1}{n+1}\right) \\
&= 1 - \frac{1}{n+1},
\end{aligned}$$

由于 $\lim\limits_{n \to \infty} S_n = 1$,所以级数 (2) 收敛,其和为 1.

## 10.1.2　收敛级数的基本性质

上面使用级数定义对几个级数进行了敛散性判别,但是对有些级数用定义来判别它的敛散性是比较困难的.为此接下来就介绍级数的常见性质,利用这些性质可以帮助我们判别一些级数的敛散性.

**性质 1**(级数收敛的必要条件)　若级数 $\sum\limits_{n=1}^{\infty} u_n$ 收敛,则 $\lim\limits_{n \to \infty} u_n = 0$,简单的说就是收敛级数的一般项收敛到 0.

**证**  设级数 $\sum\limits_{n=1}^{\infty} u_n$ 收敛到 $S$,从而有 $\lim\limits_{n\to\infty} S_n = S$,因为 $u_n = S_n - S_{n-1}$,所以

$$\lim_{n\to\infty} u_n = \lim_{n\to\infty} S_n - \lim_{n\to\infty} S_{n-1} = S - S = 0.$$

性质1只是级数收敛的必要条件而非充分条件,有些级数一般项趋于零,却是发散的,比如,调和级数

$$\sum_{n=1}^{\infty} \frac{1}{n} = 1 + \frac{1}{2} + \frac{1}{3} + \cdots + \frac{1}{n} + \cdots$$

虽然 $\lim\limits_{n\to\infty} u_n = \lim\limits_{n\to\infty} \frac{1}{n} = 0$,但是此级数却发散.

事实上,假设调和级数收敛于 $S$,则

$$\lim_{n\to\infty} (S_{2n} - S_n) = 0,$$

但是

$$S_{2n} - S_n = \frac{1}{n+1} + \frac{1}{n+2} + \frac{1}{n+3} + \cdots + \frac{1}{2n}$$

$$> \frac{n}{2n} = \frac{1}{2},$$

矛盾! 所以假设不正确.

性质1的主要用途其实不是用于证明级数收敛,而是用其逆否命题来证明级数发散. 即当级数的一般项不趋于零时,级数一定是发散的. 例如,级数

$$\frac{1}{2} - \frac{2}{3} + \frac{3}{4} - \frac{4}{5} + \cdots + (-1)^{n-1} \frac{n}{n+1} + \cdots$$

的一般项为 $u_n = (-1)^{n-1} \frac{n}{n+1}$,当 $n\to\infty$ 时,$u_n$ 并不趋于零,从而这个级数发散.

**性质2**  设两个收敛的级数,其和分别为 $S, \sigma$,即

$$S = \sum_{n=1}^{\infty} u_n, \quad \sigma = \sum_{n=1}^{\infty} v_n,$$

则级数 $\sum\limits_{n=1}^{\infty} (u_n \pm v_n)$ 也收敛,其和为 $S \pm \sigma$.

**证**  令两个级数的部分和分别为 $S_n = \sum\limits_{k=1}^{n} u_k$,$\sigma_n = \sum\limits_{k=1}^{n} v_k$,则级数 $\sum\limits_{n=1}^{\infty} (u_n \pm v_n)$ 的部分和

$$\xi_n = \sum_{k=1}^{n} (u_k \pm v_k) = S_n \pm \sigma_n \to S \pm \sigma \quad (n \to \infty),$$

所以级数 $\sum\limits_{n=1}^{\infty} (u_n \pm v_n)$ 也收敛,其和为 $S \pm \sigma$.

性质2说明:两个收敛级数可以进行逐项相加与逐项相减.

**性质3**  若级数 $\sum\limits_{n=1}^{\infty} u_n$ 收敛,其和为 $S$,$c$ 是任意常数,则级数 $\sum\limits_{n=1}^{\infty} c \cdot u_n$ 也收敛,且其

和为 $cS$.

证　令 $S_n = \sum\limits_{k=1}^{n} u_k$，则级数 $\sum\limits_{n=1}^{\infty} c \cdot u_n$ 的部分和为

$$\sigma_n = \sum_{k=1}^{n} cu_k = cS_n,$$

因为 $\lim\limits_{n \to \infty} \sigma_n = c \lim\limits_{n \to \infty} S_n = cS$，所以级数 $\sum\limits_{n=1}^{\infty} c \cdot u_n$ 收敛，其和为 $cS$.

**性质 4**　在级数前面加上或去掉有限项，不会影响级数的敛散性.

证　将级数 $\sum\limits_{n=1}^{\infty} u_n$ 的前 $k$ 项去掉，所得新级数 $\sum\limits_{n=1}^{\infty} u_{k+n}$ 的部分和为

$$\sigma_n = \sum_{l=1}^{n} u_{k+l} = S_{k+n} - S_k,$$

由于当 $n \to \infty$ 时，$\sigma_n$ 与 $S_{k+n}$ 的极限具有相同的敛散性，所以新级数 $\sum\limits_{n=1}^{\infty} u_{k+n}$ 与原级数 $\sum\limits_{n=1}^{\infty} u_n$ 敛散性相同. 且当级数收敛时，两级数的和具有关系 $\sigma = S - S_k$.

类似可证前面加上有限项的情形.

**性质 5**　收敛级数加括号后所构成的新级数仍收敛于原级数的和.

证　设收敛级数 $\sum\limits_{n=1}^{\infty} u_n$ 的和为 $S$，若按某一规律加括号，比如

$$(u_1 + u_2) + (u_3 + u_4 + u_5) + \cdots,$$

则新级数的部分和序列 $\sigma_m (m = 1, 2, \cdots)$ 为原级数部分和序列 $S_n (n = 1, 2, \cdots)$ 的一个子序列，因此必有

$$\lim_{m \to \infty} \sigma_m = \lim_{n \to \infty} S_n = S.$$

【注】　(1)从性质 5 不难得出：若加括号后的级数发散，则原级数必发散；

(2)收敛级数去括号后所形成的级数不一定收敛. 例如，级数

$$(1 - 1) + (1 - 1) + \cdots = 0$$

是收敛的，而去括号后的级数

$$1 - 1 + 1 - 1 + \cdots$$

是发散的.

数项级数的概念和性质(1)　数项级数的概念和性质(2)　数项级数的概念和性质(3)

### 习　题　10-1

1. 写出下列级数的前五项之和：

(1) $\sum_{n=1}^{\infty} \frac{1+n}{1+n^2}$;　　　(2) $\sum_{n=1}^{\infty} \left(1-\frac{1}{n^2}\right)^n$;　　　(3) $\sum_{n=1}^{\infty} \frac{(-1)^{n-1}}{3^n}$.

2. 写出下列级数的一般项:

(1) $\frac{2}{1} - \frac{3}{2} + \frac{4}{3} - \frac{5}{4} + \frac{6}{5} - \cdots$;　　　(2) $\frac{x}{1} - \frac{x^3}{3} + \frac{x^5}{5} - \frac{x^7}{7} + \cdots$;

(3) $\frac{1}{1 \cdot 3} + \frac{1}{3 \cdot 5} + \frac{1}{5 \cdot 7} + \frac{1}{7 \cdot 9} + \cdots$.

3. 利用定义判别下列级数的敛散性:

(1) $\sum_{n=1}^{\infty} \frac{1}{(3n-1) \cdot (3n+2)}$;

(2) $\sum_{n=1}^{\infty} \frac{1}{\sqrt{n+1} + \sqrt{n}}$.

4. 讨论下列级数的敛散性:

(1) $\frac{1}{1001} + \frac{2}{2001} + \frac{3}{3001} + \cdots + \frac{n}{1000n+1} + \cdots$;

(2) $\frac{1}{3} + \frac{1}{6} + \frac{1}{9} + \cdots + \frac{1}{3n} + \cdots$;

(3) $1 + \frac{1}{2} + \frac{1}{2} + \frac{1}{2^2} + \frac{1}{3} + \frac{1}{2^3} + \cdots + \frac{1}{n} + \frac{1}{2^n} +$;

(4) $\frac{1}{1 \cdot 2 \cdot 3} + \frac{1}{2 \cdot 3 \cdot 4} + \frac{1}{3 \cdot 4 \cdot 5} + \cdots$.

5. 证明级数 $\frac{1}{\sqrt{2}-1} - \frac{1}{\sqrt{2}+1} + \frac{1}{\sqrt{3}-1} - \frac{1}{\sqrt{3}+1} + \cdots + \frac{1}{\sqrt{n+1}-1} - \frac{1}{\sqrt{n+1}+1} + \cdots$ 发散.

6. 若级数 $\sum_{n=1}^{\infty} u_n$ 满足:(1) $\lim_{n \to \infty} u_n = 0$;(2) $\sum_{n=1}^{\infty} (u_{2n-1} + u_{2n})$ 收敛,则 $\sum_{n=1}^{\infty} u_n$ 收敛.

## 10.2　数项级数的审敛法

10.1节介绍了无穷级数的一些概念和性质,这一节主要围绕着两类重要的特殊数项级数——正项级数和交错级数及其审敛法展开讨论,同时简单介绍一般项级数的一种收敛性判别方法——绝对收敛法.

### 10.2.1　正项级数

把各项都是非负的级数称为**正项级数**.

由于正项级数的每一项都具有非负性,所以它的部分和数列是单调增加的,从而得到下面的正项级数收敛的充分必要条件.

**定理1**　正项级数 $\sum_{n=1}^{\infty} u_n$ 收敛的充分必要条件是它的部分和数列 $\{S_n\}$ 有界.

**证**　若正项级数 $\sum_{n=1}^{\infty} u_n$ 收敛,则部分和数列 $\{S_n\}$ 极限存在,从而 $\{S_n\}$ 有界.

若正项级数 $\sum\limits_{n=1}^{\infty} u_n$ 的部分和数列 $\{S_n\}$ 有界,而 $\{S_n\}$ 又是单调递增的,由极限的单调收敛准则可得数列 $\{S_n\}$ 的极限存在,所以 $\sum\limits_{n=1}^{\infty} u_n$ 收敛.

**定理 2**(比较审敛法)　设 $\sum\limits_{n=1}^{\infty} u_n$, $\sum\limits_{n=1}^{\infty} v_n$ 是两个正项级数,且 $u_n \leqslant v_n (n=1,2,\cdots)$.

若级数 $\sum\limits_{n=1}^{\infty} v_n$ 收敛,则级数 $\sum\limits_{n=1}^{\infty} u_n$ 也收敛;若级数 $\sum\limits_{n=1}^{\infty} u_n$ 发散,则级数 $\sum\limits_{n=1}^{\infty} v_n$ 也发散.

**证**　设 $\sum\limits_{n=1}^{\infty} v_n = \sigma$,则级数 $\sum\limits_{n=1}^{\infty} u_n$ 的部分和

$$S_n = u_1 + u_2 + \cdots + u_n \leqslant v_1 + v_2 + \cdots + v_n \leqslant \sigma \quad (n=1,2,\cdots),$$

即部分和数列 $\{S_n\}$ 有界,由定理 1 知级数 $\sum\limits_{n=1}^{\infty} u_n$ 收敛.

先假设级数 $\sum\limits_{n=1}^{\infty} u_n$ 发散时,级数 $\sum\limits_{n=1}^{\infty} v_n$ 收敛,那么由证明的前半部分可知,级数 $\sum\limits_{n=1}^{\infty} u_n$ 也收敛,这与假设级数 $\sum\limits_{n=1}^{\infty} u_n$ 发散矛盾,所以级数 $\sum\limits_{n=1}^{\infty} v_n$ 必发散.

由级数的性质,级数的每一项同乘以一个不为零的常数以及去掉前面有限项不会影响级数的敛散性,所以得如下推论:

**推论**　设 $\sum\limits_{n=1}^{\infty} u_n$, $\sum\limits_{n=1}^{\infty} v_n$ 是两个正项级数,且存在 $N \in \mathbf{N}^+$,对一切 $n > N$,有 $u_n \leqslant kv_n$(其中常数 $k > 0$). 若级数 $\sum\limits_{n=1}^{\infty} v_n$ 收敛,则级数 $\sum\limits_{n=1}^{\infty} u_n$ 也收敛;若级数 $\sum\limits_{n=1}^{\infty} u_n$ 发散,则级数 $\sum\limits_{n=1}^{\infty} v_n$ 也发散.

**例 1**　讨论 $p$ 级数 $1 + \dfrac{1}{2^p} + \dfrac{1}{3^p} + \cdots + \dfrac{1}{n^p} + \cdots$ 的敛散性,其中常数 $p > 0$.

**解**　(1)若 $0 < p \leqslant 1$,因为对一切 $n \in \mathbf{N}^+$ 有

$$\frac{1}{n^p} \geqslant \frac{1}{n},$$

而调和级数 $\sum\limits_{n=1}^{\infty} \dfrac{1}{n}$ 发散,由比较审敛法可知 $p$ 级数发散.

(2) 若 $p > 1$,因为当 $n-1 \leqslant x \leqslant n$ 时,$\dfrac{1}{n^p} \leqslant \dfrac{1}{x^p}$,从而

$$\frac{1}{n^p} = \int_{n-1}^{n} \frac{1}{n^p} \mathrm{d}x \leqslant \int_{n-1}^{n} \frac{1}{x^p} \mathrm{d}x$$

$$= \frac{1}{p-1} \left[ \frac{1}{(n-1)^{p-1}} - \frac{1}{n^{p-1}} \right],$$

由于正项级数 $\sum\limits_{n=2}^{\infty} \left[ \dfrac{1}{(n-1)^{p-1}} - \dfrac{1}{n^{p-1}} \right]$ 的部分和

$$\sigma_n = \sum_{k=1}^{n}\left[\frac{1}{k^{p-1}} - \frac{1}{(k+1)^{p-1}}\right]$$

$$= \left[1 - \frac{1}{2^{p-1}}\right] + \left[\frac{1}{2^{p-1}} - \frac{1}{3^{p-1}}\right] + \cdots + \left[\frac{1}{n^{p-1}} - \frac{1}{(n+1)^{p-1}}\right]$$

$$= 1 - \frac{1}{(n+1)^{p-1}}$$

趋于 $1(n \to \infty)$，所以正项级数 $\sum_{n=2}^{\infty}\left[\dfrac{1}{(n-1)^{p-1}} - \dfrac{1}{n^{p-1}}\right]$ 收敛，由比较审敛法知 $p$ 级数收敛.

综上所述，对于 $p$ 级数，当 $p > 1$ 时收敛，$p \leqslant 1$ 时发散.

由于 $p$ 级数和10.1节介绍的等比级数的敛散性完全确定，所以这两类级数经常被用作比较审敛法的参照级数. 易见，前面介绍的调和级数 $\sum_{n=1}^{\infty}\dfrac{1}{n}$ 只不过是 $p=1$ 时发散的 $p$ 级数.

**例 2**　判断正项级数 $\sum_{n=2}^{\infty}\dfrac{1}{\ln n}$ 的敛散性.

**解**　当 $n \geqslant 2$ 时，$\dfrac{1}{\ln n} > \dfrac{1}{n}$，而级数 $\sum_{n=2}^{\infty}\dfrac{1}{n}$ 比调和级数 $\sum_{n=1}^{\infty}\dfrac{1}{n}$ 只少第一项，具有相同的敛散性，所以级数 $\sum_{n=2}^{\infty}\dfrac{1}{n}$ 发散，从而原级数 $\sum_{n=2}^{\infty}\dfrac{1}{\ln n}$ 发散.

在使用比较审敛法时有两个难点：一是必须找到一个已知敛散性的参照级数，事前必须要带有一定的预见性；另一个是要比较两个级数的大小. 这两个难点在下面的比值、根值审敛法以及比较审敛法的极限形式中都能得到一定程度的破解，先来介绍比较审敛法的极限形式.

**定理 3**　设两个正项级数 $\sum_{n=1}^{\infty}u_n$，$\sum_{n=1}^{\infty}v_n$ 满足 $\lim\limits_{n\to\infty}\dfrac{u_n}{v_n} = l$，则有

(1)当 $0 < l < +\infty$ 时，两个级数同时收敛或发散；

(2)当 $l = 0$ 且 $\sum_{n=1}^{\infty}v_n$ 收敛时，$\sum_{n=1}^{\infty}u_n$ 也收敛；

(3) 当 $l = +\infty$ 且 $\sum_{n=1}^{\infty}v_n$ 发散时，$\sum_{n=1}^{\infty}u_n$ 也发散.

**证**　(1)由 $\lim\limits_{n\to\infty}\dfrac{u_n}{v_n} = l$，对 $\varepsilon = \dfrac{l}{2} > 0$，存在 $N \in \mathbf{N}^+$，当 $n > N$ 时

$$\left|\frac{u_n}{v_n} - l\right| < \frac{l}{2} \quad (l \neq \infty),$$

即

$$\frac{l}{2}v_n < u_n < \frac{3l}{2}v_n \quad (n > N),$$

又由比较审敛法可知,若 $\sum\limits_{n=1}^{\infty}v_n$ 收敛,则由上式右端不等式和比较审敛法 $\sum\limits_{n=1}^{\infty}u_n$ 也收敛;

若 $\sum\limits_{n=1}^{\infty}v_n$ 发散,则由上式左端不等式知 $\sum\limits_{n=1}^{\infty}u_n$ 也发散,于是两个级数同时收敛或发散.

(2),(3)的证明留给读者自己完成.

**例 3**　判定下列级数的敛散性:

(1) $\sum\limits_{n=1}^{\infty}\ln\left(1+\dfrac{1}{n^2}\right)$;　　(2) $\sum\limits_{n=1}^{\infty}\dfrac{1}{3^n-n}$.

**解**　(1)因为

$$\lim_{n\to\infty}n^2\ln\left(1+\frac{1}{n^2}\right)=\lim_{n\to\infty}n^2\cdot\frac{1}{n^2}=1,$$

而 $p$ 级数 $\sum\limits_{n=1}^{\infty}\dfrac{1}{n^2}$ 收敛,由比较审敛法的极限形式知, $\sum\limits_{n=1}^{\infty}\ln\left(1+\dfrac{1}{n^2}\right)$ 收敛.

(2)因为

$$\lim_{n\to\infty}\frac{\dfrac{1}{3^n-n}}{\dfrac{1}{3^n}}=\lim_{n\to\infty}\frac{1}{1-\dfrac{n}{3^n}}=1,$$

而等比级数 $\sum\limits_{n=1}^{\infty}\dfrac{1}{3^n}$ 收敛,由比较审敛法的极限形式知, $\sum\limits_{n=1}^{\infty}\dfrac{1}{3^n-n}$ 收敛.

从上例看出,比较审敛法的极限形式较比较审敛法确实好用一些,因为它用商的极限替代了直接比较一般项的大小.在熟练的前提下,比较审敛法的极限形式可以简化,很多题目都可以直接使用我们熟悉的第 1 章里的等价或同阶无穷小来得出级数的敛散性.比如上例,当 $n\to\infty$ 时, $\ln\left(1+\dfrac{1}{n^2}\right)\sim\dfrac{1}{n^2}$, $\dfrac{1}{3^n-n}\sim\dfrac{1}{3^n}$,而级数 $\sum\limits_{n=1}^{\infty}\dfrac{1}{n^2}$ 和 $\sum\limits_{n=1}^{\infty}\dfrac{1}{3^n}$ 是收敛的,所以这两个级数都收敛.

**定理 4**(比值审敛法或达朗贝尔判别法)　设 $\sum\limits_{n=1}^{\infty}u_n$ 为一个正项级数,且 $\lim\limits_{n\to\infty}\dfrac{u_{n+1}}{u_n}=\rho$,则

(1)当 $\rho<1$ 时,级数收敛;

(2)当 $\rho>1$ 或 $\rho=+\infty$ 时,级数发散;

(3)当 $\rho=1$ 时,级数可能收敛也可能发散.

**证**　(1)当 $\rho<1$ 时,取适当小的正数 $\varepsilon$,使得 $\rho+\varepsilon<1$,由 $\lim\limits_{n\to\infty}\dfrac{u_{n+1}}{u_n}=\rho$ 知,存在 $N\in$ $\mathbf{N}^+$,当 $n>N$ 时, $\dfrac{u_{n+1}}{u_n}<\rho+\varepsilon<1$,所以

$$u_{n+1}<(\rho+\varepsilon)u_n<(\rho+\varepsilon)^2u_{n-1}<\cdots<(\rho+\varepsilon)^{n-N}u_{N+1},$$

而级数 $\sum\limits_{n=1}^{\infty}(\rho+\varepsilon)^k$ 是收敛的等比级数,由比较审敛法可知,级数 $\sum\limits_{n=1}^{\infty}u_n$ 收敛.

(2)当 $\rho>1$ 或 $\rho=\infty$ 时,必存在 $N\in\mathbf{N}^+$,$u_n\neq0$,当 $n\geq N$ 时,有 $\frac{u_{n+1}}{u_n}>1$,从而

$$u_{n+1}>u_n>u_{n-1}>\cdots>u_N,$$

因此 $\lim\limits_{n\to\infty}u_n\geq u_N\neq0$,所以级数 $\sum\limits_{n=1}^{\infty}u_n$ 发散.

(3)当 $\rho=1$ 时,级数可能收敛也可能发散.例如 $p$ 级数 $\sum\limits_{n=1}^{\infty}\frac{1}{n^p}$,有

$$\lim_{n\to\infty}\frac{u_{n+1}}{u_n}=\lim_{n\to\infty}\frac{\dfrac{1}{(n+1)^p}}{\dfrac{1}{n^p}}=1,$$

但是,由例1可知,对于 $p$ 级数,当 $p>1$ 时收敛,$p\leq1$ 时发散.

**定理5**(根值审敛法或柯西判别法) 设 $\sum\limits_{n=1}^{\infty}u_n$ 为一个正项级数,且 $\lim\limits_{n\to\infty}\sqrt[n]{u_n}=\rho$,则

(1)当 $\rho<1$ 时,级数收敛;

(2)当 $\rho>1$ 或 $\rho=+\infty$ 时,级数发散;

(3)当 $\rho=1$ 时,级数可能收敛也可能发散.

定理5的证明与定理4类似,留给读者自己练习.

前面提到,使用比较审敛法的难点之一是必须要找到一个参照级数,而这个级数的寻找带有很大的主观性,定理4与定理5在某种程度上解决了这一难点.因为这两种方法都是从级数的一般项出发就可以得出敛散性问题,但是凡事都具有两面性,定理4和定理5同样具有弱点,它们适用的范围相对较小,特别是当 $\rho=1$ 时,敛散性无法判定,这时必须再借助其他判定方法来处理.

**例4** 判断下列级数的敛散性:

(1) $\sum\limits_{n=1}^{\infty}\frac{1}{n!}$; (2) $\sum\limits_{n=1}^{\infty}\frac{2+(-1)^n}{2^n}$; (3) $\sum\limits_{n=1}^{\infty}\frac{1}{(2n-1)\cdot 2n}$.

**解** (1)因为

$$\lim_{n\to\infty}\frac{u_{n+1}}{u_n}=\lim_{n\to\infty}\frac{\dfrac{1}{(n+1)!}}{\dfrac{1}{n!}}=\lim_{n\to\infty}\frac{1}{n+1}=0,$$

由比值审敛法知,级数 $\sum\limits_{n=1}^{\infty}\frac{1}{n!}$ 收敛.

(2)因为

$$\lim_{n\to\infty}\sqrt[n]{u_n}=\lim_{n\to\infty}\frac{1}{2}\sqrt[n]{2+(-1)^n}=\lim_{n\to\infty}\frac{1}{2}\mathrm{e}^{\frac{1}{n}\ln[2+(-1)^n]},$$

而 $\ln[2+(-1)^n]$ 有界,故 $\lim\limits_{n\to\infty}\frac{1}{n}\ln[2+(-1)^n]=0$,从而 $\lim\limits_{n\to\infty}\sqrt[n]{u_n}=\frac{1}{2}$,由根值审敛法知

级数 $\displaystyle\sum_{n=1}^{\infty}\frac{2+(-1)^n}{2^n}$ 收敛.

（3）因为

$$\lim_{n\to\infty}\frac{u_{n+1}}{u_n}=\lim_{n\to\infty}\frac{(2n-1)\cdot 2n}{(2n+1)\cdot(2n+2)}=1,$$

此时比值审敛法失效,改用比较审敛法,易知

$$\frac{1}{(2n-1)\cdot 2n}<\frac{1}{n^2},$$

而级数 $\displaystyle\sum_{n=1}^{\infty}\frac{1}{n^2}$ 收敛,所以级数 $\displaystyle\sum_{n=1}^{\infty}\frac{1}{2n\cdot(2n-1)}$ 收敛.

## 10.2.2　交错级数

各项符号正负相间的级数称为**交错级数**.通常记为 $\displaystyle\sum_{n=1}^{\infty}(-1)^{n-1}u_n$ 或 $\displaystyle\sum_{n=1}^{\infty}(-1)^n u_n$,

其中 $u_n$ 都是正数.下面给出交错级数的一个审敛法.

**定理 6**（莱布尼茨判别法）　若交错级数 $\displaystyle\sum_{n=1}^{\infty}(-1)^{n-1}u_n$ 满足条件:

（1）$u_n\geqslant u_{n+1}(n=1,2,\cdots)$;

（2）$\lim\limits_{n\to\infty}u_n=0$,

则级数收敛,且其和 $S\leqslant u_1$,级数余项满足 $|r_n|\leqslant u_{n+1}$.

**证**　这里分别来证明部分和数列 $\{S_{2n}\}$ 和 $\{S_{2n+1}\}$ 的极限都存在,先把 $S_{2n}$ 用两种方法来表示:

$$S_{2n}=(u_1-u_2)+(u_3-u_4)+\cdots+(u_{2n-1}-u_{2n})\geqslant 0$$

和

$$S_{2n}=u_1-(u_2-u_3)-(u_4-u_5)-\cdots-(u_{2n-2}-u_{2n-1})-u_{2n}\leqslant u_1,$$

不难看出,$\{S_{2n}\}$ 是单调递增有界数列,所以 $\lim\limits_{n\to\infty}S_{2n}=S\leqslant u_1$.又

$$\lim_{n\to\infty}S_{2n+1}=\lim_{n\to\infty}(S_{2n}+u_{2n+1})=\lim_{n\to\infty}S_{2n}=S,$$

故级数 $\displaystyle\sum_{n=1}^{\infty}(-1)^{n-1}u_n$ 收敛到 $S$,且 $S\leqslant u_1$.最后,$S_n$ 的余项为

$$r_n=S-S_n=\pm(u_{n+1}-u_{n+2}+\cdots),$$

所以

$$|r_n|=u_{n+1}-u_{n+2}+\cdots\leqslant u_{n+1}.$$

**例 5**　证明级数 $\displaystyle\sum_{n=1}^{\infty}(-1)^{n-1}\frac{1}{n}$ 收敛,并估计级数的和及余项.

**证**　不难看出,此交错级数满足:

（1）$u_n=\dfrac{1}{n}>\dfrac{1}{n+1}=u_{n+1}(n=1,2,\cdots)$;

（2）$\lim\limits_{n\to\infty}u_n=\lim\limits_{n\to\infty}\dfrac{1}{n}=0.$

由莱布尼茨判别法知,级数是收敛的,且其和 $S \leqslant u_1 = 1, |r_n| \leqslant u_{n+1} = \dfrac{1}{n+1}$.

### 10.2.3 任意项级数

各项为任意实数的级数为**任意项级数**.任意项级数没有正项级数和交错级数的明显的符号特征,所以其审敛法相对复杂,除了可以使用定义来判断敛散性外,还可以用接下来介绍的绝对收敛的方法来判别.

如果任意项级数 $\sum\limits_{n=1}^{\infty} u_n$ 的每一项都取绝对值之后构成的正项级数 $\sum\limits_{n=1}^{\infty} |u_n|$ 是收敛的,则称级数 $\sum\limits_{n=1}^{\infty} u_n$ 为**绝对收敛**.若 $\sum\limits_{n=1}^{\infty} |u_n|$ 发散而 $\sum\limits_{n=1}^{\infty} u_n$ 收敛,通常称级数 $\sum\limits_{n=1}^{\infty} u_n$ 为**条件收敛**.那么我们自然会有疑问,引入绝对收敛的概念有何作用?绝对收敛的级数一定收敛吗?下面的定理就给出了答案.

**定理7** 若级数 $\sum\limits_{n=1}^{\infty} u_n$ 绝对收敛(即级数 $\sum\limits_{n=1}^{\infty} |u_n|$ 收敛),则级数 $\sum\limits_{n=1}^{\infty} u_n$ 必定收敛.

**证** 设 $\sum\limits_{n=1}^{\infty} |u_n|$ 收敛,令

$$v_n = \frac{1}{2}(u_n + |u_n|) \quad (n = 1, 2, \cdots),$$

显然 $v_n \geqslant 0$,且 $v_n \leqslant |u_n|$,由比较审敛法知 $\sum\limits_{n=1}^{\infty} v_n$ 收敛,又由上式知

$$u_n = 2v_n - |u_n|,$$

而级数 $\sum\limits_{n=1}^{\infty} |u_n|$ 和 $\sum\limits_{n=1}^{\infty} 2v_n$ 都是收敛的,所以 $\sum\limits_{n=1}^{\infty} u_n$ 也收敛.

**例6** 判断下列级数是否收敛?若收敛,是条件收敛还是绝对收敛?

(1) $\sum\limits_{n=1}^{\infty} (-1)^{n-1} \dfrac{1}{\sqrt{n}}$;　　(2) $\sum\limits_{n=1}^{\infty} \dfrac{\sin n}{n^2}$;　　(3) $\sum\limits_{n=1}^{\infty} (-1)^n \dfrac{n^2}{e^n}$.

**解** (1)首先考虑每一项取绝对值后的级数 $\sum\limits_{n=1}^{\infty} \dfrac{1}{\sqrt{n}}$,不难看出它是 $p = \dfrac{1}{2}$ 的 $p$ 级数,发散.

再来直接考察级数 $\sum\limits_{n=1}^{\infty} (-1)^{n-1} \dfrac{1}{\sqrt{n}}$ 的敛散性,易见

$$u_n = \frac{1}{\sqrt{n}} > \frac{1}{\sqrt{n+1}} = u_{n+1} \quad (n = 1, 2, \cdots),$$

$$\lim_{n \to \infty} u_n = \lim_{n \to \infty} \frac{1}{\sqrt{n}} = 0.$$

由莱布尼茨判别法知,级数 $\sum\limits_{n=1}^{\infty} (-1)^{n-1} \dfrac{1}{\sqrt{n}}$ 收敛,所以是条件收敛.

(2) 因为 $\left|\dfrac{\sin n}{n^2}\right| \leqslant \dfrac{1}{n^2}$，而 $\displaystyle\sum_{n=1}^{\infty} \dfrac{1}{n^2}$ 收敛，所以 $\displaystyle\sum_{n=1}^{\infty}\left|\dfrac{\sin n}{n^2}\right|$ 收敛，即级数 $\displaystyle\sum_{n=1}^{\infty} \dfrac{\sin n}{n^2}$ 绝对收敛.

(3) 令 $u_n = \dfrac{n^2}{\mathrm{e}^n}$，因为

$$\lim_{n\to\infty} \frac{u_{n+1}}{u_n} = \lim_{n\to\infty} \frac{\dfrac{(n+1)^2}{\mathrm{e}^{n+1}}}{\dfrac{n^2}{\mathrm{e}^n}} = \lim_{n\to\infty} \frac{1}{\mathrm{e}}\left(\frac{n+1}{n}\right)^2 = \frac{1}{\mathrm{e}} < 1,$$

所以，$\displaystyle\sum_{n=1}^{\infty}\left|(-1)^n \dfrac{n^2}{\mathrm{e}^n}\right|$ 收敛，即 $\displaystyle\sum_{n=1}^{\infty}(-1)^n \dfrac{n^2}{\mathrm{e}^n}$ 绝对收敛.

从例 6 的 (1) 和 (3) 可以看出，在解答交错级数的敛散性问题时，不一定非要抱定莱布尼茨判别法不放，有时使用绝对收敛的方法可能更简便. 在学习完本节内容之后，请读者自己总结一下各种级数的判别方法，以加深对这一部分内容的理解.

数项级数的审敛法

## 习　题　10-2

1. 用比较审敛法及其极限形式或极限审敛法判别下列级数的敛散性：

(1) $\displaystyle\sum_{n=1}^{\infty} \frac{1}{\sqrt{(n+1)(n+2)}}$；　　　　(2) $\displaystyle\sum_{n=1}^{\infty} 2^n \arcsin \frac{1}{3^n}$；

(3) $\displaystyle\sum_{n=1}^{\infty} \frac{n^2}{\left(1+\dfrac{1}{n}\right)^n}$；　　　　(4) $\displaystyle\sum_{n=1}^{\infty} \frac{\cos^2 n}{n(n+1)}$；

(5) $\displaystyle\sum_{n=1}^{\infty} \frac{1}{\sqrt{n+1}}\tan\frac{1}{n}$；　　　　(6) $\displaystyle\sum_{n=1}^{\infty} \frac{\ln^3 n}{n^2+1}$.

2. 用比值或根值审敛法判别下列级数的敛散性：

(1) $\dfrac{3}{1\cdot 2} + \dfrac{3^2}{2\cdot 2^2} + \dfrac{3^3}{3\cdot 2^3} + \cdots + \dfrac{3^n}{n\cdot 2^n} + \cdots$；　　(2) $\displaystyle\sum_{n=1}^{\infty} \frac{n^{n+1}}{(n+1)!}$；

(3) $\displaystyle\sum_{n=1}^{\infty} \frac{1}{\left[\ln(n+1)\right]^n}$；　　　　(4) $\displaystyle\sum_{n=1}^{\infty} \frac{n}{\mathrm{e}^n}$；

(5) $\displaystyle\sum_{n=1}^{\infty} \frac{1}{3^n}\left(\frac{n+1}{n}\right)^{n^2}$；　　　　(6) $\displaystyle\sum_{n=1}^{\infty} \frac{n}{\left(a+\dfrac{1}{n}\right)^n}\ (a>0)$.

3. 判别下列级数的敛散性：

(1) $\sqrt{2} + \sqrt{\dfrac{3}{2}} + \cdots + \sqrt{\dfrac{n+1}{n}} + \cdots$；　　　　(2) $\displaystyle\sum_{n=1}^{\infty} \frac{\ln(1+n^2)}{n\mathrm{e}^n}$；

(3) $\displaystyle\sum_{n=1}^{\infty} 2^n \sin\dfrac{\pi}{3^n}$;　　　　　　　　　　(4) $\displaystyle\sum_{n=1}^{\infty} \dfrac{1}{(1+a)^n}(a>0)$;

(5) $\displaystyle\sum_{n=1}^{\infty} \dfrac{1}{n^p}\sin\dfrac{\pi}{n}$.

4. 判别下列级数是否收敛? 若收敛,是条件收敛还是绝对收敛?

(1) $1-\dfrac{1}{3^2}+\dfrac{1}{5^2}-\dfrac{1}{7^2}+\cdots$;　　　　　　(2) $\displaystyle\sum_{n=1}^{\infty} (-1)^{n-1}\dfrac{2n+1}{n(n+1)}$;

(3) $\displaystyle\sum_{n=1}^{\infty} (-1)^{n-1}\sin\dfrac{1}{n\sqrt[3]{n}}$;　　　　　　　(4) $\displaystyle\sum_{n=2}^{\infty} \dfrac{(-1)^n}{\ln n}$.

5. 证明本节的定理 5.

6. 设级数 $\displaystyle\sum_{n=1}^{\infty} u_n$ 绝对收敛,证明

(1) $\displaystyle\sum_{n=1}^{\infty} u_n^2$ 收敛;　　　(2) $\displaystyle\sum_{n=1}^{\infty} \dfrac{u_n}{1+u_n}(u_n\neq-1)$ 绝对收敛.

7. 设 $u_1=1,u_2=\displaystyle\int_1^2\dfrac{1}{x}\mathrm{d}x,u_3=\dfrac{1}{2},u_4=\displaystyle\int_2^3\dfrac{1}{x}\mathrm{d}x,\cdots,u_{2n-1}=\dfrac{1}{n},u_{2n}=\displaystyle\int_n^{n+1}\dfrac{1}{x}\mathrm{d}x,\cdots$.

证明:(1) 级数 $\displaystyle\sum_{n=1}^{\infty} (-1)^{n-1}u_n$ 收敛;

(2) $\displaystyle\lim_{n\to\infty}\left(1+\dfrac{1}{2}+\dfrac{1}{3}+\cdots+\dfrac{1}{n}-\ln n\right)=C$,其中 $C$ 是级数 $\displaystyle\sum_{n=1}^{\infty} (-1)^{n-1}u_n$ 的和。

# 10.3　幂　级　数

## 10.3.1　函数项级数的概念

设 $u_n(x)(n=1,2,\cdots)$ 为定义在区间 $I$ 上的函数,称

$$\sum_{n=1}^{\infty} u_n(x)=u_1(x)+u_2(x)+\cdots+u_n(x)+\cdots,$$

为定义在区间 $I$ 上的**函数项级数**.

对每一确定的 $x_0\in I$,若常数项级数 $\displaystyle\sum_{n=1}^{\infty} u_n(x_0)$ 收敛,则称 $x_0$ 为函数项级数的**收敛点**,所有收敛点的全体称为**收敛域**.若常数项级数 $\displaystyle\sum_{n=1}^{\infty} u_n(x_0)$ 发散,则称 $x_0$ 为函数项级数的**发散点**,所有发散点的全体称为**发散域**.函数项级数的定义区间 $I$ 由其收敛域和发散域组成.

对于收敛域内的每一个数 $x$,函数项级数都成为一个收敛的常数项级数,从而有一个确定的和 $S$. 易见,在收敛域上,函数项级数的和刚好是 $x$ 的函数,不妨记作 $S(x)$,通常称 $S(x)$ 为函数项级数的**和函数**,即

$$S(x)=\sum_{n=1}^{\infty} u_n(x),$$

其定义域恰为级数的收敛域.

若用 $S_n(x)$ 表示函数项级数前 $n$ 项的和,即

$$S_n(x) = \sum_{k=1}^{n} u_k(x),$$

令余项 $r_n(x) = S(x) - S_n(x)$,则在收敛域上有

$$\lim_{n\to\infty} S_n(x) = S(x), \quad \lim_{n\to\infty} r_n(x) = 0.$$

### 10.3.2 幂级数及其收敛性

各项均为幂函数的函数项级数称为**幂级数**,它是一类最简单的函数项级数,其形式为

$$\sum_{n=0}^{\infty} a_n(x-x_0)^n = a_0 + a_1(x-x_0) + a_2(x-x_0)^2 + \cdots + a_n(x-x_0)^n + \cdots,$$

其中常数 $a_n(n=0,1,\cdots)$ 称为幂级数的**系数**. 在本章中着重讨论当 $x_0=0$ 的情形,即

$$\sum_{n=0}^{\infty} a_n x^n = a_0 + a_1 x + a_2 x^2 + \cdots + a_n x^n + \cdots,$$

只要此种情形的幂级数性质研究好了,那么对于更一般的幂级数 $\sum_{n=0}^{\infty} a_n(x-x_0)^n$,只需要作一个变量代换 $t = x - x_0$ 就可以转换为 $\sum_{n=0}^{\infty} a_n x^n$ 型. 幂级数的一个典型的例子是

$$\sum_{n=0}^{\infty} x^n = 1 + x + x^2 + \cdots + x^n + \cdots,$$

在本章中将多次应用到它.

对于一个幂级数,我们最关心的当然是它的收敛域以及和函数,先从上面的这个例子来分析一下,由等比级数的性质,当 $|x|<1$ 时,级数收敛于 $\frac{1}{1-x}$;当 $|x|\geqslant 1$ 时,级数发散. 所以此级数我们可以描述为:其收敛域为 $(-1,1)$,发散域为 $(-\infty,-1]\cup[1,+\infty)$,和函数为

$$\frac{1}{1-x} = 1 + x + x^2 + \cdots + x^n + \cdots \quad (-1<x<1).$$

从这个例子看出,它的收敛域是一个区间,其实这是幂级数的一个共性. 即有如下定理:

**定理 1**(阿贝尔定理)　若幂级数 $\sum_{n=0}^{\infty} a_n x^n$ 在 $x=x_0(x_0\neq 0)$ 点收敛,则对满足不等式 $|x|<|x_0|$ 的一切 $x$,幂级数都绝对收敛. 反之,若幂级数 $\sum_{n=0}^{\infty} a_n x^n$ 在 $x=x_0$ 点发散,则对满足不等式 $|x|>|x_0|$ 的一切 $x$,幂级数都发散.

**证**　常数项级数 $\sum_{n=0}^{\infty} a_n x_0^n$ 收敛,则必有一般项极限 $\lim_{n\to\infty} a_n x_0^n = 0$,于是存在正数 $M>0$,使 $|a_n x_0^n| \leqslant M(n=1,2,\cdots)$. 又

$$\left| a_n x^n \right| = \left| a_n x_0^n \frac{x^n}{x_0^n} \right| = \left| a_n x_0^n \right| \cdot \left| \frac{x}{x_0} \right|^n = \left| a_n x_0^n \right| \cdot \left| \frac{x}{x_0} \right|^n.$$

因为当 $|x| < |x_0|$ 时,幂级数 $\displaystyle\sum_{n=0}^{\infty} M \left| \frac{x}{x_0} \right|^n$ 收敛,所以 $\displaystyle\sum_{n=0}^{\infty} \left| a_n x^n \right|$ 也收敛,从而幂级数 $\displaystyle\sum_{n=0}^{\infty} a_n x^n$ 收敛.

反之,若当 $x = x_0$ 时该幂级数发散,下面用反证法来证明.

假设存在一点 $x_1$ 满足 $|x_1| > |x_0|$ 且使级数收敛,则由前面证明可知,级数在点 $x_0$ 也应收敛,与假设矛盾,所以当 $x = x_0$ 时幂级数发散,则对一切满足不等式 $|x| > |x_0|$ 的一切 $x$,幂级数都发散.

阿贝尔定理意味着,在实数轴上,总能找到一个 $|x_0|$ 点,幂级数在开区间 $(-|x_0|, |x_0|)$ 内每一点都收敛,而在闭区间 $[-|x_0|, |x_0|]$ 外都发散,在 $|x_0|$ 和 $-|x_0|$ 两点可能收敛也可能发散. 所以除了极端情形(级数只在 $x = 0$ 点收敛)外,幂级数 $\displaystyle\sum_{n=0}^{\infty} a_n x^n$ 的收敛域是以原点为中心的区间,通常把这个区间的半径用 $R$ 来表示,称它为级数的**收敛半径**. 称开区间 $(-R, R)$ 为级数的**收敛区间**. 这样幂级数的收敛域一定是以下四种情形之一:$(-R, R)$,$(-R, R]$,$[-R, R)$ 或 $[-R, R]$.

特别的,当幂级数只在一点 $x = 0$ 收敛时,规定此时收敛半径 $R = 0$;若幂级数在整个实数轴上都收敛时,规定收敛半径为 $R = +\infty$.

关于收敛半径的计算,有如下定理.

**定理 2** 若幂级数 $\displaystyle\sum_{n=0}^{\infty} a_n x^n$ 的系数满足 $\displaystyle\lim_{n \to \infty} \left| \frac{a_{n+1}}{a_n} \right| = \rho$,则

(1)当 $\rho \neq 0$ 时,$R = \dfrac{1}{\rho}$;

(2)当 $\rho = 0$ 时,$R = +\infty$;

(3)当 $\rho = +\infty$ 时,$R = 0$.

**证** 考虑幂级数 $\displaystyle\sum_{n=0}^{\infty} a_n x^n$ 的各项取绝对值后的级数 $\displaystyle\sum_{n=0}^{\infty} \left| a_n x^n \right|$,由正项级数的比值审敛法

$$\lim_{n \to \infty} \left| \frac{a_{n+1} x^{n+1}}{a_n x^n} \right| = \lim_{n \to \infty} \left| \frac{a_{n+1}}{a_n} \right| \cdot |x| = \rho |x|,$$

(1)若 $\rho \neq 0$,则当 $\rho |x| < 1$,即 $|x| < \dfrac{1}{\rho}$ 时,原级数收敛;当 $\rho |x| > 1$ 时,原级数发散. 因此级数的收敛半径为 $R = \dfrac{1}{\rho}$.

(2)若 $\rho = 0$,则对任意 $x$,原级数绝对收敛,因此 $R = +\infty$.

(3)若 $\rho = +\infty$,则对除 $x = 0$ 外的一切 $x$,原级数发散,因此 $R = 0$.

**例 1** 求下列幂级数的收敛区间和收敛域:

(1) $\sum_{n=1}^{\infty}(-1)^n\dfrac{x^n}{n}$；　　(2) $\sum_{n=1}^{\infty}\dfrac{x^n}{(2n)!}$．

**解**　(1)因为

$$\rho=\lim_{n\to\infty}\left|\dfrac{a_{n+1}}{a_n}\right|=\lim_{n\to\infty}\dfrac{n}{n+1}=1,$$

所以收敛半径为 $R=1$，收敛区间为 $(-1,1)$．当 $x=1$ 时，级数为 $\sum_{n=1}^{\infty}\dfrac{(-1)^n}{n}$，该级数为

收敛的交错级数；当 $x=-1$ 时，级数为 $\sum_{n=1}^{\infty}\dfrac{1}{n}$，该级数发散．故收敛域为 $(-1,1]$．

(2)因为

$$\rho=\lim_{n\to\infty}\left|\dfrac{a_{n+1}}{a_n}\right|=\lim_{n\to\infty}\dfrac{1}{2(n+1)(2n+1)}=0,$$

所以 $R=+\infty$，收敛区间与收敛域都是 $(-\infty,+\infty)$．

**例 2**　求幂级数 $\sum_{n=1}^{\infty}\dfrac{(n!)^2}{(2n)!}x^{2n}$ 的收敛半径．

**解**　此级数缺少奇次方项，不是标准的幂级数，不能直接利用本节定理 2 的系数之比的方法求收敛半径，可以直接使用正项级数的比值审敛法求收敛半径．因为

$$\lim_{n\to\infty}\left|\dfrac{u_{n+1}(x)}{u_n(x)}\right|=\dfrac{x^2}{4},$$

所以当 $\dfrac{x^2}{4}<1$，即 $|x|<2$ 时，级数收敛，故收敛半径为 $R=2$．

**例 3**　求幂级数 $\sum_{n=1}^{\infty}\dfrac{(x-5)^n}{\sqrt{n}}$ 的收敛半径及收敛域．

**解**　令 $t=x-5$，则幂级数 $\sum_{n=1}^{\infty}\dfrac{(x-5)^n}{\sqrt{n}}$ 变形为 $\sum_{n=1}^{\infty}\dfrac{t^n}{\sqrt{n}}$．因为

$$\rho=\lim_{n\to\infty}\left|\dfrac{a_{n+1}}{a_n}\right|=\lim_{n\to\infty}\dfrac{\sqrt{n}}{\sqrt{n+1}}=1,$$

所以收敛半径为 $R=1$．收敛区间为 $|t|<1$，即 $4<x<6$．当 $x=4$ 时，级数 $\sum_{n=1}^{\infty}\dfrac{(-1)^n}{\sqrt{n}}$ 收

敛，当 $x=6$ 时，级数 $\sum_{n=1}^{\infty}\dfrac{1}{\sqrt{n}}$ 发散．因此原幂级数的收敛域是 $[4,6)$．

## 10.3.3　幂级数的运算性质

### 10.3.3.1　幂级数的四则运算性质

由常数项级数的基本性质和绝对收敛级数的性质，可得幂级数的如下四则运算性质：

**定理 3**　设幂级数 $\sum_{n=0}^{\infty}a_nx^n$ 和 $\sum_{n=0}^{\infty}b_nx^n$ 的收敛半径分别为 $R_1,R_2$，令 $R=\min\{R_1,R_2\}$，

则有

$$(1)　\sum_{n=0}^{\infty} a_n x^n \pm \sum_{n=0}^{\infty} b_n x^n = \sum_{n=0}^{\infty} (a_n \pm b_n) x^n, \quad |x| < R;$$

$$(2)\left(\sum_{n=0}^{\infty} a_n x^n\right) \cdot \left(\sum_{n=0}^{\infty} b_n x^n\right) = \sum_{n=0}^{\infty} c_n x^n, \quad |x| < R;$$

其中 $c_n = \sum_{k=0}^{n} a_k b_{n-k}$,

$$(3)　设 b_0 \neq 0, \frac{\sum_{n=0}^{\infty} a_n x^n}{\sum_{n=0}^{\infty} b_n x^n} = \sum_{n=0}^{\infty} c_n x^n,其中 c_n (n=0,1,2,\cdots) 可由方程组$$

$$a_n = b_0 c_n + b_1 c_{n-1} + \cdots + b_n c_0, \quad n = 0,1,2,\cdots$$

逐一计算. 幂级数的商的收敛半径可能要比原来两个级数的收敛半径小得多,但并没有明显规律.

### 10.3.3.2　幂级数的运算性质

幂级数在收敛区间内的和函数有着许多重要的分析性质,这里不加证明的给出如下定理.

**定理 4**　若幂级数 $\sum_{n=0}^{\infty} a_n x^n$ 的收敛半径 $R > 0$,则其和函数 $S(x)$ 在收敛域上连续,且在收敛区间内可逐项求导与逐项求积分,运算前后的收敛半径相同,即对任意 $x_0 \in (-R,R)$,有

$$\lim_{x \to x_0} S(x) = \lim_{x \to x_0} \sum_{n=0}^{\infty} a_n x^n = \sum_{n=0}^{\infty} a_n x_0^n$$

以及

$$S'(x) = \sum_{n=0}^{\infty} (a_n x^n)' = \sum_{n=1}^{\infty} n a_n x^{n-1},$$

$$\int_0^x S(x) \mathrm{d}x = \sum_{n=0}^{\infty} a_n \int_0^x x^n \mathrm{d}x = \sum_{n=0}^{\infty} \frac{a_n}{n+1} x^{n+1}.$$

利用幂级数的分析性质可以求出一些幂级数的和函数以及某些常数项级数的和.

**例 4**　求幂级数 $\sum_{n=1}^{\infty} n x^n$ 的和函数.

**解**　易求幂级数的收敛半径为 1,$x = \pm 1$ 时级数发散,故当 $x \in (-1,1)$ 时,有

$$S(x) = \sum_{n=1}^{\infty} n x^n = x \sum_{n=1}^{\infty} n x^{n-1}$$

$$= x \sum_{n=1}^{\infty} (x^n)' = x \left(\sum_{n=1}^{\infty} x^n\right)'$$

$$= x \left(\frac{x}{1-x}\right)' = \frac{x}{(1-x)^2}.$$

**例 5**　求 $\sum_{n=1}^{\infty} \frac{n(n+1)}{2^n}$ 的和.

**解**　考虑幂级数 $\displaystyle\sum_{n=1}^{\infty} n(n+1)x^n$，其收敛区间为 $(-1,1)$，则

$$S(x) = \sum_{n=1}^{\infty} n(n+1)x^n = x\left(\sum_{n=1}^{\infty} x^{n+1}\right)''$$

$$= x\left(\frac{x^2}{1-x}\right)'' = \frac{2x}{(1-x)^3},$$

所以

$$\sum_{n=1}^{\infty} \frac{n(n+1)}{2^n} = s\left(\frac{1}{2}\right) = 8.$$

幂级数(1)　　　　幂级数(2)

## 习　题　10-3

1. 求下列级数的收敛区间：

(1) $\displaystyle\sum_{n=0}^{\infty} \frac{1}{n!}x^n$；　　(2) $\displaystyle\sum_{n=0}^{\infty} \frac{n!}{n+1}x^n$；

(3) $\displaystyle\sum_{n=1}^{\infty} \frac{1}{n^2 2^n}x^n$；　　(4) $\displaystyle\sum_{n=1}^{\infty} (-1)^n \frac{x^{2n+1}}{2n+1}$；

(5) $\displaystyle\sum_{n=1}^{\infty} \frac{(x-1)^n}{n 2^n}$.

2. 求级数 $\displaystyle\sum_{n=1}^{\infty} (-1)^{n-1} \frac{x^n}{n}$ 的和函数.

3. 求幂级数 $\displaystyle\sum_{n=0}^{\infty} \frac{x^n}{n!}$ 的和函数.

4. 求幂级数 $\displaystyle\sum_{n=0}^{\infty} (2n+1)x^n$ 的和函数.

5. (2010 考研) 求幂级数 $\displaystyle\sum_{n=1}^{\infty} \frac{(-1)^{n-1}}{2n-1}x^{2n}$ 的收敛域及和函数.

6. (2005 考研) 求幂级数 $\displaystyle\sum_{n=1}^{\infty} (-1)^{n-1}\left(1+\frac{1}{n(2n-1)}\right)x^{2n}$ 的收敛区间与和函数 $f(x)$.

7. 求数项级数 $\displaystyle\sum_{n=2}^{\infty} \frac{1}{(n^2-1)2^n}$ 的和.

## 10.4　函数的幂级数展开式

本节来讨论与 10.3 节求幂级数的和函数相反的问题——给定一个函数 $f(x)$，问

是否存在一个幂级数 $\sum\limits_{n=0}^{\infty} a_n(x-x_0)^n$，它在某个区间内收敛，并且和函数恰为 $f(x)$？如果存在这样的幂级数，就称函数 $f(x)$**在该区间内可以展开成 $x-x_0$ 的幂级数**，或称此幂级数为函数 $f(x)$ **在该区间内的幂级数展开式**.

### 10.4.1　泰勒级数

若函数 $f(x)$ 在 $x_0$ 的某一邻域内具有任意阶的导数，则称级数

$$f(x_0)+f'(x_0)(x-x_0)+\frac{f''(x_0)}{2!}(x-x_0)^2+\cdots+\frac{f^{(n)}(x_0)}{n!}(x-x_0)^n+\cdots,$$

$$(10.3)$$

为函数 $f(x)$ 的**泰勒级数**. 当 $x_0=0$ 时，泰勒级数

$$f(0)+f'(0)x+\frac{f''(0)}{2!}x^2+\cdots+\frac{f^{(n)}(0)}{n!}x^n+\cdots,$$

$$(10.4)$$

又称为**麦克劳林级数**.

读者自然会想，这样构造出来的泰勒级数与函数 $f(x)$ 到底是什么关系？要回答这一问题，当然要弄清泰勒级数的收敛域是什么？在收敛域上，其和函数又是什么？请看下面的定理.

**定理 1**　设函数 $f(x)$ 在点 $x_0$ 的某一邻域 $U(x_0)$ 内具有各阶导数，则 $f(x)$ 在该邻域内能展开成泰勒级数的充要条件是 $f(x)$ 的泰勒公式的余项满足

$$\lim_{n\to\infty}R_n(x)=0,$$

$$(10.5)$$

其中 $R_n(x)=\frac{f^{(n+1)}(\xi)}{(n+1)!}(x-x_0)^{n+1}$（$\xi$ 介于 $x$ 与 $x_0$ 之间）.

**证**　**必要性**　设 $f(x)$ 在邻域 $U(x_0)$ 内能展开为泰勒级数，即

$$f(x)=f(x_0)+f'(x_0)(x-x_0)+\frac{f''(x_0)}{2!}(x-x_0)^2+\cdots+\frac{f^{(n)}(x_0)}{n!}(x-x_0)^n+\cdots,$$

$$(10.6)$$

又设 $p_n(x)$ 是 $f(x)$ 的泰勒级数的前 $n+1$ 项的和，则在 $U(x_0)$ 内，

$$\lim_{n\to\infty}p_n(x)=f(x),$$

而 $f(x)$ 的 $n$ 阶泰勒公式可写成 $f(x)=p_n(x)+R_n(x)$，所以

$$\lim_{n\to\infty}R_n(x)=\lim_{n\to\infty}[f(x)-p_n(x)]=0.$$

**充分性**　设对任一 $x\in U(x_0)$ 都有 $\lim\limits_{n\to\infty}R_n(x)=0$. 因为 $f(x)$ 的 $n$ 阶泰勒公式可写成 $f(x)=p_n(x)+R_n(x)$，于是

$$\lim_{n\to\infty}p_n(x)=\lim_{n\to\infty}[f(x)-R_n(x)]=f(x),$$

即 $f(x)$ 的泰勒级数在邻域 $U(x_0)$ 内收敛，并且收敛于 $f(x)$.

**定理 2**　若 $f(x)$ 能展开成 $x$ 的幂级数，则此展开式是唯一的，且与它的麦克劳林级数相同.

**证**　设 $f(x)$ 所展成的幂级数为

$$f(x)=a_0+a_1x+a_2x^2+\cdots+a_nx^n+\cdots, \quad x\in(-R,R), \tag{10.7}$$

则 $a_0=f(0)$. 若对 $f(x)$ 求 $k$ 阶导数并令 $x=0$,可得 $a_k(k=1,2,\cdots)$ 的值,即

$$a_k=\frac{1}{k!}f^{(k)}(0). \tag{10.8}$$

从定理 1 和定理 2 不难看出,若函数 $f(x)$ 可以展开成 $x$ 的幂级数,那么这个幂级数就是 $f(x)$ 的麦克劳林级数. 但是反过来若函数 $f(x)$ 的麦克劳林级数在点 $x_0=0$ 的某邻域内收敛,它却未必收敛于 $f(x)$.

### 10.4.2 函数展开成幂级数的方法

#### 10.4.2.1 直接展开法

由前述定理可知,要将函数 $f(x)$ 展开成幂级数可按如下步骤进行:

(1) 求函数及其各阶导数在 $x=0$ 处的值;

(2) 写出麦克劳林级数,并求出其收敛半径 $R$;

(3) 根据定理 1 判别在收敛区间 $(-R,R)$ 内 $\lim\limits_{n\to\infty}R_n(x)$ 是否为 0,

这就是将函数 $f(x)$ 展成幂级数的**直接展开法**.

**例 1** 将函数 $f(x)=\mathrm{e}^x$ 展开成 $x$ 的幂级数.

**解** 因为 $f(x)=\mathrm{e}^x$ 的各阶导数 $f^{(n)}(x)=\mathrm{e}^x, f^{(n)}(0)=1(n=0,1,\cdots)$,所以可得幂级数

$$1+x+\frac{1}{2!}x^2+\frac{1}{3!}x^3+\cdots+\frac{1}{n!}x^n+\cdots,$$

且其收敛半径为 $R=\lim\limits_{n\to\infty}\dfrac{\dfrac{1}{n!}}{\dfrac{1}{(n+1)!}}=+\infty.$

考虑余项

$$R_n(x)=\frac{\mathrm{e}^\xi}{(n+1)!}x^{n+1} \quad (\xi\ \text{在}\ 0\ \text{与}\ x\ \text{之间})$$

的极限,因

$$\lim_{n\to\infty}|R_n(x)|=\lim_{n\to\infty}\left|\frac{\mathrm{e}^\xi}{(n+1)!}x^{n+1}\right|<\lim_{n\to\infty}\mathrm{e}^{|x|}\frac{|x|^{n+1}}{(n+1)!}=0,$$

于是得展开式

$$\mathrm{e}^x=1+x+\frac{1}{2!}x^2+\frac{1}{3!}x^3+\cdots+\frac{1}{n!}x^n+\cdots, \quad x\in(-\infty,+\infty). \tag{10.9}$$

**例 2** 将函数 $f(x)=(1+x)^m$ 展开成 $x$ 的幂级数,其中 $m$ 为任意常数.

**解** 先求出 $f(x)$ 的各阶导数在 0 处的值

$$f(0)=1, \quad f'(0)=m, \quad f''(0)=m(m-1),$$
$$f^{(n)}(0)=m(m-1)(m-2)\cdots(m-n+1), \quad \cdots,$$

从而可得级数

$$1+mx+\frac{m(m-1)}{2!}x^2+\cdots+\frac{m(m-1)\cdots(m-n+1)}{n!}x^n+\cdots.$$

由于

$$R=\lim_{n\to\infty}\left|\frac{a_n}{a_{n+1}}\right|=\lim_{n\to\infty}\left|\frac{n+1}{m-n}\right|=1,$$

因此,对任意常数 $m$,级数在开区间 $(-1,1)$ 内收敛.

为避免研究余项,设此级数的和函数为 $F(x)$,$-1<x<1$,则

$$F(x)=1+mx+\frac{m(m-1)}{2!}x^2+\cdots+\frac{m(m-1)\cdots(m-n+1)}{n!}x^n+\cdots,\quad(10.10)$$

下面证明 $F(x)=(1+x)^m$,$-1<x<1$.

对(10.10)式逐项求导得

$$F'(x)=m\left[1+\frac{m-1}{1}x+\cdots+\frac{(m-1)\cdots(m-n+1)}{(n-1)!}x^{n-1}+\cdots\right],$$

两边同乘以 $(1+x)$,得

$$(1+x)F'(x)=(1+x)m\left[1+\frac{m-1}{1}x+\cdots+\frac{(m-1)\cdots(m-n+1)}{(n-1)!}x^{n-1}+\cdots\right],$$

再把等式右边按 $x$ 的同次幂合并同类项,并根据恒等式

$$\frac{(m-1)\cdots(m-n+1)}{(n-1)!}+\frac{(m-1)\cdots(m-n)}{n!}$$

$$=\frac{m(m-1)\cdots(m-n+1)}{n!}\quad(n=1,2,\cdots),$$

可得 $(1+x)F'(x)=mF(x)$,且 $F(0)=1$,易见上式为含有初始条件的变量可分离微分方程,变形后积分可得

$$\int_0^x\frac{F'(x)}{F(x)}\mathrm{d}x=\int_0^x\frac{m}{1+x}\mathrm{d}x,$$

即

$$\ln F(x)-\ln F(0)=m\ln(1+x),$$

所以 $F(x)=(1+x)^m$,即

$$(1+x)^m=1+mx+\frac{m(m-1)}{2!}x^2+\cdots+$$

$$\frac{m(m-1)\cdots(m-n+1)}{n!}x^n+\cdots\quad(-1<x<1),\quad(10.11)$$

这一等式常被称为**二项展开式**.特别的,当 $m$ 为正整数时,级数为 $x$ 的 $m$ 次多项式,上式就是著名的**二项式定理**.

当 $m=\frac{1}{2}$,$-\frac{1}{2}$,$-1$ 时,对应的二项展开式分别为

$$\sqrt{1+x}=1+\frac{1}{2}x-\frac{1}{2\cdot4}x^2+\frac{1\cdot3}{2\cdot4\cdot6}x^3-\frac{1\cdot3\cdot5}{2\cdot4\cdot6\cdot8}x^4+\cdots\quad(-1\leqslant x\leqslant1),$$

$$\frac{1}{\sqrt{1+x}}=1-\frac{1}{2}x+\frac{1\cdot3}{2\cdot4}x^2-\frac{1\cdot3\cdot5}{2\cdot4\cdot6}x^3+\frac{1\cdot3\cdot5\cdot7}{2\cdot4\cdot6\cdot8}x^4-\cdots\quad(-1<x\leqslant1),$$

$$\frac{1}{1+x}=1-x+x^2-x^3+\cdots+(-1)^nx^n+\cdots\quad(-1<x<1),\quad(10.12)$$

在第三个式子里以 $-x$ 代 $x$，就可以得到本章中使用最多的幂级数展开式

$$\frac{1}{1-x}=1+x+x^2+\cdots+x^n+\cdots \quad (-1<x<1). \tag{10.13}$$

**例 3**　将函数 $f(x)=\sin x$ 展开成 $x$ 的幂级数.

**解**　由前面高阶导数的内容我们知道 $f^{(n)}(x)=\sin\left(x+n\cdot\dfrac{\pi}{2}\right)$，从而，当 $n=2k$ 时，$f^{(n)}(0)=0$；当 $n=2k+1$ 时，$f^{(n)}(0)=(-1)^k$，其中 $k=0,1,2,\cdots$. 可得级数

$$x-\frac{1}{3!}x^3+\frac{1}{5!}x^5-\cdots+(-1)^{n-1}\frac{1}{(2n-1)!}x^{2n-1}+\cdots,$$

其收敛半径为 $R=+\infty$.

考虑余项

$$R_n(x)=\frac{\sin\left(\xi+(n+1)\dfrac{\pi}{2}\right)}{(n+1)!}x^{n+1} \quad (\xi\text{ 在 } 0 \text{ 与 } x \text{ 之间})$$

的极限

$$\lim_{n\to\infty}|R_n(x)|=\lim_{n\to\infty}\left|\frac{\sin\left(\xi+(n+1)\dfrac{\pi}{2}\right)}{(n+1)!}x^{n+1}\right|=0,$$

所以，函数展开式为

$$\sin x=x-\frac{1}{3!}x^3+\frac{1}{5!}x^5-\cdots+(-1)^{n-1}\frac{1}{(2n-1)!}x^{2n-1}+\cdots, \quad x\in(-\infty,+\infty).$$

$$\tag{10.14}$$

#### 10.4.2.2　间接展开法

利用直接展开法主要是余项的极限判别比较麻烦，很多时候可以利用一些已知的函数展开式及幂级数的运算性质，将所给函数展开成幂级数. 例如，(10.14)式两边求导，可得

$$\cos x=1-\frac{1}{2!}x^2+\frac{1}{4!}x^4-\cdots+(-1)^n\frac{x^{2n}}{(2n)!}+\cdots, \quad x\in(-\infty,+\infty), \tag{10.15}$$

对(10.12)式两边从 0 到 $x$ 积分，可得

$$\ln(1+x)=x-\frac{1}{2}x^2+\frac{1}{3}x^3-\cdots+(-1)^{n-1}\frac{x^n}{n}+\cdots, \quad x\in(-1,1].$$

**例 4**　将函数 $f(x)=\dfrac{1}{1+x^2}$ 展开成 $x$ 的幂级数.

**解**　由展开式(10.12)，将 $x$ 换成 $x^2$，则有

$$\frac{1}{1+x^2}=1-x^2+x^4+\cdots+(-1)^nx^{2n}+\cdots \quad (-1<x<1). \tag{10.16}$$

从例 4 我们还可以得到另一个常见的展开式，即对(10.16)式两边从 0 到 $x$ 积分，可得

$$\arctan x=x-\frac{1}{3}x^3+\frac{1}{5}x^5-\cdots+(-1)^n\frac{x^{2n+1}}{2n+1}+\cdots, \quad x\in[-1,1].$$

**例 5** 将函数 $f(x)=\sin x$ 展开成 $x-\dfrac{\pi}{4}$ 的幂级数.

**解** 因

$$\sin x = \sin\left[\frac{\pi}{4}+\left(x-\frac{\pi}{4}\right)\right]$$

$$=\sin\frac{\pi}{4}\cos\left(x-\frac{\pi}{4}\right)+\cos\frac{\pi}{4}\sin\left(x-\frac{\pi}{4}\right)$$

$$=\frac{1}{\sqrt{2}}\left[\cos\left(x-\frac{\pi}{4}\right)+\sin\left(x-\frac{\pi}{4}\right)\right],$$

将公式(10.14)和(10.15)里的 $x$ 换成 $x-\dfrac{\pi}{4}$ 代入上式可得

$$\sin x = \frac{1}{\sqrt{2}}\left\{\left[1-\frac{1}{2!}\left(x-\frac{\pi}{4}\right)^2+\frac{1}{4!}\left(x-\frac{\pi}{4}\right)^4-\cdots\right]\right.$$

$$\left.+\left[\left(x-\frac{\pi}{4}\right)-\frac{1}{3!}\left(x-\frac{\pi}{4}\right)^3+\frac{1}{5!}\left(x-\frac{\pi}{4}\right)^5-\cdots\right]\right\}$$

$$=\frac{1}{\sqrt{2}}\left[1+\left(x-\frac{\pi}{4}\right)-\frac{1}{2!}\left(x-\frac{\pi}{4}\right)^2-\frac{1}{3!}\left(x-\frac{\pi}{4}\right)^3+\cdots\right]\quad(-\infty<x<+\infty).$$

**例 6** 将函数 $f(x)=\dfrac{1}{x^2-4x+3}$ 展开成 $x$ 的幂级数.

**解** 因

$$f(x)=\frac{1}{x^2-4x+3}=\frac{1}{(x-1)(x-3)}$$

$$=\frac{1}{2(x-3)}-\frac{1}{2(x-1)}=\frac{1}{2(1-x)}-\frac{1}{6\left(1-\frac{x}{3}\right)},$$

将公式(10.13)里的 $x$ 换成 $\dfrac{x}{3}$ 代入上式可得

$$\frac{1}{2(1-x)}=\frac{1}{2}\sum_{n=0}^{\infty}x^n\quad(-1<x<1),$$

$$\frac{1}{6\left(1-\frac{x}{3}\right)}=\frac{1}{6}\sum_{n=0}^{\infty}\left(\frac{x}{3}\right)^n=\frac{1}{6}\sum_{n=0}^{\infty}\frac{x^n}{3^n}\quad(-3<x<3),$$

所以得

$$f(x)=\frac{1}{2}\sum_{n=0}^{\infty}x^n-\frac{1}{6}\sum_{n=0}^{\infty}\frac{x^n}{3^n}=\frac{1}{2}\sum_{n=0}^{\infty}\left(1-\frac{1}{3^{n+1}}\right)x^n\quad(-1<x<1).$$

函数的幂级数展开式

习　题　10-4

1. 将下列函数展开成 $x$ 的幂级数, 并且求展开式成立的区间:

(1)$\sin x \cos x$;　　(2)$a^x$;

(3)$\arcsin x$;　　(4)$\dfrac{1}{(1+x)^2}$;

(5)$(1+x)\ln(1+x)$.

2. 将函数 $f(x)=\ln(1+x+x^2)$ 展开成 $x$ 的幂级数.

3. (2006 考研)将函数 $f(x)=\dfrac{x}{2+x-x^2}$ 展开成 $x$ 的幂级数.

4. 将函数 $f(x)=\dfrac{x-1}{4-x}$ 在 $x=1$ 处展开成泰勒级数, 并求 $f^{(n)}(1)$.

5. 将函数 $f(x)=\dfrac{1}{x^2+3x+2}$ 展开成 $(x+4)$ 的幂级数.

# *10.5　傅里叶级数

在力学和工程技术中, 经常会遇到周期振荡的问题, 大家希望能用熟知的周期函数——三角函数来描述这种周期振荡, 但是往往一个简单的三角函数是不能奏效的, 这时候我们自然联想到能否像函数展开成幂级数一样, 用一系列不同周期的三角函数之和来逼近周期振荡函数, 这一问题就是本节将要讨论的傅里叶(Fourier)级数.

## 10.5.1　三角级数与三角函数系的正交性

函数项级数

$$\frac{a_0}{2}+\sum_{n=1}^{\infty}(a_n\cos nx+b_n\sin nx),$$

称为**三角级数**, 其中 $a_0,a_n,b_n(n=1,2,\cdots)$ 都是常数.

称函数族

$$1,\quad \cos x,\quad \sin x,\quad \cos 2x,\quad \sin 2x,\quad \cdots,\quad \cos nx,\quad \sin nx,\quad \cdots,$$

为**三角函数系**.

所谓三角函数系的正交性是指:三角函数系中任何两个不同的函数的乘积在区间 $[-\pi,\pi]$ 上的积分等于零, 即

$$\int_{-\pi}^{\pi}\cos nx\,\mathrm{d}x=0,\quad n=1,2,\cdots,$$

$$\int_{-\pi}^{\pi}\sin nx\,\mathrm{d}x=0,\quad n=1,2,\cdots,$$

$$\int_{-\pi}^{\pi}\sin kx\cos nx\,\mathrm{d}x=0,\quad k,n=1,2,\cdots,$$

$$\int_{-\pi}^{\pi}\sin kx\sin nx\,\mathrm{d}x=0,\quad k,n=1,2,\cdots,k\neq n,$$

$$\int_{-\pi}^{\pi}\cos kx\cos nx\,\mathrm{d}x=0,\quad k,n=1,2,\cdots,k\neq n.$$

且三角函数系中任何两个相同的函数的乘积在区间$[-\pi,\pi]$上的积分不等于零,即

$$\int_{-\pi}^{\pi} 1^2 \, \mathrm{d}x = 2\pi,$$

$$\int_{-\pi}^{\pi} \cos^2 nx \, \mathrm{d}x = \pi, \quad n = 1, 2, \cdots,$$

$$\int_{-\pi}^{\pi} \sin^2 nx \, \mathrm{d}x = \pi, \quad n = 1, 2, \cdots.$$

以上结论都只需要用到简单的定积分计算,请读者自行验证.这些性质将应用于傅里叶级数的系数的推导和计算.

### 10.5.2 以 $2\pi$ 为周期的函数的傅里叶级数

在 10.3 节我们知道,一个函数 $f(x)$ 若能展开成幂级数的话,则幂级数的系数与函数 $f(x)$ 的各阶导数有着紧密的联系.如果一个以 $2\pi$ 为周期的函数,能展开成三角级数(即三角级数在其收敛域上的和函数为 $f(x)$,至于这一结论需要什么样的条件,会在下面的狄利克雷收敛定理中给出)

$$f(x) = \frac{a_0}{2} + \sum_{k=1}^{\infty} (a_k \cos kx + b_k \sin kx), \tag{10.17}$$

那么其系数 $a_0, a_n, b_n (n=1,2,\cdots)$ 与函数 $f(x)$ 有怎样的关系呢?

假定三角级数可逐项积分,将(10.17)式两边乘以 $\cos nx$,并从 $-\pi$ 到 $\pi$ 积分,则

$$\int_{-\pi}^{\pi} f(x) \cos nx \, \mathrm{d}x$$

$$= \int_{-\pi}^{\pi} \frac{a_0}{2} \cos nx \, \mathrm{d}x + \sum_{k=1}^{\infty} \left[ a_k \int_{-\pi}^{\pi} \cos kx \cos nx \, \mathrm{d}x + b_k \int_{-\pi}^{\pi} \sin kx \cos nx \, \mathrm{d}x \right]$$

$$= a_n \int_{-\pi}^{\pi} \cos^2 nx \, \mathrm{d}x = a_n \pi.$$

同样可得 $\int_{-\pi}^{\pi} f(x) \sin nx \, \mathrm{d}x = b_n \pi$. 于是我们有 $a_0, a_n, b_n (n=1,2,\cdots)$ 的计算公式

$$a_0 = \frac{1}{\pi} \int_{-\pi}^{\pi} f(x) \, \mathrm{d}x,$$

$$a_n = \frac{1}{\pi} \int_{-\pi}^{\pi} f(x) \cos nx \, \mathrm{d}x, n = 1, 2, \cdots,$$

$$b_n = \frac{1}{\pi} \int_{-\pi}^{\pi} f(x) \sin nx \, \mathrm{d}x, n = 1, 2, \cdots.$$

由上述公式确定的 $a_0, a_n, b_n (n=1,2,\cdots)$ 称为函数 $f(x)$ 的**傅里叶系数**. 将傅里叶系数值代入(10.17)式的右端,得到的三角级数

$$\frac{a_0}{2} + \sum_{n=1}^{\infty} (a_n \cos nx + b_n \sin nx),$$

称为函数 $f(x)$ 的**傅里叶级数**.

从傅里叶系数的计算中看出,一个定义在 $(-\infty, +\infty)$ 上周期为 $2\pi$ 的函数 $f(x)$,存在傅里叶级数的条件远比存在幂级数要弱得多,仅仅需要函数 $f(x)$ 在它的一个周期

上可积就行了.但是傅里叶级数存在是否一定收敛? 若收敛,是否会收敛到函数 $f(x)$ 呢? 下面介绍的定理来回答这个问题.

**定理 1**(收敛定理,狄利克雷充分条件)　设 $f(x)$ 是周期为 $2\pi$ 的周期函数,如果它满足:在一个周期内连续或只有有限个第一类间断点,在一个周期内至多只有有限个极值点,则 $f(x)$ 的傅里叶级数收敛,并且

(1) 当 $x$ 是 $f(x)$ 的连续点时,级数收敛于 $f(x)$;

(2) 当 $x$ 是 $f(x)$ 的间断点时,级数收敛于 $\frac{1}{2}[f(x-0)+f(x+0)]$.

**例 1**　设 $f(x)$ 是周期为 $2\pi$ 的周期函数,它在 $[-\pi,\pi)$ 上的表达式为

$$f(x)=\begin{cases} -1, & -\pi\leqslant x<0, \\ 1 & 0\leqslant x<\pi, \end{cases}$$

将 $f(x)$ 展开成傅里叶级数.

**解**　所给函数 $f(x)$ 满足收敛定理的条件,函数在点 $x=k\pi(k=0,\pm1,\pm2,\cdots)$ 处不连续,在其他点处连续,见图 10-2,从而由收敛定理知道 $f(x)$ 的傅里叶级数收敛,并且当 $x=k\pi$ 时收敛于

$$\frac{1}{2}[f(x-0)+f(x+0)]=\frac{1}{2}(-1+1)=0,$$

当 $x\neq k\pi$ 时级数收敛于 $f(x)$.

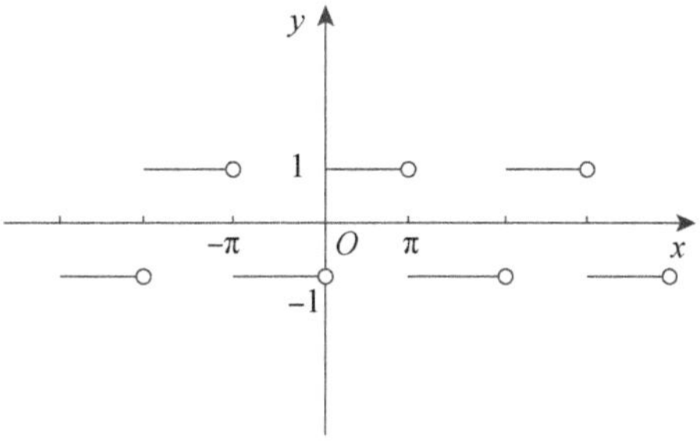

图 10-2

傅里叶系数计算如下:

$$a_n=\frac{1}{\pi}\int_{-\pi}^{\pi}f(x)\cos nx\,\mathrm{d}x$$

$$=\frac{1}{\pi}\int_{-\pi}^{0}(-1)\cos nx\,\mathrm{d}x+\frac{1}{\pi}\int_{0}^{\pi}1\cdot\cos nx\,\mathrm{d}x=0 \quad (n=0,1,2,\cdots),$$

$$b_n=\frac{1}{\pi}\int_{-\pi}^{\pi}f(x)\sin nx\,\mathrm{d}x=\frac{1}{\pi}\int_{-\pi}^{0}(-1)\sin nx\,\mathrm{d}x+\frac{1}{\pi}\int_{0}^{\pi}1\cdot\sin nx\,\mathrm{d}x$$

$$=\frac{1}{\pi}\left[\frac{\cos nx}{n}\right]_{-\pi}^{0}+\frac{1}{\pi}\left[-\frac{\cos nx}{n}\right]_{0}^{\pi}=\frac{1}{n\pi}[1-\cos n\pi-\cos n\pi+1]$$

$$=\frac{2}{n\pi}(1-(-1)^n)=\begin{cases} \dfrac{4}{n\pi}, & n=1,3,5,\cdots, \\ 0, & n=2,4,6,\cdots, \end{cases}$$

于是 $f(x)$ 的傅里叶级数展开式为

$$f(x)=\frac{4}{\pi}\left[\sin x+\frac{1}{3}\sin 3x+\cdots+\frac{1}{2k-1}\sin(2k-1)x+\cdots\right]$$

$$(-\infty<x<+\infty,x\neq0,\pm\pi,\pm2\pi,\cdots).$$

## 10.5.3　区间 $[-\pi,\pi]$ 上函数的傅里叶级数

按照收敛定理的要求,函数 $f(x)$ 必须是周期为 $2\pi$ 的周期函数,但是有时会遇到仅

仅定义在 $-\pi$ 到 $\pi$ 上的函数 $f(x)$. 如果又想利用傅里叶级数进行展开,此时只需将函数 $f(x)$ 进行周期延拓,将它转换成定义在 $(-\infty,+\infty)$ 上周期为 $2\pi$ 的函数 $F(x)$,然后再将函数 $F(x)$ 展开成傅里叶级数,最后把展开范围限定在 $-\pi$ 到 $\pi$ 上就行了.

**例 2** 将函数

$$f(x)=\begin{cases} -x, & -\pi\leqslant x<0, \\ x, & 0\leqslant x\leqslant\pi \end{cases}$$

展开成傅里叶级数.

**解** 将函数 $f(x)$ 延拓成以 $2\pi$ 为周期的函数 $F(x)$,见图 10-3. 易知,函数 $F(x)$ 满足收敛定理的条件,傅里叶系数为

$$a_0=\frac{1}{\pi}\int_{-\pi}^{\pi}F(x)\mathrm{d}x=\frac{1}{\pi}\int_{-\pi}^{\pi}f(x)\mathrm{d}x=\frac{2}{\pi}\int_0^{\pi}x\mathrm{d}x=\frac{2}{\pi}\left[\frac{x^2}{2}\right]_0^{\pi}=\pi,$$

$$a_n=\frac{1}{\pi}\int_{-\pi}^{\pi}F(x)\cos nx\,\mathrm{d}x=\frac{1}{\pi}\int_{-\pi}^{\pi}f(x)\cos nx\,\mathrm{d}x$$

$$=\frac{2}{\pi}\int_0^{\pi}x\cos nx\,\mathrm{d}x=\frac{2}{\pi}\left[\frac{x\sin nx}{n}+\frac{\cos nx}{n^2}\right]_0^{\pi}$$

$$=\frac{2}{n^2\pi}(\cos n\pi-1)=\begin{cases}\dfrac{-4}{(2k-1)^2\pi}, & n=2k-1, \\ 0, & n=2k,\end{cases}\quad(k=1,2,\cdots),$$

$$b_n=\frac{1}{\pi}\int_{-\pi}^{\pi}F(x)\sin nx\,\mathrm{d}x=\frac{1}{\pi}\int_{-\pi}^{\pi}f(x)\sin nx\,\mathrm{d}x=0\quad(n=1,2,\cdots),$$

所以,函数 $f(x)$ 的傅里叶级数展开式为

$$f(x)=\frac{\pi}{2}-\frac{4}{\pi}\left(\cos x+\frac{1}{3^2}\cos 3x+\frac{1}{5^2}\cos 5x+\cdots\right)\quad(-\pi\leqslant x\leqslant\pi).$$

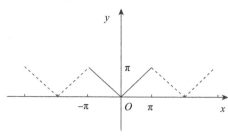

图 10-3

### 10.5.4　正弦级数和余弦级数,区间 $[0,\pi]$ 上函数的傅里叶级数

#### 10.5.4.1　正弦级数和余弦级数

在傅里叶级数展开式中,有的既有正弦项又有余弦项,而有的只有正弦项或余弦项,出现不同的结果其实与函数 $f(x)$ 的奇偶性有着密切的关系.

**定理 2** 对于周期为 $2\pi$ 的奇函数 $f(x)$,其傅里叶级数为正弦级数,即傅里叶系数为

$$a_n = 0 \quad (n=0,1,2,\cdots),$$

$$b_n = \frac{2}{\pi}\int_0^\pi f(x)\sin nx\,\mathrm{d}x \quad (n=1,2,\cdots),$$

周期为 $2\pi$ 的偶函数 $f(x)$，其傅里叶级数为余弦级数，即傅里叶系数为

$$a_n = \frac{2}{\pi}\int_0^\pi f(x)\cos nx\,\mathrm{d}x \quad (n=1,2,\cdots),$$

$$b_n = 0 \quad (n=1,2,\cdots).$$

请读者根据定积分的"偶倍奇零"性质自行证明以上定理。

**例 3** 将周期函数 $u(t)=|E\sin t|$ 展开成傅里叶级数，其中 $E$ 为正常数。

**解** 不妨将 $u(t)$ 看成是 $2\pi$ 为周期的函数，见图 10-4，满足收敛定理，先计算傅里叶系数

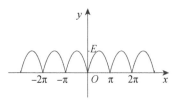

图 10-4

$$b_n = 0 \quad (n=1,2,\cdots),$$

$$a_0 = \frac{2}{\pi}\int_0^\pi u(t)\,\mathrm{d}t = \frac{2}{\pi}\int_0^\pi E\sin t\,\mathrm{d}t = \frac{4E}{\pi},$$

$$a_1 = \frac{E}{\pi}\int_0^\pi \sin 2t\,\mathrm{d}t = 0,$$

$$a_n = \frac{2}{\pi}\int_0^\pi u(t)\cos nt\,\mathrm{d}t = \frac{2}{\pi}\int_0^\pi E\sin t\cos nt\,\mathrm{d}t$$

$$= \frac{E}{\pi}\int_0^\pi \big[\sin(n+1)t - \sin(n-1)t\big]\,\mathrm{d}t$$

$$= \begin{cases} -\dfrac{4E}{(4k^2-1)\pi}, & n=2k, \\ 0, & n=2k+1 \end{cases} \quad (k=1,2,\cdots),$$

从而函数 $u(t)$ 的傅里叶级数是一个余弦级数

$$u(t) = \frac{2E}{\pi} - \frac{4E}{\pi}\sum_{k=1}^\infty \frac{1}{4k^2-1}\cos 2kx$$

$$= \frac{4E}{\pi}\left(\frac{1}{2} - \frac{1}{3}\cos 2t - \frac{1}{15}\cos 4t - \frac{1}{35}\cos 6t - \cdots\right) \quad (-\infty < t < +\infty).$$

### 10.5.4.2　区间$[0,\pi]$上函数的傅里叶级数

在 10.5.3 中讨论了当函数 $f(x)$ 定义在 $-\pi$ 到 $\pi$ 上时，可以采用周期延拓的方法将其展开成傅里叶级数，有时我们还会遇到仅仅定义在 0 到 $\pi$ 上的函数 $f(x)$ 展开成幂级数的问题，这就是接下来要讨论的奇延拓和偶延拓。

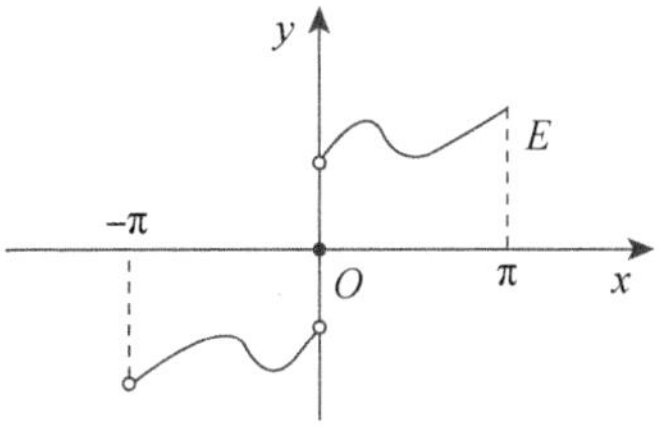

设函数 $f(x)$ 定义在 0 到 $\pi$ 上，并且满足收敛定理的条件，可以在 $-\pi$ 到 0 上补充函数 $f(x)$ 的定义，构造新的函数 $F(x)$，如图 10-5 所示。

图 10-5

$$F(x) = \begin{cases} f(x), & x \in (0, \pi], \\ 0, & x = 0, \\ -f(-x), & x \in (-\pi, 0). \end{cases}$$

不难看出,这样构造的函数 $F(x)$ 在 $(-\pi, \pi)$ 上是一个奇函数,按这种方式拓展函数定义域的过程称为**奇延拓**.然后再像 10.5.3 中讨论的那样,将函数 $F(x)$ 进行周期延拓,展开成傅里叶级数,最后再限制在函数 $f(x)$ 的定义域 0 到 $\pi$ 上就行了.由于 $F(x)$ 是奇函数,所以采用奇延拓的方法得到的傅里叶级数是正弦级数.

同样,也可以用另一种方法补充函数 $f(x)$ 在 $-\pi$ 到 0 上的定义,构造函数 $F(x)$ 为

$$F(x) = \begin{cases} f(x), & x \in [0, \pi], \\ f(-x), & x \in (-\pi, 0). \end{cases}$$

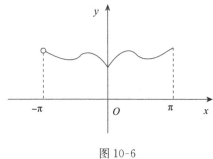

图 10-6

这样构造的函数 $F(x)$ 在 $(-\pi, \pi)$ 上是一个偶函数,见图 10-6.按这种方式拓展函数定义域的过程称为**偶延拓**.经过偶延拓再周期延拓后获得的傅里叶级数是一个余弦级数.

**例 4** 将函数 $f(x) = x + 1 (0 \leqslant x \leqslant \pi)$ 分别展开成正弦级数和余弦级数.

**解** 先展开成正弦级数.对函数 $f(x)$ 作奇延拓,再作周期延拓,满足收敛定理的条件.按公式计算傅里叶系数

$$b_n = \frac{2}{\pi} \int_0^\pi f(x) \sin nx \, dx = \frac{2}{\pi} \int_0^\pi (x+1) \sin nx \, dx$$

$$= \frac{2}{\pi} \left[ -\frac{x \cos nx}{n} + \frac{\sin nx}{n^2} - \frac{\cos nx}{n} \right] \Big|_0^\pi$$

$$= \frac{2}{n\pi} (1 - \pi \cos n\pi - \cos n\pi)$$

$$= \begin{cases} \dfrac{2}{\pi} \dfrac{\pi+2}{2k-1}, & n = 2k-1, \\ -\dfrac{1}{k}, & n = 2k \end{cases} \quad (k = 1, 2, \cdots),$$

从而可得正弦级数

$$x + 1 = \frac{2}{\pi} \left( (\pi+2) \sin x - \frac{\pi}{2} \sin 2x + \frac{\pi+2}{3} \sin 3x - \frac{\pi}{4} \sin 4x + \cdots \right) \quad (0 < x < \pi),$$

其中在端点 $x = 0, \pi$ 处,级数的和为 0.

再把函数展开成余弦级数.对函数 $f(x)$ 作奇延拓,再作周期延拓,满足收敛定理的条件.按公式计算傅里叶系数

$$a_0 = \frac{2}{\pi}\int_0^\pi (x+1)\mathrm{d}x = \frac{2}{\pi}\left(\frac{x^2}{2}+x\right)\Big|_0^\pi = \pi+2,$$

$$a_n = \frac{2}{\pi}\int_0^\pi (x+1)\cos nx\,\mathrm{d}x$$

$$= \frac{2}{\pi}\left[-\frac{x\sin nx}{n}+\frac{\cos nx}{n^2}-\frac{\sin nx}{n}\right]\Big|_0^\pi$$

$$= \frac{2}{n^2\pi}(\cos n\pi - 1)$$

$$= \begin{cases} -\dfrac{4}{(2k-1)^2\pi}, & n=2k-1, \\ 0, & n=2k \end{cases} \quad (k=1,2,\cdots),$$

从而可得余弦级数

$$x+1 = \frac{\pi}{2}+1-\frac{4}{\pi}\left[\cos x+\frac{1}{3^2}\cos 3x+\frac{1}{5^2}\cos 5x+\cdots\right] \quad (0 \leqslant x \leqslant \pi).$$

## 10.5.5 以 2l 为周期的函数的傅里叶级数

上面讨论的都是以 $2\pi$ 为周期的傅里叶级数展开,但是有时会遇到周期为 $2l$($l$ 为任意正数)的函数,那怎样展开成傅里叶级数呢? 对这类函数只需要进行周期变换就行了.

**定理 3** 设周期为 $2l$ 的周期函数 $f(x)$ 满足收敛定理条件,则它的傅里叶级数当 $x$ 是 $f(x)$ 的连续点时,有

$$f(x) = \frac{a_0}{2}+\sum_{n=1}^{\infty}\left(a_n\cos\frac{n\pi x}{l}+b_n\sin\frac{n\pi x}{l}\right),$$

其中

$$\begin{cases} a_n = \dfrac{1}{l}\displaystyle\int_{-l}^{l}f(x)\cos\dfrac{n\pi x}{l}\mathrm{d}x & (n=0,1,2,\cdots) \\ b_n = \dfrac{1}{l}\displaystyle\int_{-l}^{l}f(x)\sin\dfrac{n\pi x}{l}\mathrm{d}x & (n=1,2,\cdots) \end{cases}.$$

**证** 令 $z = \dfrac{\pi x}{l}$,因 $x\in[-l,l]$,从而 $z\in[-\pi,\pi]$. 令 $F(z)=f(x)=f\left(\dfrac{lz}{\pi}\right)$,则

$$F(z+2\pi) = f\left(\frac{l(z+2\pi)}{\pi}\right) = f\left(\frac{lz}{\pi}+2l\right) = f\left(\frac{lz}{\pi}\right) = F(z),$$

所以函数 $F(z)$ 是以 $2\pi$ 为周期的函数,且它满足收敛定理的条件,将它在 $F(z)$ 的连续点处展开成傅里叶级数

$$F(z) = \frac{a_0}{2}+\sum_{n=1}^{\infty}(a_n\cos nz+b_n\sin nz),$$

其中

$$\begin{cases} a_n = \dfrac{1}{\pi}\displaystyle\int_{-\pi}^{\pi} F(z)\cos nz\,\mathrm{d}z & (n=0,1,2,\cdots), \\ b_n = \dfrac{1}{\pi}\displaystyle\int_{-\pi}^{\pi} F(z)\sin nz\,\mathrm{d}z & (n=1,2,\cdots), \end{cases}$$

令 $z = \dfrac{\pi x}{l}$,则有

$$\begin{cases} a_n = \dfrac{1}{l}\displaystyle\int_{-l}^{l} f(x)\cos \dfrac{n\pi x}{l}\,\mathrm{d}x & (n=0,1,2,\cdots), \\ b_n = \dfrac{1}{l}\displaystyle\int_{-l}^{l} f(x)\sin \dfrac{n\pi x}{l}\,\mathrm{d}x & (n=1,2,\cdots), \end{cases}$$

从而在 $f(x)$ 的连续点处,有

$$f(x) = \frac{a_0}{2} + \sum_{n=1}^{\infty}\left(a_n\cos\frac{n\pi x}{l} + b_n\sin\frac{n\pi x}{l}\right).$$

由定理 3 可以看出,以 $2l$ 为周期和以 $2\pi$ 为周期的函数的傅里叶级数展开并没有本质的区别,以 $2\pi$ 为周期的函数展开只是以 $2l$ 为周期的函数展开的特例,只要把本节定理 3 中的傅里叶系数计算公式的所有 $l$ 换成 $\pi$,就是以 $2\pi$ 为周期的函数的傅里叶系数.

完全类似我们可以用周期延拓的方法处理定义在 $[-l,l]$ 上函数的傅里叶展开问题,可以用奇延拓或偶延拓的方法处理定义在 $[0,l]$ 上的函数的傅里叶展开问题.

**例 5**　设 $f(x)$ 是周期为 4 的周期函数,它在 $[-2,2)$ 上的表达式为

$$f(x) = \begin{cases} 0, & -2 \leqslant x < 0, \\ k, & 0 \leqslant x < 2, \end{cases}$$

将把 $f(x)$ 展开成傅里叶级数,其中 $k$ 为非零常数.

**解**　这里 $l=2$,

$$a_n = \frac{1}{2}\int_0^2 k\cos\frac{n\pi x}{2}\,\mathrm{d}x = \left[\frac{k}{n\pi}\sin\frac{n\pi x}{2}\right]_0^2 = 0, \quad n \neq 0,$$

$$a_0 = \frac{1}{2}\int_{-2}^0 0\,\mathrm{d}x + \frac{1}{2}\int_0^2 k\,\mathrm{d}x = k,$$

$$b_n = \frac{1}{2}\int_0^2 k\sin\frac{n\pi x}{2}\,\mathrm{d}x = \left[-\frac{k}{n\pi}\cos\frac{n\pi x}{2}\right]_0^2$$

$$= \frac{k}{n\pi}(1-\cos n\pi) = \begin{cases} \dfrac{2k}{n\pi}, & n=1,3,5,\cdots, \\ 0, & n=2,4,6,\cdots, \end{cases}$$

于是

$$f(x) = \frac{k}{2} + \frac{2k}{\pi}\left(\sin\frac{\pi x}{2} + \frac{1}{3}\sin\frac{3\pi x}{2} + \frac{1}{5}\sin\frac{5\pi x}{2} + \cdots\right),$$

$$-\infty < x < +\infty, x \neq 0, \pm 2, \pm 4, \cdots,$$

且在点 $x=0,\pm 2,\pm 4,\cdots$ 处 $f(x)$ 的傅里叶级数收敛于 $\dfrac{k}{2}$.

**例 6**　将函数 $f(x)=x(0<x<2)$ 展开成

(1)正弦级数；　(2)余弦级数.

**解**　(1)将 $f(x)$ 先作奇延拓,再作周期延拓,计算傅里叶系数得

$$a_n=0 \quad (n=0,1,2,\cdots),$$

$$b_n = \frac{2}{2}\int_0^2 x \cdot \sin\frac{n\pi x}{2}\mathrm{d}x$$

$$= \left[-\frac{2}{n\pi}x\cos\frac{n\pi x}{2}+\left(\frac{2}{n\pi}\right)^2\sin\frac{n\pi x}{2}\right]_0^2$$

$$= -\frac{4}{n\pi}\cos n\pi = \frac{4}{n\pi}(-1)^{n+1} \quad (n=1,2,\cdots),$$

从而可得正弦级数

$$f(x) = \frac{4}{\pi}\sum_{n=1}^{\infty}\frac{(-1)^{n+1}}{n}\sin\frac{n\pi x}{2} \quad (0<x<2).$$

(2)将 $f(x)$ 先作偶延拓,再作周期延拓,计算傅里叶系数得

$$a_0 = \frac{2}{2}\int_0^2 x\mathrm{d}x = 2,$$

$$a_n = \frac{2}{2}\int_0^2 x \cdot \cos\frac{n\pi x}{2}\mathrm{d}x$$

$$= \left[\frac{2}{n\pi}x\sin\frac{n\pi x}{2}+\left(\frac{2}{n\pi}\right)^2\cos\frac{n\pi x}{2}\right]_0^2$$

$$= -\frac{4}{n^2\pi^2}\left[(-1)^n-1\right]$$

$$= \begin{cases} 0, & n=2k, \\ \dfrac{-8}{(2k-1)^2\pi^2}, & n=2k-1 \end{cases} \quad (k=1,2,\cdots),$$

从而可得余弦级数

$$f(x) = 1 - \frac{8}{\pi^2}\sum_{k=1}^{\infty}\frac{1}{(2k-1)^2}\cos\frac{(2k-1)\pi x}{2} \quad (0<x<2).$$

### *习　题　10-5

1. 下列周期函数 $f(x)$ 的周期为 $2\pi$,试将 $f(x)$ 展开成傅里叶级数,如果 $f(x)$ 在 $[-\pi,\pi)$ 上的表达式为

(1) $f(x)=\begin{cases} x, & -\pi\leqslant x<0, \\ 0, & 0\leqslant x<\pi; \end{cases}$　　(2) $f(x)=|\sin x|$.

2. 设 $f(x)$ 是周期为 $2\pi$ 的函数,它在 $[-\pi,\pi)$ 上的表达式为

$$f(x)=\begin{cases} 0, & x\in[-\pi,0), \\ \mathrm{e}^x, & x\in[0,\pi). \end{cases}$$

将 $f(x)$ 展开成傅里叶级数.

3. 设周期函数 $f(x)$ 的周期为 $2\pi$，证明 $f(x)$ 的傅里叶系数为

$$a_n = \frac{1}{\pi} \int_0^{2\pi} f(x) \cos nx \, \mathrm{d}x \quad (n = 0,1,2,\cdots),$$

$$b_n = \frac{1}{\pi} \int_0^{2\pi} f(x) \sin nx \, \mathrm{d}x \quad (n = 1,2,\cdots).$$

4. 将函数

$$f(x) = \begin{cases} x, & 0 \leqslant x < \dfrac{l}{2}, \\ l - x, & \dfrac{l}{2} \leqslant x \leqslant l \end{cases}$$

分别展开成正弦级数和余弦级数.

5. (2008 考研) $f(x) = 1 - x^2 \ (0 \leqslant x \leqslant \pi)$，用余弦级数展开，并求 $\displaystyle\sum_{n=1}^{\infty} \frac{(-1)^{n-1}}{n^2}$ 的和.

# 总 习 题 10

1. 填空题

(1) 判别级数的收敛性，若 $\displaystyle\sum_{n=1}^{\infty} u_n$ 收敛，且 $k \neq 0$，则 $\displaystyle\sum_{n=1}^{\infty} (u_n + k)$ _____；

(2) 若级数为 $\displaystyle\sum_{n=0}^{\infty} (\sqrt{n+2} - 2\sqrt{n+1} + \sqrt{n})$，则其和是_____ ；

(3) 级数 $\left(\displaystyle\sum_{n=0}^{\infty} \frac{1}{n!}\right) \cdot \left(\displaystyle\sum_{n=0}^{\infty} \frac{(-1)^n}{n!}\right) = $ _____ ；

(4) (2008 考研) 已知幂级数 $\displaystyle\sum_{n=0}^{\infty} a_n (x+2)^n$ 在 $x = 0$ 处收敛，在 $x = -4$ 处发散，则

幂级数 $\displaystyle\sum_{n=0}^{\infty} a_n (x-3)^n$ 的收敛域为_____.

2. 选择题

(1) (2006 考研) 若级数 $\displaystyle\sum_{n=1}^{\infty} a_n$ 收敛，则级数（    ）.

A. $\displaystyle\sum_{n=1}^{\infty} |a_n|$ 收敛；              B. $\displaystyle\sum_{n=1}^{\infty} (-1)^n a_n$ 收敛；

C. $\displaystyle\sum_{n=1}^{\infty} a_n a_{n+1}$ 收敛；          D. $\displaystyle\sum_{n=1}^{\infty} \frac{a_n + a_{n+1}}{2}$ 收敛.

(2) (2009 考研) 设有两个数列 $\{a_n\}, \{b_n\}$，若 $\displaystyle\lim_{n\to\infty} a_n = 0$，则（    ）.

A. 当 $\displaystyle\sum_{n=1}^{\infty} b_n$ 收敛时，$\displaystyle\sum_{n=1}^{\infty} a_n b_n$ 收敛；      B. 当 $\displaystyle\sum_{n=1}^{\infty} b_n$ 发散时，$\displaystyle\sum_{n=1}^{\infty} a_n b_n$ 发散；

C. 当 $\displaystyle\sum_{n=1}^{\infty} |b_n|$ 收敛时，$\displaystyle\sum_{n=1}^{\infty} a_n^2 b_n^2$ 收敛；    D. 当 $\displaystyle\sum_{n=1}^{\infty} |b_n|$ 发散时，$\displaystyle\sum_{n=1}^{\infty} a_n^2 b_n^2$ 发散.

(3)如果 $f(x)$ 能展开成 $x$ 的幂级数,那么该幂级数(　　).

A. 是 $f(x)$ 的麦克劳林级数;　　　　B. 不一定是 $f(x)$ 的麦克劳林级数;

C. 不是 $f(x)$ 的麦克劳林级数;　　　　D. 是 $f(x)$ 在点 $x_0$ 处的泰勒级数.

(4)(2015 考研) 若级数 $\sum\limits_{n=1}^{\infty} a_n$ 条件收敛,则 $x = \sqrt{3}$ 与 $x = 3$ 依次为幂级数 $\sum\limits_{n=1}^{\infty} n a_n (x-1)^n$ 的(　　).

A. 收敛点,收敛点;　　　　B. 收敛点,发散点;

C. 发散点,收敛点;　　　　D. 发散点,发散点.

3. 判别下列级数的敛散性:

(1) $\dfrac{3}{4} + 2\left(\dfrac{3}{4}\right)^2 + 3\left(\dfrac{3}{4}\right)^3 + \cdots + n\left(\dfrac{3}{4}\right)^n + \cdots$;

(2) $\sum\limits_{n=1}^{\infty} \dfrac{n!}{10^n}$;

(3) $\dfrac{1}{1+\sqrt{2}} + \dfrac{1}{\sqrt{2}+\sqrt{3}} + \dfrac{1}{\sqrt{3}+\sqrt{4}} + \cdots$;

(4) $1 - \dfrac{1}{3} + \cdots + (-1)^{n-1} \dfrac{1}{2n-1} + \cdots$;

(5) $\sum\limits_{n=1}^{\infty} \dfrac{2^n - n}{2^n \cdot n}$;

(6) $\sum\limits_{n=1}^{\infty} \left[1 + (-1)^n\right] \dfrac{\sin \dfrac{1}{n}}{n}$.

4. 设数列 $\{nu_n\}$ 收敛,且级数 $\sum\limits_{n=1}^{\infty} n(u_n - u_{n-1})$ 收敛,证明:级数 $\sum\limits_{n=1}^{\infty} u_n$ 收敛.

5. 讨论下列级数的绝对收敛与条件收敛性:

(1) $1 - \dfrac{1}{\sqrt{2}} + \dfrac{1}{\sqrt{3}} - \dfrac{1}{\sqrt{4}} + \cdots$;　　　　(2) $\sum\limits_{n=1}^{\infty} (-1)^{n-1} \dfrac{n}{3^{n-1}}$;

(3) $\sum\limits_{n=1}^{\infty} \sin\left(n\pi + \dfrac{1}{n}\right)$;　　　　(4) $\sum\limits_{n=1}^{\infty} \dfrac{\sin \dfrac{n\pi}{4}}{n^2 + \sin \dfrac{n\pi}{4}}$.

6. 求下列级数的收敛域:

(1) $\sum\limits_{n=1}^{\infty} \dfrac{(n!)^2}{(2n)!} x^n$;　　　　(2) $\sum\limits_{n=1}^{\infty} \dfrac{(x-2)^n}{n^2}$;

(3) $\sum\limits_{n=1}^{\infty} \dfrac{2n-1}{8^n} x^{3n}$;　　　　(4) $\sum\limits_{n=1}^{\infty} \dfrac{n^2}{x^n}$.

7. 求下列级数的和函数或和:

(1) $\displaystyle\sum_{n=1}^{\infty} \frac{n}{3^n}$;

(2) $\displaystyle\sum_{n=0}^{\infty} (2^{n+1}-1)x^n$;

(3) $\displaystyle\sum_{n=0}^{\infty} \frac{3n+1}{n!}x^{3n}$.

(4) 求幂级数 $\displaystyle\sum_{n=1}^{\infty} \frac{(-1)^{n-1}}{2n-1}x^{2n-1}$ 的和函数并计算级数 $\displaystyle\sum_{n=1}^{\infty} \frac{(-1)^n}{2n-1}\left(\frac{3}{4}\right)^n$ 的和.

8. 将下列函数按要求展开成幂级数:

(1) 把函数 $f(x)=\dfrac{1}{(1+x^2)^2}$ 展开成 $x$ 的幂级数;

(2) 试将函数 $y=\ln\sqrt{1-x^2}$ 展成 $x$ 的幂级数;

(3) 将函数 $f(x)=\dfrac{3}{2}(1-x)+\ln(x+x^2)$ 展开成 $(x-1)$ 的幂级数;

(4) 将函数 $f(x)=(x-2)e^{-x}$ 在 $x=1$ 处展开.

*9. 设 $f(x)$ 是周期为 $2\pi$ 的函数,它在 $[-\pi,\pi]$ 上的表达式为

$$f(x)=\begin{cases} x^2+\pi x, & -\pi\leqslant x\leqslant 0, \\ \pi x-x^2, & 0<x\leqslant\pi. \end{cases}$$

将 $f(x)$ 展开成傅里叶级数.

*10. 在 $(0,\pi)$ 内把 $f(x)=(x-\pi)\sin x$ 展成以 $2\pi$ 为周期的余弦级数.

11. 设幂级数 $\displaystyle\sum_{n=0}^{\infty} a_n x^n$ 在 $(-\infty,+\infty)$ 内收敛,其和函数 $y(x)$ 满足 $y'-2xy'-4y=0$, $y(0)=0$, $y'(0)=1$.

(1)(2007 考研) 证明 $a_{n+2}=\dfrac{2}{n+1}a_n$, $n=1,2,\cdots$; (2) 求 $y(x)$ 的表达式.

12. (2009 考研) 设 $a_n$ 为曲线 $y=x^n$ 与 $y=x^{n+1}$ $(n=1,2,\cdots)$ 所围成区域的面积,记 $S_1=\displaystyle\sum_{n=1}^{\infty} a_n$, $S_2=\displaystyle\sum_{n=1}^{\infty} a_{2n-1}$, 求 $S_1$ 与 $S_2$ 的值.

第 10 章部分习题答案

# 习题参考答案

## 第6章

### 习题 6-1

1. 关于 $xOy$ 平面的对称点坐标为 $(2,-3,-1)$;

关于 $yOz$ 平面的对称点坐标为 $(-2,-3,1)$;

关于 $xOz$ 平面的对称点坐标为 $(2,3,1)$;

关于 $x$ 轴的对称点坐标为 $(2,3,-1)$;

关于 $y$ 轴的对称点的坐标为 $(-2,-3,-1)$;

关于 $z$ 轴的对称点的坐标为 $(-2,3,1)$;

关于坐标原点的对称点的坐标为 $(-2,3,-1)$.

2. $\overrightarrow{AG}=a+b+c, \overrightarrow{BH}=-a+b+c, \overrightarrow{CE}=-a-b+c, \overrightarrow{DF}=a-b+c$.

3. (1) $a,b$ 中有一个为零向量或 $a,b$ 同向;

(2) $b=0$ 或 $a,b$ 反向且 $|a|\geqslant|b|$;

(3) $a=0$ 或 $a,b$ 同向且 $|b|\geqslant|a|$;

(4) $a,b$ 中有一个为零向量或 $a,b$ 反向;

(5) $a,b$ 互相垂直或至少有一个为零向量.

4. $\overrightarrow{BC}=\dfrac{4}{3}l-\dfrac{2}{3}k, \overrightarrow{CD}=\dfrac{2}{3}l-\dfrac{4}{3}k$.

5~10. 略.

### 习题 6-2

1. (1) $1$; (2) $5i+7j-11k$.    2. $\arccos\left(\dfrac{\sqrt{2}}{6}\right)$.    3. 略.    4. (1) $-1$; (2) $\dfrac{13}{4}$.

5. (1) $20$; (2) $88$; (3) $-4i-2k$; (4) $-10i-5k$.

6. $5$.    7. $4$.    8. $-\dfrac{3}{2}$.    9. $\dfrac{\pm1}{\sqrt{17}}(3,-2,-2)$.

### 习题 6-3

1. $(x-4)^2+y^2=0$.

2. (1) $(x-2)^2+(y+1)^2+(z-3)^2=36$;

(2) $x^2+y^2+z^2=49$;

(3) $(x-3)^2+(y+2)^2+(z-4)^2=3$;

(4) $x^2+y^2+z^2-4x-2y+4z=0$.

3. (1) $4x^2-9y^2+4z^2=36$;

$(2)(x^2+y^2+z^2+3)^2=16(x^2+z^2)$；

$(3)4(x^2+y^2)=(3z-1)^2$.

4. 略.

5. (1)$xOy$ 面上的椭圆 $x^2+4y^2=1$ 绕 $y$ 轴旋转而得的旋转椭球面；

(2)$zOx$ 面上的抛物线 $x^2=2z$ 绕 $z$ 轴旋转而得的旋转抛物面；

(3)$zOx$ 面上的射线 $z=|x|$ 绕 $z$ 轴旋转而得的圆锥面；

(4)$xOy$ 面上的双曲线 $x^2-y^2=1$ 绕 $x$ 轴旋转而得的旋转双叶双曲面.

6. (1)当 $\lambda>A$ 时,方程不表示任何实图形；

(2)当时 $A>\lambda>B$ 时,方程表示双叶双曲面；

(3)当 $B>\lambda>C$ 时,方程表示单叶双曲面；

(4)当 $\lambda<C$ 时,方程表示椭球面.

7. 略.

## 习题 6-4

1. (1)$x=3$ 平面上的一个圆；

(2)$y=2$ 平面上的一个椭圆；

(3)$x=-3$ 平面上的一条双曲线；

(4)$y=4$ 平面上的一条抛物线.

2. (1)$x=2$ 平面上的双曲线；

(2)$y=0$ 平面上的一个椭圆；

(3)$y=5$ 平面上的一个椭圆；

(4)$z=2$ 平面上的两条直线.

3. $\begin{cases} x=\dfrac{3}{\sqrt{2}}\cos t, \\ y=\dfrac{3}{\sqrt{2}}\cos t, \quad (0\leqslant t\leqslant 2\pi). \\ z=3\sin t \end{cases}$

4. $\begin{cases} x^2+y^2-x-1=0, \\ z=0. \end{cases}$

5. $\begin{cases} x^2+y^2=a^2, \\ z=0, \end{cases}$ $\begin{cases} y=a\sin\dfrac{z}{b}, \\ x=0, \end{cases}$ $\begin{cases} x=a\cos\dfrac{z}{b}, \\ y=0. \end{cases}$

6. 在 $xOy$ 面上的投影为 $x^2+y^2\leqslant 4$,在 $yOz$ 面上的投影为 $y^2\leqslant z\leqslant 4$,在 $zOx$ 面上的投影为 $x^2\leqslant z\leqslant 4$.

7. $\begin{cases} y^2-2x+9=0, \\ z=0. \end{cases}$

8. $x^2+20y^2-24x-116=0$.

9. (1)原曲线对 $yOz$ 平面的投影柱面方程为 $z^2+y^2-3z+1=0$;原曲线对 $zOx$ 平面的投影柱面方程为 $z-x-1=0$;原曲线对 $xOy$ 平面的投影柱面方程为 $x^2+y^2-x-1=0$.

(2)原曲线对 $yOz$ 平面的投影柱面方程为 $y-z+1=0$;原曲线对 $zOx$ 平面的投影柱面方程为 $x^2-2z^2-2x+6z-3=0$;原曲线对 $xOy$ 平面的投影柱面方程为 $x^2-2y^2-2x+2y+1=0$.

(3)原曲线对 $yOz$ 平面的投影柱面方程为 $2y+7z-2=0$;原曲线对 $zOx$ 平面的投影柱面方程为 $x-z-3=0$;原曲线对 $xOy$ 平面的投影柱面方程为 $7x+2y-23=0$.

(4)原曲线对 $yOz$ 平面的投影柱面方程为 $y+z-1=0$;原曲线对 $zOy$ 平面的投影柱面方程为 $x^2+2z^2-2z=0$;原曲线对 $xOy$ 平面的投影柱面方程为 $x^2+2y^2-2y=0$.

## 习题 6-5

1. (1) $4x-3y+2z-7=0$;

(2) $7x-2y-17=0$;

(3) $10x+9y+5z-74=0$; $2x+y-3z-2=0$;

(4) $7y+z-5=0$.

2. $\dfrac{x}{-4}+\dfrac{y}{-2}+\dfrac{z}{4}=1$.

3. (1)两平面平行(不重合);(2)两平面相交;(3)两平面平行(不重合).

4. (1) $\theta=\dfrac{\pi}{4}$;(2) $\theta=\arccos\dfrac{8}{21}$;(3) $\theta=\dfrac{\pi}{3}$.

5. (1)2;(2)1;(3)3.

6. $\dfrac{2}{\sqrt{6}}$.

7. (1) $C=-6$, $D$ 为任意数,故答案不唯一;(2) $C=-6$, $D=-\dfrac{5}{2}$.

## 习题 6-6

1. $\dfrac{x+3}{1}=\dfrac{y}{-1}=\dfrac{z-1}{0}$.

2. $\dfrac{x-1}{1}=\dfrac{y-2}{-2}=\dfrac{z-1}{1}$.

3. $4x+5y-2z+12=0$.

4. $\dfrac{x-1}{4}=\dfrac{y-0}{-1}=\dfrac{z+2}{-3}$, $\begin{cases} x=1+4t, \\ y=-t, \\ z=-2-3t. \end{cases}$

5. $P'(0,2,7)$.

6. (1)直线与平面平行;(2)直线与平面垂直;
   (3)直线在平面上;(4)直线与平面相交.

7. $(1,0,-1)$, $\theta=\dfrac{\pi}{6}$.

8. (1)$l=-1$;(2)$l=4$,$m=-8$.

9. 15.

10. (1)$9x+3y+5z=0$;(2)$21x+14z-3=0$;(3)$7x+14y+5=0$.

11. $x-z+4=0$ 或 $x+20y+7z-12=0$.

12. $\pi_1:3x+4y-z+1=0$;$\pi_2:x-2y-5z+3=0$.

## 总习题 6

1. C.　2. C.　3. $2x+y-1=0$.

4. $\begin{cases} 2x+3y+3z-8=0, \\ 9x+5y-11z-3=0. \end{cases}$

5. $\dfrac{x-1}{-9}=\dfrac{y-1}{-2}=\dfrac{z-1}{5}$.

6. $\dfrac{x+1}{8}=\dfrac{y}{5}=\dfrac{z-4}{-4}$.

7. 平行,$\dfrac{2}{3}\sqrt{6}$.

8. $10\sqrt{2}$.

9. $z=\pm\sqrt{x^2+y^2}$.

10. 1.

11. $6x-20y-11z+1=0$.

12. $2x-6y+2z=7$.

13. $2x+2y-3z=0$.

14. $9x+11y+5z-16=0$.

# 第7章

## 习题 7-1

1. (1)开集,有界集,边界 $x^2+y^2=1$ 及 $x^2+y^2=4$;
   (2) 开集,无界集,边界 $x^2+y^2=1$;
   (3)闭集,有界集,边界 $y=0(0\leqslant x\leqslant 2)$,$y=2(4\leqslant x\leqslant 6)$,$x=2y(0\leqslant y\leqslant 2)$,$x=2y+2(0\leqslant y\leqslant 2)$;
   (4)开集. 无界集,边界 $y=x^2$.

2. (1)$\{(x,y)\,|\,y^2>2x-1\}$;
   (2)$D=\{(x,y)\,|\,x\geqslant 0,y>-x\}$;

(3) $D=\{(x,y,z)\,|\,x^2+y^2-z^2\geqslant0,x^2+y^2\neq0\}$;

(4) $D=\{(x,y)\,|\,2\leqslant x^2-y^2\leqslant4,x>y^2\}$;

(5) $D=\{(x,y,z)\,|\,r^2<x^2+y^2+z^2\leqslant R^2\}$.

3. $\dfrac{4xy}{x^2+y^2}$.　　4. $(x-\ln y)^2\ln y$.

5. (1)0; (2)$\infty$; (3)$-6$; (4)e; (5)2; (6)ln2.

6. 略.

7. 极限存在,而在点$(0,0)$不连续.

## 习题 7-2

1. (1)$\dfrac{\partial z}{\partial x}=2xy,\dfrac{\partial z}{\partial y}=x^2$; (2)$\dfrac{\partial z}{\partial x}=-y\sin x,\dfrac{\partial z}{\partial y}=\cos x$;

(3)$\dfrac{\partial z}{\partial x}=\dfrac{1}{x+y},\dfrac{\partial z}{\partial y}=\dfrac{2y}{x+y}$; (4)$\dfrac{\partial z}{\partial x}=\dfrac{-y}{x^2+y^2},\dfrac{\partial z}{\partial y}=\dfrac{x}{x^2+y^2}$;

(5)$\dfrac{\partial z}{\partial x}=ye^{\sin xy}+xy^2e^{\sin xy}\cos xy,\dfrac{\partial z}{\partial y}=xe^{\sin xy}+x^2ye^{\sin xy}\cos xy$;

(6)$\dfrac{\partial z}{\partial x}=\dfrac{-x}{\sqrt{(x^2+y^2)^3}},\dfrac{\partial z}{\partial y}=\dfrac{-y}{\sqrt{(x^2+y^2)^3}}$;

(7)$\dfrac{\partial u}{\partial x}=-\dfrac{y}{x^2}+\dfrac{1}{z},\dfrac{\partial u}{\partial y}=\dfrac{1}{x}-\dfrac{z}{y^2},\dfrac{\partial u}{\partial z}=\dfrac{1}{y}-\dfrac{x}{z^2}$;

(8)$\dfrac{\partial u}{\partial x}=\dfrac{z}{y}x^{\frac{z}{y}-1},\dfrac{\partial u}{\partial y}=-\dfrac{z}{y^2}x^{\frac{z}{y}}\ln x,\dfrac{\partial u}{\partial z}=\dfrac{1}{y}x^{\frac{z}{y}}\ln x$.

2. $\dfrac{\partial^2z}{\partial x^2}=y^x\ln^2y,\dfrac{\partial^2z}{\partial x\partial y}=(x\ln y+1)y^{x-1},\dfrac{\partial^2z}{\partial y^2}=x(x-1)y^{x-2}$.

3. $\dfrac{\partial^3z}{\partial x^2\partial y}=0,\dfrac{\partial^3z}{\partial x\partial y^2}=-\dfrac{1}{y^2}$.

4. $f_x(1,1)=-\dfrac{\pi}{2}\mathrm{e},f_y(1,1)=\dfrac{\pi}{4}$.

5. $f(x,y)=\dfrac{x^2(1-y)}{1+y}$; $f_x(x,y)=\dfrac{2x(1-y)}{1+y}$; $f_y(x,y)=\dfrac{-2x^2}{(1+y)^2}$.

6. $f_{xx}(0,0,1)=0,f_{xz}(2,0,1)=2,f_{yx}(-1,0,1)=-2,f_{xyy}(1,0,-1)=0$.

7~8. 略.

## 习题 7-3

1. (1)$\mathrm{d}z=\left(y+\dfrac{1}{y}\right)\mathrm{d}x+\left(x-\dfrac{x}{y^2}\right)\mathrm{d}y$; (2)$\mathrm{d}z=\dfrac{y}{x^2+y^2}\mathrm{d}x+\left(\dfrac{1}{\sqrt{1-y^2}}-\dfrac{x}{x^2+y^2}\right)\mathrm{d}y$;

(3)$\mathrm{d}z=\dfrac{1}{x+y^2}\mathrm{d}x+\dfrac{2y}{x+y^2}\mathrm{d}y$; (4)$\mathrm{d}z=\dfrac{y}{\sqrt{1-x^2y^2}}\mathrm{d}x+\dfrac{x}{\sqrt{1-x^2y^2}}\mathrm{d}y$;

(5)$\mathrm{d}z=-\dfrac{xy}{\sqrt{(x^2+y^2)^3}}\mathrm{d}x+\left(\dfrac{1}{\sqrt{x^2+y^2}}-\dfrac{y^2}{\sqrt{(x^2+y^2)^3}}\right)\mathrm{d}y$.

2. $dz = e^2 dx + 2e^2 dy$.

3. $dz \Big|_{\substack{x=2, \Delta x=0.02 \\ y=-1, \Delta y=-0.01}} = -0.2$.

4. $dz \Big|_{\substack{x=1 \\ y=2}} = \dfrac{1}{3}dx + \dfrac{2}{3}dy$.　　5. $1.40693$.　　6. $-5\text{cm}, -0.2\text{m}^2$.　　7. $56.7712\text{cm}^3$.

## 习题 7-4

1. (1) $\dfrac{\partial z}{\partial x} = 3x^2 \sin y \cos y (\cos y - \sin y)$,

$\dfrac{\partial z}{\partial y} = x^3 (3\sin^3 y - 3\sin^2 y \cos y + \cos y - 2\sin y)$;

(2) $\dfrac{\partial z}{\partial x} = -\dfrac{2(x-2y)(x+y)}{(y-2x)^2}, \dfrac{\partial z}{\partial y} = -\dfrac{(x-2y)(2y-7x)}{(y-2x)^2}$;

(3) $\dfrac{\partial z}{\partial x} = 2(\ln(2x+y)+1)(2x+y)^{2x+y}, \dfrac{\partial z}{\partial y} = (\ln(2x+y)+1)(2x+y)^{2x+y}$;

(4) $\dfrac{\partial z}{\partial x} = \left[2x + (x^2+y^2)\left(\dfrac{1}{y} - \dfrac{y}{x^2}\right)\right] e^{\frac{x^2+y^2}{xy}}$,

$\dfrac{\partial z}{\partial y} = \left[2y + (x^2+y^2)\left(-\dfrac{x}{y^2} + \dfrac{1}{x}\right)\right] e^{\frac{x^2+y^2}{xy}}$;

(5) $\dfrac{\partial z}{\partial x} = -\dfrac{y}{x^2} f'\left(\dfrac{y}{x}\right), \dfrac{\partial z}{\partial y} = \dfrac{1}{x} f'\left(\dfrac{y}{x}\right)$; (6) $\dfrac{\partial z}{\partial x} = 2x f_1 + y f_2, \dfrac{\partial z}{\partial y} = -2y f_1 + x f_2$;

(7) $\dfrac{\partial z}{\partial x} = -\dfrac{y}{x^2} f_1 + f_2 + f_3 y \cos x, \dfrac{\partial z}{\partial y} = \dfrac{1}{x} f_1 + 2f_2 + f_3 \sin x$;

(8) $\dfrac{\partial z}{\partial x} = 2f_1 + ye^{xy} f_2, \dfrac{\partial z}{\partial y} = 3f_1 + xe^{xy} f_2$.

2. (1) $\dfrac{dz}{dx} = \dfrac{y+xe^x}{1+x^2 y^2}$;　　(2) $\dfrac{dz}{dt} = 2e^{2x-y}\cos t - 3t^2 e^{2x-y}$;　　(3) $\dfrac{du}{dt} = 2\sin t e^t$.

3. (1) $\dfrac{\partial^2 z}{\partial x \partial y} = e^y (f_1 + f_{13}) + xe^{2y} f_{11} + xe^y f_{21} + f_{23}$;

(2) $\dfrac{\partial^2 z}{\partial x \partial y} = -2f''(2x-y) + xg_{12} + g_2 + xyg_{22}$.

4. $\dfrac{\partial z}{\partial u} = 3f_1 + 4f_2, \dfrac{\partial z}{\partial v} = 2f_1 - 2f_2$.

5. $\dfrac{\partial w}{\partial x} = f_1 + yf_2 + yzf_3, \dfrac{\partial w}{\partial y} = xf_2 + xzf_3, \dfrac{\partial w}{\partial z} = xyf_3$.

6. $f_2 + xf_{12} + xyf_{22}$.

## 习题 7-5

1. $\dfrac{dy}{dx} = \dfrac{x+y}{x-y}$.

2. (1) $\dfrac{\partial z}{\partial x} = \dfrac{x^2 - ayz}{axy - z^2}, \dfrac{\partial z}{\partial y} = \dfrac{y^2 - axz}{axy - z^2}$; (2) $\dfrac{\partial z}{\partial x} = \dfrac{yz}{e^z - xy}, \dfrac{\partial z}{\partial y} = \dfrac{xz}{e^z - xy}$;

$(3)\dfrac{\partial z}{\partial x}=\dfrac{z^3}{2yz-3xz^2},\dfrac{\partial z}{\partial y}=\dfrac{-z}{2y-3xz};(4)\dfrac{\partial z}{\partial x}=-\dfrac{4x+3y}{3z^2+1},\dfrac{\partial z}{\partial y}=\dfrac{3y^2-3x}{3z^2+1}.$

3. $\dfrac{\partial u}{\partial x}=\dfrac{x}{u},\dfrac{\partial u}{\partial y}=\dfrac{y}{u}.$    4. $\mathrm{d}z=\mathrm{d}x-\sqrt{2}\mathrm{d}y.$    5. 略.    6. $z$.    7. $-\mathrm{d}x$.

## 习题 7-6

1. $(1)\dfrac{x-\dfrac{\pi}{2}+1}{1}=\dfrac{y-1}{1}=\dfrac{z-2\sqrt{2}}{\sqrt{2}},x+y+\sqrt{2}z-\dfrac{\pi}{2}-4=0;$

$(2)\dfrac{x}{-a}=\dfrac{y-a}{0}=\dfrac{z-\dfrac{\pi b}{2}}{b},ax-bz+\dfrac{\pi}{2}b^2=0;$

$(3)\dfrac{x-\dfrac{1}{2}}{\dfrac{1}{4}}=\dfrac{y-2}{-1}=\dfrac{z-1}{2},2x-8y+16z-1=0.$

2. $(1)9x+y-z-27=0,\dfrac{x-3}{9}=\dfrac{y-1}{1}=\dfrac{z-1}{-1};$

$(2)3x+2y-z-1=0,\dfrac{x-2}{-3}=\dfrac{y+1}{-2}=\dfrac{z-3}{1};$

$(3)4x+2y-z-6=0,\dfrac{x-2}{4}=\dfrac{y-1}{2}=\dfrac{z-4}{-1}.$

3. $(-1,1,-1),\left(-\dfrac{1}{3},\dfrac{1}{9},-\dfrac{1}{27}\right).$

4. $\dfrac{x-1}{-1}=\dfrac{y+2}{0}=\dfrac{z-1}{1},x-z=0.$

5. $x-y+2z=\pm\sqrt{\dfrac{11}{2}}.$

6. $\cos\gamma=\dfrac{3}{\sqrt{22}}.$

7. $\alpha=\arccos\left(-\dfrac{1}{\sqrt{6}}\right),\beta=\arccos\dfrac{1}{\sqrt{6}},\gamma=\arccos\dfrac{2}{\sqrt{6}}.$

8. 略.    9. A.

## *习题 7-7

1. $-3\sqrt{5}.$    2. $\dfrac{\sqrt{2}}{3}.$    3. $-\dfrac{\sqrt{6}}{2}.$    4. $-\dfrac{\sqrt{2}}{8}\pi.$    5. $x_0+y_0+z_0.$

6. 增加最快的方向为 $\boldsymbol{n}=\dfrac{1}{\sqrt{21}}(2,-4,1)$，方向导数为 $\sqrt{21}$；减少最快的方向为

$-\boldsymbol{n}=\dfrac{1}{\sqrt{21}}(-2,4,-1)$，方向导数为 $-\sqrt{21}.$

7. $\mathbf{grad} \dfrac{1}{x^2+y^2} = -\dfrac{2x}{(x^2+y^2)^2}\boldsymbol{i} - \dfrac{2y}{(x^2+y^2)^2}\boldsymbol{j}$.

## 习题 7-8

1. B.　　2. A.

3. (1)极小值 $z(0,1)=0$;(2)极小值 $z(1,0)=1$;(3)极小值 $z(1,1)=-1$;(4)极小值 $z(5,2)=30$.

4. 三个数相等时积最大.

5. 直角边为 $\dfrac{l}{\sqrt{2}}$ 的等腰直角三角形时周长最大.

6. 圆柱的高与底面半径 $r=h=\sqrt[3]{\dfrac{V}{\pi}}$ 时所用材料最省.

7. 当折起来的边长为 8,倾角为 $\dfrac{\pi}{3}$ 时断面面积最大.

8. 当长、宽为 $\sqrt[3]{2k}$,高为 $\dfrac{1}{2}\sqrt[3]{2k}$ 表面积最小.

9. 以棱长为 $\dfrac{\sqrt{6}}{6}a$ 的正方体的体积为最大 $V=\dfrac{\sqrt{6}}{36}a^3$.

10. 最大值为 8,最小值为 0.

## 总习题 7

1. (1)错;(2)错;(3)对.

2. (1)$1<x^2+y^2<4$;(2) 4;(3) 1;(4) 0,0,$yx^{y-1}\mathrm{d}x+x^y\ln x\mathrm{d}y$.

3. (1) D;　(2) D;　(3) A.

4. $\dfrac{\partial^2 z}{\partial x^2}=-\dfrac{1}{(x+y^2)^2}$;$\dfrac{\partial^2 z}{\partial x\partial y}=\dfrac{-2y}{(x+y^2)^2}$.

5. $\mathrm{d}z=\dfrac{\partial z}{\partial x}\mathrm{d}x+\dfrac{\partial z}{\partial y}\mathrm{d}y=-\dfrac{z^x\ln z}{xz^{x-1}-y^z\ln y}\mathrm{d}x+\dfrac{zy^{z-1}}{xz^{x-1}-y^z\ln y}\mathrm{d}y$.

6. $\dfrac{\partial f}{\partial x}+\dfrac{\partial f}{\partial y}=x+y$.

7. $\dfrac{\partial z}{\partial x}=2xf_1-\dfrac{y}{x^2}f_2$,$\dfrac{\partial z}{\partial x}=2yf_1+\dfrac{1}{x}f_2$.

8. $\dfrac{\partial z}{\partial x}=3x^2\sin y\cos y(\cos y-\sin y)\dfrac{\partial z}{\partial y}=x^3[\cos^3 y+\sin^3 y-\sin 2y(\sin y+\cos y)]$.

9. $x+y-1=0$.

10. 当矩形的边长分别为 $\dfrac{2p}{3}$,$\dfrac{p}{3}$,绕短边旋转时所得体积最大.

11. $(-3,-1,3)$,$\dfrac{x+3}{1}=\dfrac{y+1}{3}=\dfrac{z-3}{1}$.　　12. $\left(\dfrac{8}{5},\dfrac{16}{5},0\right)$.

13. $f_1(1,1)+f_{11}(1,1)+f_{12}(1,1)$.

14. $f(1,0)=\mathrm{e}^{-\frac{1}{2}}$ 为极大值; $f(-1,0)=-\mathrm{e}^{-\frac{1}{2}}$ 为极小值.

15. $2x-y-z=1$.　16. $z-xy$.

# 第8章

## 习题 8-1

1. 略.

2. (1)(i) $\iint\limits_{D}\mathrm{e}^{xy}\mathrm{d}\sigma\leqslant\iint\limits_{D}\mathrm{e}^{2xy}\mathrm{d}\sigma$; (ii) $\iint\limits_{D}\mathrm{e}^{xy}\mathrm{d}\sigma\geqslant\iint\limits_{D}\mathrm{e}^{2xy}\mathrm{d}\sigma$; (2) $I_1\leqslant I_3\leqslant I_2$;

(3) $I_2<I_1$; (4) $I_2<I_1<I_3$.

3. (1) $0\leqslant I\leqslant 8$; (2) $0\leqslant I\leqslant\pi^2$; (3) $0\leqslant I\leqslant 2\sqrt{5}$; (4) $\pi\leqslant I\leqslant\mathrm{e}\pi$.

## 习题 8-2

1. (1) $\dfrac{7}{6}$; (2) $\mathrm{e}-\mathrm{e}^{-1}$; (3) $-\dfrac{24}{5}$; (4) $\dfrac{2}{15}(4\sqrt{2}-1)$; (5) $\dfrac{3\cos1+\sin1-\sin4}{2}$.

2. (1) $\displaystyle\int_0^1\mathrm{d}x\int_{x^2}^{x}f(x,y)\mathrm{d}y$; (2) $\displaystyle\int_0^4\mathrm{d}x\int_{\frac{x}{2}}^{\sqrt{x}}f(x,y)\mathrm{d}y$; (3) $\displaystyle\int_1^2\mathrm{d}x\int_0^{1-x}f(x,y)\mathrm{d}y$;

(4) $\displaystyle\int_{\frac{1}{2}}^1\mathrm{d}y\int_{\frac{1}{y}}^2 f(x,y)\mathrm{d}x+\int_1^{\sqrt{2}}\mathrm{d}y\int_{y^2}^2 f(x,y)\mathrm{d}x$;

(5) $\displaystyle\int_0^1\mathrm{d}y\int_{\sqrt{1-y^2}}^{\sqrt{4-y^2}}f(x,y)\mathrm{d}x+\int_1^2\mathrm{d}y\int_0^{\sqrt{4-y^2}}f(x,y)\mathrm{d}x$;

(6) $\displaystyle\int_0^1\mathrm{d}y\int_{\sqrt{y}}^{1+\sqrt{1-y^2}}f(x,y)\mathrm{d}x$;　(7) $\displaystyle\int_0^1\mathrm{d}y\int_{\sqrt{y}}^{3-2y}f(x,y)\mathrm{d}x$.

3. (1) $\dfrac{1}{\sqrt{\mathrm{e}}}$; (2) $\sqrt{2}-1$; (3) $\dfrac{1}{12}(1-\cos1)$; (4) $\dfrac{2}{9}(2\sqrt{2}-1)$; (5) $1-\cos1$;

(6) $\dfrac{\pi}{8}(1-\mathrm{e}^{-1})$.

4. (1) $\displaystyle\int_0^{2\pi}\mathrm{d}\theta\int_1^2 f(\rho\cos\theta,\rho\sin\theta)\rho\mathrm{d}\rho$; (2) $\displaystyle\int_0^{\frac{\pi}{2}}\mathrm{d}\theta\int_0^{\frac{1}{\cos\theta+\sin\theta}}f(\rho\cos\theta,\rho\sin\theta)\rho\mathrm{d}\rho$;

(3) $\displaystyle\int_0^{\frac{\pi}{4}}\mathrm{d}\theta\int_0^{\sec\theta}f(\rho\cos\theta,\rho\sin\theta)\rho\mathrm{d}\rho+\int_{\frac{\pi}{4}}^{\frac{\pi}{2}}\mathrm{d}\theta\int_0^{\csc\theta}f(\rho\cos\theta,\rho\sin\theta)\rho\mathrm{d}\rho$;

(4) $\displaystyle\int_{-\frac{\pi}{2}}^{\frac{\pi}{2}}\int_0^1\cos^2\theta\rho^3 f(\rho^2)\mathrm{d}\rho\mathrm{d}\theta\left(\dfrac{\pi}{2}\int_0^1\rho^3 f(\rho^2)\mathrm{d}\rho\right)$; (5) $\displaystyle\int_0^{\frac{\pi}{2}}\mathrm{d}\theta\int_{\cos\theta}^{2\cos\theta}f(\rho)\rho\mathrm{d}\rho$.

5. (1) $\pi\ln2$; (2) $0$; (3) $I=\dfrac{\pi}{8}\ln3$.

6. (1) $\dfrac{9}{4}$; (2) $\dfrac{\mathrm{e}^4}{2}-\mathrm{e}^2$; (3) $\dfrac{2}{3}$; (4) $\dfrac{14}{3}\pi$; (5) $\dfrac{16}{3}$.

7. (1) $2a^2$; (2) $\dfrac{\pi}{12}$.

8. $\dfrac{7}{2}$.　　　9. $f(x_0,y_0)$.

## 习题 8-3

1. (1)$\displaystyle\int_0^1 dx\int_0^{1-x} dy\int_0^{xy} f(x,y,z)dz$; (2)$\displaystyle\int_{-1}^1 dx\int_{-\sqrt{1-x^2}}^{\sqrt{1-x^2}} dy\int_0^{1-x^2-y^2} f(x,y,z)dz$;

　　(3)$\displaystyle\int_1^2 dz\int_0^{\frac{1}{z}} dx\int_0^{z^2} f(x,y,z)dy$.

2. (1)$\dfrac{1}{10}$; (2)$\dfrac{\pi}{3}(e^{4R^3}-1)$; (3)$\dfrac{\pi}{4}$; (4)$\dfrac{2\pi}{3}$; (5)$\dfrac{4}{15}\pi abc^3$.

3. (1)$\dfrac{\pi}{4}$; (2)$\dfrac{2}{5}\pi$; (3)$\dfrac{16}{5}\pi$; (4)$\dfrac{324}{5}\pi$.

*4. (1)$\dfrac{8-3\sqrt{3}}{30}\pi$; (2)$\dfrac{\pi}{10}a^5$; (3)$\dfrac{32}{15}\pi$.

5. (1)$\pi^3-4\pi$; (2)$\dfrac{512\pi}{3}$; (3)$(\sqrt{2}-1)\pi$; (4)$336\pi$.

6. (1)$\dfrac{1}{2}e^2(e^2-1)$; (2)$\dfrac{\pi}{12}$.

## 习题 8-4

*1. (1)$\dfrac{5}{6}\pi$; (2)$6\pi$.

2. (1)$2a^2(\pi-2)$; (2)$\sqrt{7}\pi$; (3)$\sqrt{2}\pi$.

*3. (1)$\left(\dfrac{4a}{3\pi},\dfrac{4b}{3\pi}\right)$; (2)$\left(\dfrac{3a}{5},\dfrac{3\sqrt{2a}}{8}\right)$; (3)$\left(\dfrac{5}{6},0\right)$.

## 总习题 8

1. (1)$\dfrac{\pi R^4}{4}\left(\dfrac{1}{a^2}+\dfrac{1}{b^2}\right)$; (2)$\dfrac{5}{2}$; (3)$\displaystyle\int_{-1}^1 dx\int_{1-\sqrt{1-x^2}}^{1+\sqrt{1-x^2}} f(x,y)dy$; (4) 0; (5)$\dfrac{3\pi}{10}$.

2. (1)D; (2)A; (3)A; (4)A; (5)D; (6)B.

3. (1)$\pi$; (2)$\dfrac{32}{9}$; (3)$e-1$; (4)$-\dfrac{2}{3}$.

4. (1)$\dfrac{8\pi}{15}$; (2)$\dfrac{32\pi a^5}{15}$; (3)$\dfrac{1984\pi}{15}$; (4)$3\pi\ln\dfrac{4}{3}$; (5)$\dfrac{1}{4}$.

5. $(x+y)^2-\dfrac{1}{6}$.　　　6. $f(x,y,z)=x+y+\dfrac{8\pi}{\pi-1}z-3$.

7~8. 略.

# 第 9 章

## 习题 9-1

1. 略.　　2. (1) $\dfrac{17\sqrt{17}-1}{48}$; (2) $R^2$; (3) $\dfrac{8\sqrt{2}}{15}-\dfrac{\sqrt{3}}{5}$; (4) $\dfrac{3\sqrt{14}}{2}+18$; (5) $3a^3$;

(6) $12a$; (7) $e^a\left(2+\dfrac{\pi}{4}a\right)-2$; (8) $4\sqrt{2}$.

## 习题 9-2

1. 略.

2. (1) $\displaystyle\int_L \dfrac{P+Q}{\sqrt{2}}\mathrm{d}s$; (2) $\displaystyle\int_L \dfrac{P+2xQ}{\sqrt{1+4x^2}}\mathrm{d}s$; (3) $\displaystyle\int_L \left[\sqrt{2x-x^2}P+(1-x)Q\right]\mathrm{d}s$.

3. (1) $\displaystyle\int_\Gamma \dfrac{P+Q+\sqrt{2}R}{2}\mathrm{d}s$; (2) $\displaystyle\int_\Gamma \dfrac{(1-z)P+(1-z)Q+2xR}{\sqrt{2}}\mathrm{d}s$.

4. (1) $\dfrac{34}{35}$; (2) $-\dfrac{1}{3}$; (3) $\dfrac{3}{4}$; (4) $3\pi+2\pi^2-e^2-1$; (5) $-1$; (6) $I=\sin1+e-1$;

(7) $-\dfrac{87}{4}$; (8) $\dfrac{19}{2}$.

## 习题 9-3

1. $2\pi$.

2. (1) $\pi ab$; (2) $\dfrac{3}{4}\pi$; (3) $\pi a^2$.

3. (1) $-\dfrac{1}{3}$; (2) $-2\pi$; (3) $-\dfrac{1}{2}a^4\pi$;

(4) 当 $(0,0)\notin D$ 时, $\displaystyle\oint_L \dfrac{x\mathrm{d}y-y\mathrm{d}x}{x^2+y^2}=0$; 当 $(0,0)\in D$ 时, $\displaystyle\oint_L \dfrac{x\mathrm{d}y-y\mathrm{d}x}{x^2+y^2}=2\pi$;

(5) $3\pi+2\pi^2-e^2-1$.

4. (1) $5$; (2) $-e^{-4}\sin8$; (3) $\arctan(a+b)$.

5. (1) $u(x,y)=\dfrac{x^2y^2}{2}$;

(2) $u(x,y)=x+\dfrac{x^3}{3}-\dfrac{(x+y)^3}{3}$;

(3) $u(x,y)=x^3y+e^x(x-1)+y\cos y-\sin y$;

(4) $u(x,y)=3x^2y+2xy^2$;

(5) $u(x,y)=e^x\cos y+x^2y^2+g(y)=e^x\cos y+x^2y^2$.

6. (1) $\cos x\sin 2y=C$; (2) $\dfrac{x^3}{3}-xy-\dfrac{y}{2}+\dfrac{\sin 2y}{4}=C$.

7. $a=1$.　　8. $f(x)=x^2, 8$.

9. 略.

## 习题 9-4

1. $(1) 8\pi(1+\sqrt{2})$; $(2)\dfrac{64}{3}\pi$.

2. $(1)\dfrac{(1+\sqrt{3})}{24}$; $(2)\dfrac{2\sqrt{2}}{3}\pi$; $(3)\left(\sqrt{2}+\dfrac{3}{2}\right)\pi$; $(4)\pi a(a^2-h^2)$; $(5)\dfrac{64}{15}\sqrt{2}$;

$\quad(6)\dfrac{4}{3}(5\sqrt{5}-3\sqrt{3})$.

## 习题 9-5

1. 略.

2. $(1)-\dfrac{\pi}{2}$; $(2)-4\pi$; $(3)\dfrac{3}{2}\pi$; $(4)\dfrac{\pi}{8}+\dfrac{1}{3}$; $(5)2e^2\pi$; $(6)-\dfrac{\pi}{3}$; $(7)\ 0$; $(8)\dfrac{\pi}{2}$.

3. $(1)\iint\limits_{\Sigma}P\mathrm{d}S$; $(2)-\dfrac{\sqrt{2}}{2}\iint\limits_{\Sigma}(P+R)\mathrm{d}S$; $(3)\dfrac{1}{\sqrt{14}}\iint\limits_{\Sigma}(3P+2Q+R)\mathrm{d}S$;

$\quad(4)\iint\limits_{\Sigma}\dfrac{4xP-Q+2zR}{\sqrt{1+16x^2+4z^2}}\mathrm{d}S.$

## 习题 9-6

1. $\dfrac{a^9}{32}.$　　2. $-\dfrac{\pi}{2}.$

3. $(1)0$ ; $(2)128\pi.$

*4. $(1)\mathrm{div}A=2x$; $(2)\mathrm{div}A=y-x\sin(xy)-x\sin(xz).$

## *习题 9-7

1. 16.　　2. $\dfrac{2}{15}+\dfrac{\pi}{16}.$　　3. $\dfrac{-\pi R^3}{4}.$　　4. $-4\sqrt{2}\pi.$　　5. $\pi.$

6. $(1)\mathbf{rot}A=-y^2\cos z\mathbf{i}-z^2\cos x\mathbf{j}-x^2\cos y\mathbf{k}$; $(2)\mathbf{rot}A=\mathbf{i}+\mathbf{j}.$

## 总习题 9

1. $(1)\displaystyle\int_{\Gamma}(P\cos\alpha+Q\cos\beta+R\cos\gamma)\mathrm{d}s$, 切向量;

$\quad(2)\iint\limits_{\Sigma}(P\cos\alpha+Q\cos\beta+R\cos\gamma)\mathrm{d}S$, 法向量; $(3)2\pi$; $(4)4\pi$; $(5)\dfrac{4\sqrt{3}}{3}$; $(6)\dfrac{\sqrt{3}}{12}.$

2. $(1)$ D; $(2)$ D; $(3)$C.　　3. $(1)\dfrac{2\pi}{a}$; $(2)0.$

4. $(1)2\sqrt{2}\pi$; $(2)6\sqrt{2}\pi$; $(3)0.$

5. $2\pi(2+\sqrt{2}).$　　6. $a=-4.$　　7. $68\pi a^4.$　　8. $\dfrac{4\pi}{3}R^3.$

9. $\pi.$　　10. $-4\pi.$　　11. $\dfrac{1}{2}.$

# 第 10 章

## 习题 10-1

1. $(1)\dfrac{1+1}{1+1^2}+\dfrac{1+2}{1+2^2}+\dfrac{1+3}{1+3^2}+\dfrac{1+4}{1+4^2}+\dfrac{1+5}{1+5^2}$;

$(2)0+\left(\dfrac{3}{4}\right)^2+\left(\dfrac{8}{9}\right)^3+\left(\dfrac{15}{16}\right)^4+\left(\dfrac{24}{25}\right)^5$; $(3)\dfrac{1}{3}-\dfrac{1}{3^2}+\dfrac{1}{3^3}-\dfrac{1}{3^4}+\dfrac{1}{3^5}$.

2. $(1)u_n=(-1)^{n-1}\dfrac{n+1}{n}$; $(2)u_n=(-1)^{n-1}\dfrac{x^{2n-1}}{2n-1}$; $(3)u_n=\dfrac{1}{(2n-1)(2n+1)}$.

3. (1) 收敛;(2)发散.

4. (1)发散;(2)发散;(3)发散;(4)收敛.

5. 提示:利用反证法.

6. 提示:利用定义.

## 习题 10-2

1. (1)发散;(2)收敛;(3)发散;(4)收敛;(5)收敛;(6)收敛.

2. (1)发散;(2)发散;(3)收敛;(4)收敛;(5)收敛;(6)当 $a>1$ 时,级数收敛;当 $a<$ 1 时,级数发散;当 $a=1$ 时,$u_n\nrightarrow 0(n\rightarrow\infty)$ 级数发散.

3. (1)发散;(2)收敛;(3)收敛;(4)收敛;(5)当 $p>0$ 时,收敛;当 $p\leqslant 0$ 时,发散.

4. (1)绝对收敛;(2)条件收敛;(3)绝对收敛;(4)条件收敛.

5. 略.

6. (1)利用原级数收敛的性质;(2)利用原级数收敛的性质.

7. (1)应用积分中值定理;(2)根据定义.

## 习题 10-3

1. $(1)(-\infty,+\infty)$;(2) 0 点收敛;$(3)(-2,2)$;$(4)-1<x<1$;$(5)-1<x<3$.

2. $\displaystyle\sum_{n=1}^{\infty}(-1)^{n-1}\dfrac{x^n}{n}=\ln(1+x)\quad(-1<x\leqslant 1)$.

3. $\displaystyle\sum_{n=0}^{\infty}\dfrac{x^n}{n!}=e^x, x\in(-\infty,+\infty)$.

4. $s(x)=\dfrac{1+x}{(1-x)^2}$, $|x|<1$.

5. $s(x)=\displaystyle\sum_{n=1}^{\infty}\dfrac{(-1)^{n-1}}{2n-1}x^{2n}=x\arctan x, x\in[-1,1]$.

6. $f(x)=2x\arctan x-\ln(1+x^2)+\dfrac{x^2}{1+x^2}, x\in(-1,1)$.

7. $\displaystyle\sum_{n=2}^{\infty}\dfrac{1}{(n^2-1)2^n}=S\left(\dfrac{1}{2}\right)=\dfrac{5}{8}-\dfrac{3}{4}\ln 2$.

## 习题 10-4

1. (1) $\sin x \cos x = \dfrac{1}{2}\sum\limits_{n=0}^{\infty}(-1)^n \dfrac{(2x)^{2n+1}}{(2n+1)!}, x \in \mathbf{R}; \quad (2) a^x = \sum\limits_{n=0}^{\infty}\dfrac{(x\ln a)^n}{n!}, x \in \mathbf{R};$

　(3) $\arcsin x = x + \sum\limits_{n=1}^{\infty}\dfrac{1\cdot 3\cdots(2n-1)}{2^n n!(2n+1)}x^{2n+1}, |x|<1;$

　(4) $\dfrac{1}{(1+x)^2} = \sum\limits_{n=0}^{\infty}(-1)^n(n+1)x^n, |x|<1;$

　(5) $(1+x)\ln(1+x) = x + \sum\limits_{n=2}^{\infty}\dfrac{(-1)^n x^n}{n(n-1)}, x \in (-1,1].$

2. $f(x) = \sum\limits_{n=1}^{+\infty}\dfrac{x^n}{n} - \sum\limits_{n=1}^{+\infty}\dfrac{x^{3n}}{n}, -1<x\leqslant 1.$

3. $f(x) = \dfrac{1}{3}\sum\limits_{n=0}^{\infty}\left(\dfrac{x}{2}\right)^n - \dfrac{1}{3}\sum\limits_{n=0}^{\infty}(-1)^n x^n = \sum\limits_{n=0}^{\infty}\dfrac{1}{3}\left[\dfrac{1}{2^n}+(-1)^{n+1}\right]x^n, |x|<1.$

4. $f(x) = \sum\limits_{n=0}^{\infty}\left(\dfrac{x-1}{3}\right)^{n+1}, |x-1|<3, f^{(n)}(1) = \dfrac{n!}{3^n}.$

5. $f(x) = \sum\limits_{n=0}^{\infty}\left(\dfrac{1}{2^{n+1}}-\dfrac{1}{3^{n+1}}\right)(x+4)^n \quad (-6<x<-2).$

## *习题 10-5

1. (1) $f(x) = -\dfrac{\pi}{4} + \left(\dfrac{2}{\pi}\cos x + \sin x\right) - \dfrac{1}{2}\sin 2x + \left(\dfrac{2}{3^2\pi}\cos 3x + \dfrac{1}{3}\sin 3x\right)$

　　　 $-\dfrac{1}{4}\sin 4x + \left(\dfrac{2}{5^2\pi}\cos 5x + \dfrac{1}{5}\sin 5x\right) - \cdots;$

　$x \in (-\infty, +\infty)$ 且 $x \neq \pm\pi, \pm 3\pi, \cdots;$

　(2) $f(x) = |\sin x| = \dfrac{2}{\pi} - \dfrac{4}{\pi}\sum\limits_{n=1}^{\infty}\dfrac{\cos 2nx}{4n^2-1}.$

2. $f(x) = \dfrac{e^\pi - 1}{2\pi} + \sum\limits_{n=1}^{\infty}\dfrac{(-1)^n e^\pi - 1}{(n^2+1)\pi}(\cos nx - n\sin nx), x \in (-\infty, +\infty)$ 且 $x \neq n\pi,$

　$n = 0, \pm 1, \pm 2, \cdots.$

3. 利用周期函数的性质.

4. 正弦级数

$$f(x) = \dfrac{4l}{\pi^2}\sum\limits_{n=1}^{\infty}\dfrac{1}{n^2}\sin\dfrac{n\pi}{2}\sin\dfrac{n\pi x}{l}, \quad x \in [0,l],$$

　余弦级数

$$f(x) = \dfrac{l}{4} + \dfrac{2l}{\pi^2}\sum\limits_{n=1}^{\infty}\dfrac{1}{n^2}\left[2\cos\dfrac{n\pi}{2} - 1 - (-1)^n\right]\cos\dfrac{n\pi x}{l}, \quad x \in [0,l].$$

5. $f(x) = \dfrac{a_0}{2} + \sum\limits_{n=1}^{\infty}a_n\cos nx = 1 - \dfrac{\pi^2}{3} + 4\sum\limits_{n=1}^{\infty}\dfrac{(-1)^{n+1}}{n^2}\cos nx, \quad 0\leqslant x\leqslant \pi,$

$$\sum_{n=1}^{\infty} \frac{(-1)^{n+1}}{n^2} = \frac{\pi^2}{12}.$$

## 总习题 10

1. (1) 发散;(2) $1-\sqrt{2}$;(3)1;(4)(1,5].

2. (1) D;(2) C;(3) A;(4)B.

3. (1) 收敛;(2)发散;(3)发散;(4)条件收敛;(5)发散;(6)收敛.

4. 略.

5. (1)条件收敛;(2)绝对收敛;(3)条件收敛;(4)绝对收敛.

6. (1)$(-4,4)$;(2)$[1,3]$;(3)$(-2,2)$;(4)$(-\infty,-1)\bigcup(1,+\infty)$.

7. (1)$S=\lim_{n\to\infty}S_n=\frac{3}{4}$;(2)$s(x)=\frac{2}{1-2x}-\frac{1}{1-x}$;

$\qquad$(3) $s(x) = \sum_{n=0}^{\infty} \frac{3n+1}{n!}x^{3n} = \mathrm{e}^{x^3}(1+3x^3)$;

$\qquad$(4) $\sum_{n=1}^{\infty} \frac{(-1)^n}{2n-1}\left(\frac{3}{4}\right)^n = -\frac{\sqrt{3}}{2}\arctan\frac{\sqrt{3}}{2}$.

8. (1)$f(x) = \sum_{n=0}^{\infty}(-1)^{n-1}nx^{2n-2}, x\in(-1,1)$;

$\qquad$(2)$y = \frac{1}{2}\ln(1-x^2) = -\frac{1}{2}\sum_{n=1}^{\infty}\frac{x^{2n}}{n}, x\in(-1,1)$;

$\qquad$(3)$f(x) = \ln2 + \sum_{n=2}^{\infty}(-1)^{n-1}\frac{1+\frac{1}{2^n}}{n}(x-1)^n, x\in(0,2)$;

$\qquad$(4)$f(x) = -\mathrm{e}^{-1} + \sum_{n=0}^{\infty}\frac{(-1)^n(n+2)}{\mathrm{e}(n+1)!}(x-1)^{n+1}, x\in(-\infty,+\infty)$.

\*9. $f(x) = \frac{8}{\pi}\sum_{n=1}^{\infty}\frac{1}{(2n-1)^3}\sin(2n-1)x, x\in[-\pi,\pi]$.

\*10. $f(x) = -1 - \frac{\cos x}{2} + \sum_{n=2}^{\infty}\frac{2}{n^2-1}\cos nx = (x-\pi)\sin x$.

11. (1) 略;(2)$y(x) = x+x^3+\frac{1}{2}x^5+\frac{1}{2}\cdot\frac{1}{3}x^7+\frac{1}{2}\cdot\frac{1}{3}\cdot\frac{1}{4}x^9$.

12. $\ln(2) = 1-\left(\frac{1}{2}-\frac{1}{3}+\frac{1}{4}\cdots\right) = 1-S_2, S_1=\frac{1}{2}, S_2=1-\ln2$.

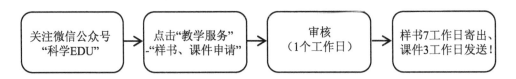

# 教师教学服务指南

为了更好服务于广大教师的教学工作，科学出版社打造了"科学 EDU"教学服务公众号，教师可通过扫描下方二维码，享受样书、课件、会议信息等服务.

样书、电子课件仅为任课教师获得，并保证只能用于教学，不得复制传播用于商业用途. 否则，科学出版社保留诉诸法律的权利.

```
┌─────────────────┐     ┌─────────────────┐     ┌─────────────────┐     ┌─────────────────┐
│ 关注微信公众号  │ --> │ 点击"教学服务"  │ --> │     审核        │ --> │ 样书7工作日寄出、│
│   "科学EDU"     │     │-"样书、课件申请"│     │  （1个工作日）  │     │ 课件3工作日发送！│
└─────────────────┘     └─────────────────┘     └─────────────────┘     └─────────────────┘
```

**科学EDU**

关注科学EDU，获取教学样书、课件资源

面向高校教师，提供优质教学、会议信息

分享行业动态，关注最新教育、科研资讯

# 学生学习服务指南

为了更好服务于广大学生的学习，科学出版社打造了"学子参考"公众号，学生可通过扫描下方二维码，了解海量经典教材、教辅、考研信息，轻松面对考试.

**学子参考**

面向高校学子，提供优秀教材、教辅信息

分享热点资讯，解读专业前景、学科现状

为大家提供海量学习指导，轻松面对考试

教师咨询：010-64033787　QQ：2405112526　yuyuanchun@mail.sciencep.com

学生咨询：010-64014701　QQ：2862000482　zhangjianpeng@mail.sciencep.com